微弱信号检测理论与技术

李开成　编著

科 学 出 版 社

北 京

内 容 简 介

本书介绍强背景噪声下微弱信号检测的基本理论、方法、技术及其应用。全书分 10 章，主要内容包括随机信号的基本理论，随机信号通过系统的响应，电噪声理论，噪声中信号参量的估计，最小均方误差线性滤波器（维纳滤波器、卡尔曼滤波器、自适应滤波器），信号的功率谱估计，锁定放大器，取样积分器，光子计数器，电磁干扰及其抑制。

本书可作为电子信息、自动化、电气工程、物理、生物医学、测试技术及仪器、测控技术等专业本科生和研究生教材，也可供从事检测技术、信息技术的工程技术人员参考使用。

图书在版编目（CIP）数据

微弱信号检测理论与技术 / 李开成编著. —北京：科学出版社，2022.9
ISBN 978-7-03-073245-3

Ⅰ. ①微… Ⅱ. ①李… Ⅲ. ①信号检测 Ⅳ. ①TN911.23

中国版本图书馆 CIP 数据核字（2022）第 176893 号

责任编辑：吉正霞 / 责任校对：高　嵘
责任印制：赵　博 / 封面设计：无极书装

科 学 出 版 社 出版
北京东黄城根北街 16 号
邮政编码：100717
http://www.sciencep.com
天津市新科印刷有限公司 印刷
科学出版社发行　各地新华书店经销
*
2022 年 9 月第 一 版　　开本：787×1092　1/16
2023 年 10 月第二次印刷　　印张：17 1/4
字数：437 000
定价：69.00 元
（如有印装质量问题，我社负责调换）

前 言

本书介绍强背景噪声下微弱信号检测的基本理论、方法、技术及其应用。全书分 10 章。

第 1 章主要介绍随机信号的基本理论、随机信号的描述、信号的相关与互相关、随机信号的功率谱密度。

第 2 章主要介绍随机信号通过线性时不变系统的响应、输入与输出之间的统计关系、输入与输出之间的互谱密度、利用白噪声对线性时不变系统进行辨识。

第 3 章主要介绍电噪声理论，不同噪声的特点，白噪声，以及电阻、二极管、三极管、场效应管、放大器等器件的各种噪声；还介绍信噪比、信噪改善比、噪声系数等概念及计算方法。

第 4 章主要介绍噪声中信号参量的估计，包括最大后验概率估计、最大似然估计、贝叶斯估计、线性最小方差估计、最小二乘估计，以及对估计质量的评估。

第 5 章主要介绍最小均方误差线性滤波器，包括维纳滤波器、卡尔曼滤波器、自适应滤波器。

第 6 章主要介绍信号的各种功率谱估计算法，包括周期图法及其改进算法、噪声对谱估计的影响、相关功率谱估计法（BT 法）、具有观测噪声的 $AR(p)$ 信号谱估计及其改进算法、具有观测噪声的正弦组合信号谱估计，以及最大似然谱估计。

第 7 章主要介绍锁定放大器的构成及基本工作原理，锁定放大器的频率响应，开关式相关解调，正交锁定放大器、数字锁定放大器及其应用。

第 8 章主要介绍取样积分器的基本结构及工作原理，取样积分器的频率响应，数字信号平均器及其应用。

第 9 章主要介绍光子计数器的构成及工作原理，对核心器件光电倍增管进行重点介绍。

第 10 章主要介绍电磁干扰的耦合途径、电磁屏蔽、电磁兼容中的接地、信号电缆的屏蔽与接地、放大器输入回路的接地，以及各种电磁干扰防护措施。

本书可作为电子信息、自动化、电气工程、物理、生物医学、测试技术及仪器、测控技术等专业本科生和研究生教材，也可供从事检测技术、信息技术的工程技术人员参考使用。

笔者主要从事电磁测量与信号处理方面的教学与科学研究，讲授"信号与系统""检测技术""现代电磁测量""电路理论""微弱信号检测"等课程。由于水平有限，加之工作忙碌，书中肯定存在不少疏漏，希望得到广大读者的批评与指正。

李开成
2022 年 1 月于华中科技大学

目　录

第 1 章

随机信号及其描述

1.1 随机过程与随机信号的概念

信号有确定性信号（determinate signal）与随机信号（stochastic signal）之分。前者可以用确定的函数或曲线来描述，如正弦信号、单位阶跃信号、指数信号等；而后者是随机的，不能用确定的函数来表达，只能用统计规律来描述。自然界中随机信号是大量客观存在的，如马路上的噪声、电网电压的波动、电阻上的噪声电压等。

一般来说，噪声是有害的，图 1.1（a）和（b）所示分别为正弦信号和混有噪声的正弦信号。噪声的存在，使得正弦信号被严重污染，导致测量误差增大。如果信号很弱，噪声又很强，这时信号被噪声完全淹没，肉眼根本看不出有正弦信号的存在，更谈不上对信号的精确测量。

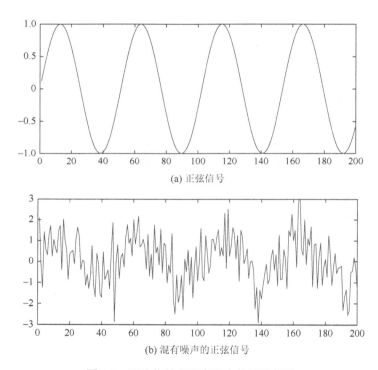

(a) 正弦信号

(b) 混有噪声的正弦信号

图 1.1　正弦信号和混有噪声的正弦信号

图像是二维信号，噪声的存在会使得图像模糊不清，辨识困难。例如，车牌号码被污物污染，就如同信号混入了噪声，容易导致车牌辨识错误。

噪声是随机信号，为了准确地理解随机信号这个概念，首先结合一个具体例子来介绍什么是"随机过程"。

例 1.1　由于电子的热运动，电阻两端存在热噪声电压，其大小随时间而变化，没有确定的变化规律。设有 n 个同样的电阻，同时记录它们的热噪声电压波形 $x(i, t)$ 如图 1.2 所示，其中 i 表示第 i 个电阻，t 表示时刻。在 t_1 时刻，电阻上的热噪声电压是一个随机变量，记为 $x(t_1)$，也就是说，t_1 时刻，任一电阻 r_i 上的噪声电压 $x(i, t_1)$ 是随机变化的。当 n 足够大时，可以推算

出随机变量 $x(t_1)$ 的概率密度与概率分布。这里 n 表示电阻的热噪声电压的集合，是这个随机试验的样本空间。

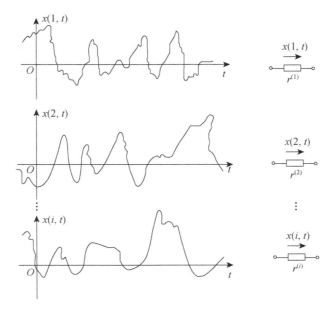

图 1.2 电阻上的热噪声电压

对于第 i 个电阻，其热噪声电压是时间的函数 $x(i, t)$，称为样本函数（sample function）；对于所有的电阻，其热噪声电压就是一族时间函数，记为 $x(t)$，它包括所有的电阻和所有的过程，即包括整个样本空间和参数的整个取值范围，这族时间函数就是"随机过程"（stochastic process）。特定时刻 t_1 随机试验的结果 $x(t_1)$ 称为 t_1 时刻随机过程的状态（state）。

参数 t 既可以是连续量，也可以是离散量。例如，噪声电压 $x(i, t)$ 是时间的连续函数，但其抽样信号就是离散信号，只在离散时间点取值。同样，随机过程某一时刻的状态既可以是连续量，也可以是离散量。因此有如图 1.3 所示的四类随机过程。

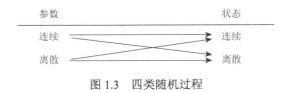

图 1.3 四类随机过程

随机信号是指参数为时间的随机过程。如图 1.4 所示，正弦信号为连续时间信号，为确定信号；高斯白噪声（white Gaussian noise）信号和混有高斯白噪声的正弦信号均为连续时间随机信号。

此外，还有相位随时间变化的随机相位正弦信号，幅度随时间变化的随机幅度正弦信号，频率随时间变化的随机频率正弦信号，以及相位、幅度、频率均随时间变化的随机相位、幅度、频率正弦信号，如图 1.5 所示。

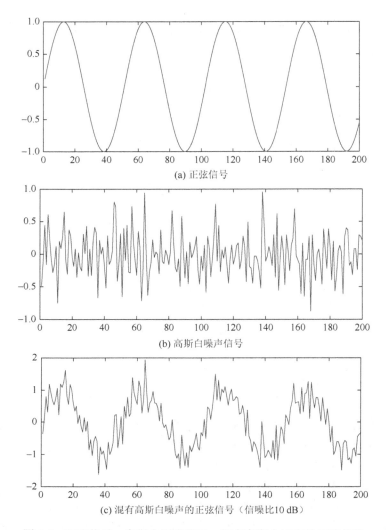

(a) 正弦信号

(b) 高斯白噪声信号

(c) 混有高斯白噪声的正弦信号（信噪比10 dB）

图 1.4   正弦信号、高斯白噪声信号、混有高斯白噪声的正弦信号

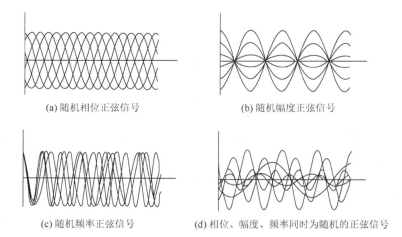

(a) 随机相位正弦信号

(b) 随机幅度正弦信号

(c) 随机频率正弦信号

(d) 相位、幅度、频率同时为随机的正弦信号

图 1.5   随机相位、幅度、频率正弦信号

1.2　随机信号的统计特性

随机信号不能用确定的函数来描述，但可以用概率统计方法来描述。

1.2.1　随机信号的概率密度函数

1. 连续随机信号

对于随机信号 $x(t)$，在特定时刻 t_i 的取值 $x(t_i)$ 为连续随机变量（continuous random variable），其分布函数（distribution function）为

$$F[x(t_i),t_i] = P\{x(t_i) \leqslant x_1\} \tag{1.1}$$

其概率密度函数（probability density function）为

$$f[x(t_i),t_i] = \frac{\partial F}{\partial x} \tag{1.2}$$

2. 离散随机信号

设离散随机变量 ξ 有若干个离散取值 x_0，x_1，x_2，$\cdots$，其概率密度用矩阵表示为

$$\begin{bmatrix} x_0 & x_1 & x_2 & \cdots \\ p_0 & p_1 & p_2 & \cdots \end{bmatrix} \tag{1.3}$$

其中：

$$p_i = P\{\xi = x_i\} \quad (i = 0,1,2,\cdots)$$

p_i 为随机变量 $\xi = x_i$ 的概率。显然有

$$\sum_i p_i = 1$$

离散型随机变量的概率分布函数为

$$F_\xi(x) = \sum_{x_i} P\{\xi = x_i\} \tag{1.4}$$

离散型随机变量的概率密度函数与概率分布函数如图 1.6 所示。

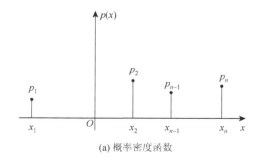

(a) 概率密度函数

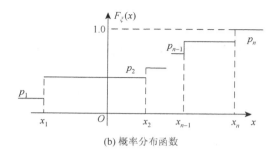

(b) 概率分布函数

图 1.6 离散型随机变量概率密度函数与概率分布函数

3. 联合概率密度与概率分布

以上所描述的是随机过程各个孤立时刻的统计特性，没有反映不同时刻随机过程的状态之间的联系。而联合概率分布（joint probability distribution）与联合概率密度（joint probability density）可以描述随机过程中不同时刻的状态之间的统计联系。联合概率分布函数为

$$F[x(t_1), t_1; x(t_2), t_2; \cdots; x(t_n), t_n] = P\{x(t_1) \leqslant x_1, x(t_2) \leqslant x_2, \cdots, x(t_n) \leqslant x_n\} \tag{1.5}$$

联合概率密度函数为

$$f[x(t_1), x(t_2), \cdots, x(t_n); t_1, t_2, \cdots, t_n] = \frac{\partial^n F}{\partial x(t_1) \partial x(t_2) \cdots \partial x(t_n)} \tag{1.6}$$

显然，n 愈大，即维数愈高，则愈能精确地描述随机过程。但要得到一个随机过程高维数联合概率密度函数和概率分布函数常常是困难的。对于工程实际问题来说，知道一维和二维的就够用了。

4. 两个随机过程之间的统计联系

类似地，如果 $x(t)$ 与 $y(t)$ 是两个不同的随机过程，也可以用它们的联合概率分布函数和联合概率密度函数来描述它们之间的统计联系。联合概率分布函数表示为

$$F_{nm}[x(t_1), x(t_2), \cdots, x(t_n); t_1, t_2, \cdots, t_n; y(t_1'), y(t_2'), \cdots, y(t_m'); t_1', t_2', \cdots, t_m'] \tag{1.7}$$

联合概率密度函数表示为

$$f_{nm}[x(t_1), x(t_2), \cdots, x(t_n); t_1, t_2, \cdots, t_n; y(t_1'), y(t_2'), \cdots, y(t_m'); t_1', t_2', \cdots, t_m'] \tag{1.8}$$

若 $x(t_1)$ 与 $y(t_1)$ 相互统计独立，则有

$$f_{xy}[x(t_1), y(t_1)] = f_x[x(t_1)] f_y[y(t_1)] \tag{1.9}$$

其中：$f_x[x(t_1)]$、$f_y[y(t_1)]$ 为边缘概率密度（marginal probability density）；$f_{xy}[x(t_1), y(t_1)]$ 为联合概率密度。

1.2.2 平稳随机过程的概率密度函数

随机过程分为平稳随机过程（stationary random process）和非平稳随机过程（non-stationary random process）。平稳随机过程又分为各态遍历随机过程（ergodic random process）和非各态遍历随机过程（non-ergodic random process），分类如图 1.7 所示。

图 1.7　随机过程的分类

若随机过程的统计特性不随时间平移而变化，这样的随机过程称为平稳随机过程；反之，若随机过程的统计特性随时间平移而变化，则称为非平稳随机过程。

平稳随机过程的 n 维概率分布函数应满足关系

$$
\begin{aligned}
&F_n[x(t_1) \leqslant x_1, x(t_2) \leqslant x_2, \cdots, x(t_n) \leqslant x_n] \\
&= F_n[x(t_1 + \varepsilon) \leqslant x_1, x(t_2 + \varepsilon) \leqslant x_2, \cdots, x(t_n + \varepsilon) \leqslant x_n]
\end{aligned}
\tag{1.10}
$$

其中：ε 为任意实数。

其概率密度函数满足关系

$$
f_n[x(t_1), x(t_2), \cdots, x(t_n)] = f_n[x(t_1 + \varepsilon), x(t_2 + \varepsilon), \cdots, x(t_n + \varepsilon)]
\tag{1.11}
$$

由式（1.11）不难推得，平稳随机信号的一阶概率密度函数（$n=1$）与时间无关，即

$$
f[x(t_1)] = f[x(t_2)] = \cdots = f[x(t_n)]
\tag{1.12}
$$

其二阶（$n=2$）概率密度函数仅与时间差有关，即

$$
f[x(t_1), x(t_2)] = f[x(t_1 + \varepsilon), x(t_2 + \varepsilon)] = \cdots = f[(x(t), x(t + \tau))]
\tag{1.13}
$$

反之，若随机信号的一、二阶概率密度函数分别满足式（1.12）和式（1.13），则不一定其任意阶的概率密度函数都与时间平移无关。因此，式（1.11）的约束更加严格，通常把满足式（1.11）的随机过程称为严平稳或狭义平稳随机过程（strictly-sense stationary random process）；而只满足式（1.12）和式（1.13）的随机过程称为宽平稳或广义平稳随机过程（wide-sense stationary random process）。

平稳随机过程的统计特性与时间平移无关，当时间推移到无穷大时，其概率统计特性也应不变，因此平稳的随机信号不具备时间的起点和终点。实际中这样的随机信号是不存在的。为便于问题研究，通常把在一段时间内产生随机现象的条件没有明显变化的随机过程看成平稳随机过程。

例如，电阻中的热噪声电压通常可认为是平稳的随机信号，但当流经电阻的电流增大或减小时，就不能认为它是平稳的随机信号了。图 1.8 所示为平稳噪声信号和非平稳噪声信号。

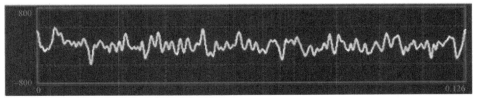

(a) 平稳噪声信号

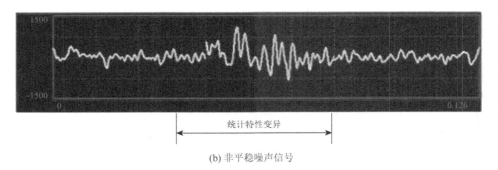

(b) 非平稳噪声信号

图 1.8 平稳噪声信号和非平稳噪声信号

可以看成平稳随机信号的例子还有很多，如正常运行条件下电网电压有效值的波动、船舶的颠簸过程等。实际的电网电压并非恒定不变的，它随电源的并网、负荷的投切等因素而随机波动，若没有大电源、大负荷的投切，可认为电压的波动是平稳的。同样，船舶在没有遭受大风大浪的情况下其颠簸过程也可认为是平稳的。

有的随机信号虽然是非平稳的，但为了简化研究，可在一段时间内把它看成平稳的。例如，研究风力发电机组的特性时，就把"风"信号看成平稳随机信号。

1.3 随机信号的数字特征

均值（mean，average）、均方（mean square）、方差（variance）等是描述随机变量特征的一些重要指标。此外，随机信号还有总集数字特征和时间数字特征。

对于连续取值的随机过程，其 t_i 时刻的总集均值（ensemble average）为

$$E[x] = \int_{-\infty}^{\infty} x(t_i) f[x(t_i), t_i] \mathrm{d}x \tag{1.14}$$

而其某一样本 $x(i,t)$ 的时间均值（time mean）为

$$E[x] = \lim_{T \to \infty} \frac{1}{2T} \int_{-T}^{T} x(i,t) \mathrm{d}t \tag{1.15}$$

显然，上述两个均值的含义是不同的，总集均值是固定某一时刻 t_j 全部样本集的随机变量 $x(t_j)$ 的均值，如图 1.9 所示，在 t_j 时刻"竖切一刀"，所有样本在此时刻取值的平均。时间均值的含义就是从随机过程 $x(t)$ 中取出任一样本函数值 $x(i, t)$ 在 $(-\infty, \infty)$ 区间内的平均。前者的积分变量是随机变量的取值，后者的积分变量是时间。

对于状态离散的随机过程，总集均值为

$$E[x] = \sum_{i=1}^{N} x_i p_i \tag{1.16}$$

其中：x_i 为随机变量的某一取值；p_i 为取 x_i 值的概率；N 为可能取值的数目。

若对连续时间随机信号进行抽样，则可得离散时间随机信号时间均值为

$$m_x = \lim_{N \to \infty} \frac{1}{2N+1} \sum_{k=-N}^{N} x(i, kT_s) \tag{1.17}$$

其中：$x(i, kT_s)$ 为 $t = kT_s$ 时刻 $x(i,t)$ 的采样值；T_s 为抽样时间间隔。

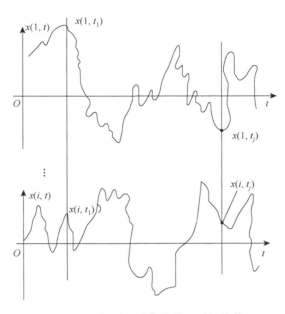

图 1.9　随机过程总集均值和时间均值

平稳随机过程的概率密度函数与时间无关，故

$$f_1[x(t_1),t_1] = f_1[x(t_i),t_i] = f(x) \tag{1.18}$$

其总集均值与时间无关，即

$$E[x] = \int_{-\infty}^{\infty} x f(x)\mathrm{d}x = 常数 \tag{1.19}$$

同样，其均方与均方差都为常数，即

$$E[x^2] = \int_{-\infty}^{\infty} x^2 f(x)\mathrm{d}x = 常数 \tag{1.20}$$

$$E[[x - E(x)]^2] = \int_{-\infty}^{\infty} [x - E(x)]^2 f(x)\mathrm{d}x = 常数 \tag{1.21}$$

可见，满足式（1.11）的狭义平稳随机过程的均值、均方、方差等必定与时间无关；反之，均值、均方、均方差为常数，则不一定推得式（1.11）。因此，把均值与时间无关的随机过程称为在均值意义上平稳的随机过程。

对于平稳随机过程，若其均值为常数，则其所有的样本曲线必在水平线 $x(t) = E(x)$ 上下波动。

一般来说，一个随机过程的总集均值不一定等于时间均值。把总集均值等于时间均值的随机过程说成是均值具有"各态遍历性"的过程。推而广之，若一个随机过程在固定时刻的所有样本的统计特征与单一样本在长时间内的统计特征是一致的，则称为各态遍历性的随机过程（ergodic stochastic process）。这种随机过程从总体各样本获得的信息，并不比从单个样本获得的信息多，这一特点对于实际工作中估算随机过程的统计特征很有用处，只要对一个样本进行计算就可得知随机过程的统计特征了。

平稳随机过程不一定都是各态遍历的。例如，随机取值的直流信号，其总集均值为零，而对于某一个样本的均值不一定为零。

1.4 几种概率分布与随机过程

1.4.1 正态分布

正态分布（normal distribution），亦称高斯分布（Gaussian distribution），它是数学、物理、工程等领域非常重要的概率分布，在电工技术领域里有着广泛的应用。例如，电网电压的波动、电力系统的负荷变化、热噪声电压幅度的变化等都是随机变量，常常用正态分布来加以描述。

正态分布的随机变量概率密度函数为

$$f(x) = \frac{1}{\sqrt{2\pi}\sigma} e^{-(x-\mu)^2/2\sigma^2} \qquad (-\infty < x < +\infty) \tag{1.22}$$

概率分布函数为

$$F(x) = \frac{1}{\sqrt{2\pi}\sigma} \int_{-\infty}^{x} e^{-(u-\mu)^2/2\sigma^2} \, du \tag{1.23}$$

上述两式中，μ 为随机信号数学期望或均值，σ^2 为方差，即

$$\mu = E[x] \tag{1.24}$$

$$\sigma^2 = E[(x - E[x])^2] \tag{1.25}$$

若随机变量 x 服从数学期望为 μ、方差为 σ^2 的正态分布，则简记为 $N(\mu, \sigma^2)$。

正态分布随机变量的概率密度函数和概率分布函数分别如图 1.10 和图 1.11 所示。

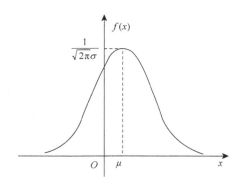

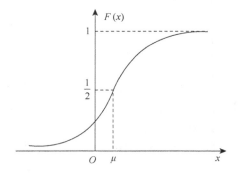

图 1.10 正态分布的概率密度函数   图 1.11 正态分布的概率分布函数

数学期望 μ 为正态分布的位置参数，概率规律为：取 μ 值的概率最大，取离 μ 越远的值的概率越小。正态分布以 $x = \mu$ 为对称轴，左右完全对称。

图 1.12 所示为均值分别为 μ_1 和 μ_2 的两条不同的概率密度曲线，其中 $\mu_2 > \mu_1$。

σ 为正态分布的形状参数，它决定分布的幅度，用来描述随机信号数据分布的分散程度。σ 越大，数据分布越分散；σ 越小，数据分布越集中。从概率密度曲线形状来看，σ 越大，曲线越扁平；反之，σ 越小，曲线越瘦高。图 1.13 为一组均值相同但方差不同的概率密度曲线。

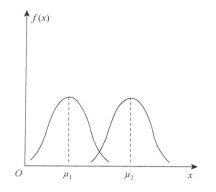

图 1.12　均值不同的概率密度曲线（$\mu_2 > \mu_1$）

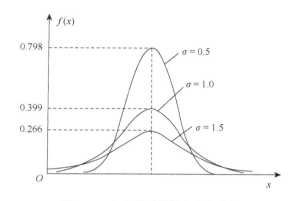

图 1.13　方差不同的概率密度曲线

图 1.14 所示为均值为零（$\mu = 0$）但方差不同的一组概率密度曲线。其中，$\mu = 0$，$\sigma = 1$ 时的正态分布是标准正态分布。

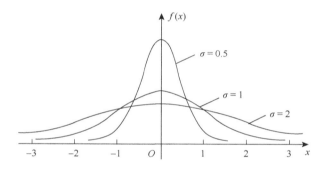

图 1.14　均值为零但方差不同的一组概率密度曲线

正态分布曲线除关于 $x = \mu$ 对称外，其各阶导数均存在，正态随机变量经加减、微分、积分等运算后仍为正态型随机变量。

参数 μ 和 σ^2 的取值一般根据经验确定。例如，电网某处电压波动的正态分布参数可根据过去的经验数据以及未来的变化趋势来确定。

噪声是一种随机信号，如果其均值为零，瞬时值服从高斯分布，功率谱密度在 $-\infty \sim \infty$ 频率范围为常数（均匀分布），那么称其为高斯白噪声。图 1.15 为高斯白噪声电压及其概率密度分布曲线。由图可见，该噪声的均值为零，方差体现了噪声强度。

1.4.2　韦布尔分布

韦布尔分布（Weibull distribution）在可靠性工程中具有广泛应用，是可靠性分析和寿命检验的理论基础，尤其适用于机电产品的磨损累计失效的分布形式。由于可以利用概率值方便地推断出分布参数，它被广泛应用于各种寿命试验的数据处理。在电工技术领域韦布尔分布也有广泛应用。例如，常用韦布尔分布描述风速变化的统计规律来研究风力发电，使用韦布尔分布来研究仪器或元件的使用寿命等。

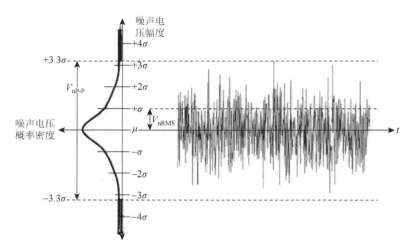

图 1.15　高斯白噪声电压及其概率密度分布曲线

从概率论和统计学角度看，韦布尔分布是连续性的概率分布，其概率密度为

$$f(x) = \begin{cases} \dfrac{k}{\lambda}\left(\dfrac{x}{\lambda}\right)^{k-1} \mathrm{e}^{-(x/\lambda)^k}, & x \geqslant 0 \\ 0, & x < 0 \end{cases} \tag{1.26}$$

其中：x 为随机变量；$\lambda > 0$ 为比例参数（scale parameter）；$k > 0$ 为形状参数（shape parameter）。显然，它的累积分布函数是扩展的指数分布函数，其均值为

$$E[x] = \int_0^\infty x f(x)\mathrm{d}x \tag{1.27}$$

韦布尔分布与很多分布有关系。例如，当 $k = 1$ 时，它是指数分布；当 $k = 2$ 时，它是瑞利分布（Rayleigh distribution）。图 1.16 为取不同 λ 和 k 值的韦布尔分布概率密度曲线。

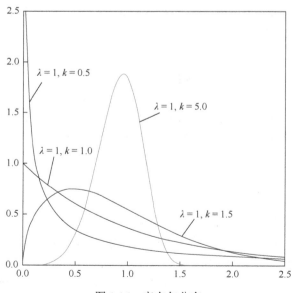

图 1.16　韦布尔分布

1.4.3　泊松分布与泊松过程

1. 泊松分布

泊松分布（Poisson distribution）是一种统计和概率里常见的离散概率分布，它于 1838 年由法国数学家西莫恩·德尼·泊松（Siméon-Denis Poisson）提出。

泊松分布用于描述与分析稀有事件的概率分布，适合于描述单位时间内随机事件发生的次数，如电话交换机接到呼叫的次数、汽车站台的候车人数、机器故障数、自然灾害发生的次数、一个产品上的缺陷数、显微镜下单位分区内的细菌分布数等。要观察这类事件，n 要足够大。

泊松分布的概率质量函数为

$$P\{X=i\} = \frac{\lambda^i}{i!}\mathrm{e}^{-\lambda} \quad (i=0,1,\cdots) \tag{1.28}$$

其中：λ 为单位时间（或单位面积）内随机事件的平均发生次数。$P\{X=i\}$ 表示随机变量 X 的值恰好是 i 的概率。

泊松分布的期望和方差均为 λ。图 1.17 为不同 λ 值时泊松分布的概率质量函数。

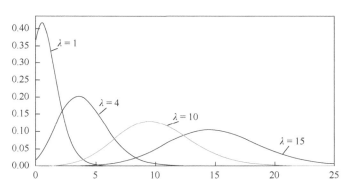

图 1.17　泊松分布的概率质量函数

泊松分布所依赖的唯一参数 λ，其值越小，分布越不对称，随着 λ 的增大，分布越对称，当 $\lambda = 20$ 时接近正态分布，当 $\lambda \geqslant 50$ 时可用正态分布近似处理泊松分布问题。

在实际事例中，当一个随机事件以固定的平均瞬时速率 λ（或称密度）随机且独立地出现时，这个事件在单位时间（面积或体积）内出现的次数或个数就近似地服从泊松分布 $P(\lambda)$。

泊松分布可由二项分布推导而来。

在概率论和统计学中，二项分布是 n 个独立的成功/失败试验中成功次数的离散概率分布，其中每次试验的成功概率为 p。这样的单次成功/失败试验亦称伯努利试验（Bernoulli trials）。实际上，当 $n=1$ 时，二项分布就是伯努利分布。

如果随机变量 X 服从参数为 n 和 p 的二项分布，记为 $X = B(n,p)$，n 次试验中正好得到 i 次成功的概率由概率质量函数给出：

$$P\{X=i\} = \binom{n}{i}(p)^i(1-p)^{n-i} \tag{1.29}$$

其中：$\binom{n}{i} = \dfrac{n!}{i!(n-i)!}$ 为二项式系数。

当 X 服从二项分布 $B\left(n, \dfrac{\lambda}{n}\right)$ 时，概率质量函数

$$P\{X=i\} = \binom{n}{i}\left(\frac{\lambda}{n}\right)^i\left(1-\frac{\lambda}{n}\right)^{n-i} \tag{1.30}$$

当 $n \to \infty$ 时，有 $\dfrac{\binom{n}{i}}{n^i} \to \dfrac{1}{i!}$，$\left(1-\dfrac{\lambda}{n}\right)^n \to \mathrm{e}^{-\lambda}$，故

$$P\{X=i\} = \binom{n}{i}\left(\frac{\lambda}{n}\right)^i\left(1-\frac{\lambda}{n}\right)^{n-i} = \frac{\mathrm{e}^{-\lambda}\lambda^i}{i!} \tag{1.31}$$

由上述推导可以看出，泊松分布可由二项分布当 $n \to \infty$ 的极限而得到。一般地说，若 $X \sim B(n,p)$，当 n 很大，p 很小，因而 $np = \lambda$ 不太大时，泊松分布可作为二项分布的近似，其中 $\lambda = np$。通常当 $n \geqslant 20$，$p \leqslant 0.05$ 时，就可以用泊松公式近似计算。

2. 泊松过程

泊松过程是随机过程的一种，它是一种累计随机事件发生次数的最基本的独立增量过程，是以事件的发生时间来定义的。例如，随着时间增长累计某电话交换台收到的呼唤次数，就构成一个泊松过程。

一个随机过程 $N(t)$ 是一个时间齐次的一维泊松过程，它必须满足以下条件：

（1）在两个互斥（不重叠）的区间内所发生的事件的数目是相互独立的随机变量。

（2）在 $[t, t+\tau]$ 区间上发生的事件的数目的概率分布为

$$P\{\{N(t+\tau) - N(t)\} = i\} = \frac{(\lambda\tau)^i}{i!}\mathrm{e}^{-\lambda\tau} \quad (i = 0,1,\cdots) \tag{1.32}$$

其中：λ 为一个正数，为固定的参数，称为抵达率或强度。所以，若给定在时间区间 $[t, t+\tau]$ 上事件发生的数目，则随机变数 $N(t+\tau) - N(t)$ 呈现泊松分布，其参数为 $\lambda\tau$。

时间齐次的泊松过程也是时间齐次的连续时间马尔可夫过程（Markov process）。

1.4.4 马尔可夫过程

马尔可夫过程是一类随机过程，它在物理、生物、信息处理、自动控制、计算机、电工技术等领域有着重要应用。其原始模型马尔可夫链（Markov chain）由俄国数学家马尔可夫于 1907 年提出。

马尔可夫过程是研究离散事件动态系统状态空间的重要方法，其数学基础是随机过程理论。

设 $\{X(t), t \in T\}$ 为一随机过程，E 为其状态空间，若对任意的 $t_1 < t_2 < \cdots < t_n$，任意的 $x_1, x_2, \cdots, x_n \in E$，随机变量 $X(t)$ 在已知变量 $X(t_1) = x_1, \cdots, X(t_n) = x_n$ 之下的条件分布函数只与 $X(t_n) = x_n$ 有关，而与 $X(t_1) = x_1, \cdots, X(t_{n-1}) = x_{n-1}$ 无关，则条件分布函数满足等式

$$F(x_n, t_n | x_{n-1}, \cdots, x_2, x_1; t_{n-1}, \cdots, t_2, t_1) = F(x_n, t_n | x_{n-1}, t_{n-1})$$

即

$$P\{X(t_n)\leqslant x_n|X(t_{n-1})=x_{n-1},\cdots,X(t_1)=x_1\}=P\{X(t_n)\leqslant x_n|X(t_{n-1})=x_{n-1}\} \qquad (1.33)$$

它说明给定所有 $X(t_{n-1})=x_{n-1},\cdots,X(t_1)=x_1$ 的条件下，$X(t_n)$ 的条件概率只与最邻近的 $X(t_{n-1})=x_{n-1}$ 有关。换言之，马尔可夫过程的将来值与所有过去值是相互独立的，将来值只与现在值有关。此性质称为马尔可夫性，亦称无后效性或无记忆性。

例如，青蛙是没有记忆的，它在荷叶之间的跳动是随机的，它下一步跳往哪一片荷叶只与它当前的位置有关，而与它以往走过的路径无关，这就是马尔可夫过程。液体中微粒所做的布朗运动、传染病受感染的人数、原子核中一自由电子在电子层中的跳跃、人口增长过程等都可视为马尔可夫过程。

常见的马尔可夫过程：
（1）独立随机过程为马尔可夫过程。
（2）独立增量过程为马尔可夫过程。
（3）泊松过程为马尔可夫过程。
（4）维纳过程（Wiener process）为马尔可夫过程。
（5）质点随机游动过程为马尔可夫过程。

马尔可夫过程的参数（时间 t）和状态可以是连续的或离散的，其四种情况如表 1.1 所示。其中，状态为离散的随机过程称为马尔可夫链。

表 1.1 四类随机过程

状态 x	参数（时间 t）	
	连续	离散
连续	连续随机过程	连续随机序列
离散	离散随机过程	离散随机序列

马尔可夫链常用状态转移图来描述，如图 1.18 所示。图中箭头表示状态转移的方向，旁边的数字表示转移的概率。状态要么从一个状态转移到另一状态，要么维持不变。一个状态向其他状态转移的概率之和等于 1（维持不变表示自己转移到自己）。例如，状态 1 向状态 2 转移的概率为 0.4，向状态 3 转移的概率为 0.5，维持不变的概率为 0.1。

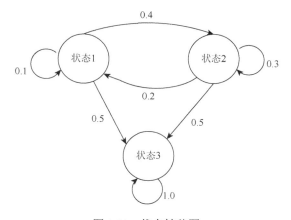

图 1.18 状态转移图

　　这里举例说明马尔可夫过程状态转移在天气预报中的应用。若明天是否有雨只与今天是否有雨有关，而与过去的天气无关，今天有雨的状态设为 0，明天也有雨（0 状态）的概率为 α，今天无雨（状态 1）转到明天有雨（状态 0）的概率为 β，则此例为一个两状态的马尔可夫链。其状态转移图如图 1.19 所示，其意义如下：今天有雨转向明天有雨的概率为 α，今天有雨转向明天无雨的概率为 $1-\alpha$，今天无雨转向明天有雨的概率为 β，今天无雨转向明天也无雨的概率为 $1-\beta$。用概率矩阵表示为

$$\boldsymbol{P}_{ij} = \begin{bmatrix} \alpha & 1-\alpha \\ \beta & 1-\beta \end{bmatrix} = \begin{bmatrix} p_{00} & p_{01} \\ p_{10} & p_{11} \end{bmatrix} \tag{1.34}$$

该矩阵称为一步转移概率矩阵。

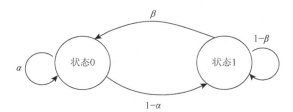

图 1.19　状态转移图

　　在实际应用中，人们希望在给定初始状态后，推出其他各时刻各状态的概率。一般用初始状态的概率行向量来表示初始状态，即

$$\boldsymbol{P}(0) = \begin{bmatrix} p_1(0) & p_2(0) & \cdots & p_m(0) \end{bmatrix}$$

则可求出第一步、第二步……（对应上述天气预报的明天、后天……）的状态转移概率分别为

$$\boldsymbol{P}(1) = \boldsymbol{P}(0)\boldsymbol{P}_{ij}, \quad \boldsymbol{P}(2) = \boldsymbol{P}(0)\boldsymbol{P}_{ij}^2, \quad \cdots$$

　　若以上述天气预报为例，假设今天（1 日）是雨天，其初始状态概率的行向量为 $\boldsymbol{P}(0) = \begin{bmatrix} 1 & 0 \end{bmatrix}$，则 2 日有雨的概率为

$$\boldsymbol{P}(1) = \boldsymbol{P}(0)\boldsymbol{P}_{ij} = \begin{bmatrix} 1 & 0 \end{bmatrix}\begin{bmatrix} \alpha & 1-\alpha \\ \beta & 1-\beta \end{bmatrix} = \begin{bmatrix} \alpha & 1-\alpha \end{bmatrix}$$

　　设 $\alpha = 0.7$，$\beta = 0.4$，则 $\boldsymbol{P}(1) = \boldsymbol{P}(0)\boldsymbol{P}_{ij} = \begin{bmatrix} 0.7 & 0.3 \end{bmatrix}$，即 2 日有雨的概率为 0.7，无雨的概率为 0.3。继续可推得 3 日有雨的概率为 $\boldsymbol{P}(2) = \boldsymbol{P}(0)\boldsymbol{P}_{ij}^2 = \begin{bmatrix} 0.6 & 0.39 \end{bmatrix}$……

　　若马尔可夫链对于所有的 i, j, m, n 都有

$$\boldsymbol{P}_{ij}(m-1, m) = \boldsymbol{P}_{ij}(n-1, n) \tag{1.35}$$

则此马尔可夫链为齐次马尔可夫链，并认为状态转移矩阵是平稳的，但这并不意味随机序列是平稳的。上述天气预报实际上是假定了状态转移矩阵不随日期推移而变化，因此也就是假定了此过程是齐次马尔可夫链。

1.5　随机信号的相关函数

　　相关函数（correlation function）分为自相关函数（autocorrelation function）和互相关函数

（cross correlation function），它们是随机信号的重要指标，是研究噪声中信号检测的重要方法。

信号处理中，通过求相关运算可以从强背景噪声中提取直流信号和周期信号、检测微弱正弦信号的幅值和相位等。

互相关运算可用于信号参数的估计，确定信号在强背景噪声和低信噪比情况下信号的参数，如最大似然估计中利用相关运算确定正弦信号的幅值和相位。互相关运算可在频域通过功率谱计算并判断两信号是否相关及其相关的程度。

1.5.1　自相关函数

1. 自相关函数的概念

自相关用来描述一个信号在不同时刻的互相关联性。图 1.20（a）和（b）分别为噪声信号及其自相关函数。由图可见，噪声的大小是随机波动的，不同时刻的噪声几乎没有关联性，同一时刻的关联性最大（自相关函数中的峰值）。对于白噪声，噪声的均值为零，不同时刻的噪声完全不相关。

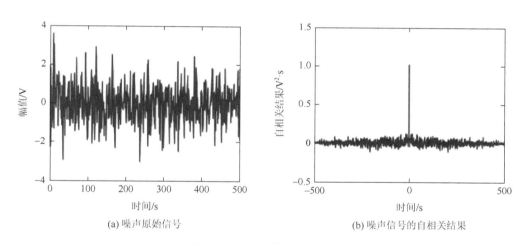

(a) 噪声原始信号　　　　　　　　　　(b) 噪声信号的自相关结果

图 1.20　噪声及其自相关函数

若信号混有噪声，在噪声较强或信噪比较低时，用常规方法难以检测出信号。通过自相关计算，可以检测出信号中的直流信号和周期信号。

设随机过程 $x(t)$ 在 t_1 和 t_2 时刻的两个随机变量分别为 $x(t_1)$ 和 $x(t_2)$，则自相关函数定义为

$$R_x(t_1,t_2) = E[x(t_1)x(t_2)] = \int_{-\infty}^{\infty} dx_1 \int_{-\infty}^{\infty} x(t_1)x(t_2)f[x(t_1),t_1;x(t_2),t_2]dx_2 \quad (1.36)$$

其中：$f[x(t_1),t_1;x(t_2),t_2]$ 为随机过程的联合概率密度。

对于平稳随机过程，其联合概率密度与时间的平移无关，因此其自相关函数仅为时间差 $\tau = t_2 - t_1$ 的函数：

$$R_x(t_2,t_1) = R_x(\tau) \quad (1.37)$$

或表示为

$$R_x(\tau) = E[x(t)x(t+\tau)] \quad (1.38)$$

类似于均值有总集均值与时间均值之分，相关函数也有总集自相关与时间自相关。式（1.36）为随机信号的总集自相关。时间自相关函数定义为

$$R_x(\tau)_t = \lim_{T \to \infty} \frac{1}{2T} \int_{-T}^{T} x(t)x(t+\tau)\mathrm{d}t \tag{1.39}$$

其中：$x(t)$ 为随机信号某一样本的时间函数；$x(t+\tau)$ 为 $x(t)$ 平移时间 τ 后的函数。显然，时间自相关是对某一时间信号而言的。

对于周期为 T 的周期信号，时间自相关函数为

$$R_x(\tau) = \frac{1}{T} \int_0^T x(t)x(t+\tau)\mathrm{d}t \tag{1.40}$$

自相关运算可由如图 1.21 所示的运算电路来实现，该电路称为自相关器。

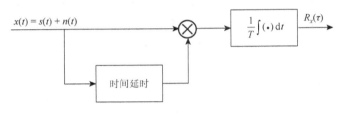

图 1.21　自相关器

对于各态遍历性的平稳随机过程，总集自相关等于时间自相关，即

$$R_x(\tau) = R_x(\tau)_t \tag{1.41}$$

对于离散随机时间信号 $x(n)$，时间自相关函数为

$$R_x(m) = E[x(n)x(n+m)] \tag{1.42}$$

其中：m 为时间间隔，m 和 n 均为整数。

2. 常用信号的自相关函数

1）正弦信号

设 $x(t) = A\sin\omega t$，则

$$R_x(\tau) = E[A\sin\omega t \cdot A\sin[\omega(t+\tau)]]$$

$$= E\left[\frac{A^2}{2}[\cos\omega\tau - \cos(2\omega t + \omega\tau)]\right] = E\left[\frac{A^2}{2}\cos\omega\tau\right] - E\left[\frac{A^2}{2}\cos(2\omega t + \omega\tau)\right]$$

因为 $E\left[\dfrac{A^2}{2}\cos(2\omega t + \omega\tau)\right] = 0$，所以

$$R_x(\tau) = \frac{A^2}{2}\cos\omega\tau \tag{1.43}$$

同理可推得，若 $x(t) = A\cos\omega t$，则 $R_x(\tau) = \dfrac{A^2}{2}\cos\omega\tau$。可见，正弦信号（或余弦信号）的自相关是同频率的余弦函数。余弦信号及其自相关函数如图 1.22 所示。

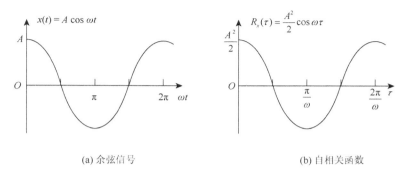

(a) 余弦信号　　　　　　　　　　(b) 自相关函数

图 1.22　余弦信号及其自相关函数

2）相位随机正弦信号

设有相位随机正弦信号 $x(t) = A\sin(\omega t + \theta)$，其中，$A$、$\omega$ 为常数，θ 为均匀分布在 $0\sim 2\pi$ 的随机变量，即

$$f(\theta) = \begin{cases} \dfrac{1}{2\pi}, & 0 \leqslant \theta \leqslant 2\pi \\ 0, & \text{其他} \end{cases}$$

则

$$\begin{aligned}
R_x(\tau) &= E[x(t)x(t+\tau)] = E[A\sin(\omega t + \theta) \cdot A\sin(\omega t + \omega\tau + \theta)] \\
&= E\left[\frac{A^2}{2}\cos\omega\tau - \frac{A^2}{2}\cos(2\omega t + \omega\tau + 2\theta)\right] \\
&= \frac{A^2}{2}\int_0^{2\pi}\frac{1}{2\pi}[\cos\omega\tau - \cos(2\omega t + \omega\tau + 2\theta)]\mathrm{d}\theta = \frac{A^2}{2}\cos\omega\tau
\end{aligned} \tag{1.44}$$

同理可推得，若 $x(t) = A\cos(\omega t + \theta)$，则 $R_x(\tau) = \dfrac{A^2}{2}\cos\omega\tau$。由此可见，相位随机正弦信号（或余弦信号）的自相关是同频率的余弦函数。相位随机正弦信号及其自相关函数如图 1.23 所示。

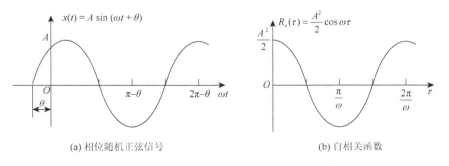

(a) 相位随机正弦信号　　　　　　　　(b) 自相关函数

图 1.23　相位随机正弦信号及其自相关函数

3）直流信号

若 $x(t) = A\,(-\infty < t < \infty)$，$A$ 为常数，则

$$R_x(\tau) = E[x(t)x(t+\tau)] = E[A^2] = A^2 \tag{1.45}$$

说明恒定直流信号的自相关为常数，其大小为直流信号的平方。

4）高斯白噪声

高斯白噪声是均值为 0 的随机信号，不能用确定的函数表示，其瞬时值服从 $N(0, \sigma^2)$ 正态分布，其相关函数为

$$R_x(\tau) = \sigma^2 \delta(\tau) \qquad (1.46)$$

其中：σ^2 为白噪声的均方值，也为白噪声的功率谱密度，即 $S_x(\omega) = \sigma^2$。高斯白噪声波形及其自相关函数如图 1.24 所示。

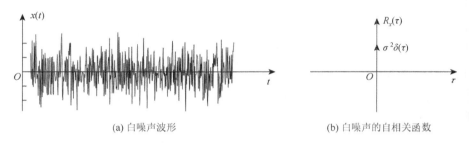

(a) 白噪声波形　　　　　　　　(b) 白噪声的自相关函数

图 1.24　高斯白噪声及其自相关函数

连续时间白噪声信号 $n(t)$ 的自相关函数是 δ 函数，在除 $\tau = 0$ 外的所有点相关值均为 0，表明白噪声信号不同时刻的值完全不相关。

例 1.2　设正弦信号 $x(t) = \cos t$ 与高斯白噪声混合，试求：

（1）信号的自相关；

（2）将信号多周期累加、平均再求相关。

解　连续时间正弦信号及混有高斯白噪声的正弦信号波形分别如图 1.25（a）和（b）所示。将信号离散化，则混合信号用函数表示为

$$y(n) = x(n) + w(n)$$

其中：$x(n)$ 为正弦信号；$w(n)$ 为高斯白噪声。

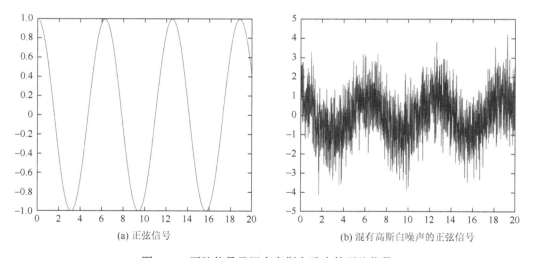

(a) 正弦信号　　　　　　　　　(b) 混有高斯白噪声的正弦信号

图 1.25　正弦信号及混有高斯白噪声的正弦信号

（1）信号的自相关。

$$R_y(m) = E[y(n)y(n+m)] = E[[x(n)+w(n)][x(n+m)+w(n+m)]]$$
$$= E[x(n)x(n+m) + x(n)w(n+m) + w(n)x(n+m) + w(n)w(n+m)]$$

因为信号与噪声不相关，所以有

$$E[x(n)w(n+m)] = 0, \quad E[w(n)x(n+m)] = 0$$

故

$$R_y(m) = E[y(n)y(n+m)] = E[x(n)x(n+m)] + E[w(n)w(n+m)]$$

利用 MATLAB 求得的自相关如图 1.26 所示。

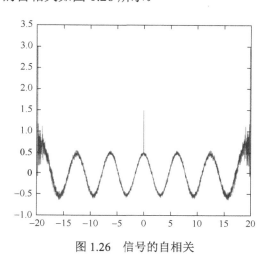

图 1.26　信号的自相关

（2）将信号多周期累加、平均再求相关。

设正弦信号的周期为 T，将信号进行 N 个周期求和，再求平均，得

$$\frac{1}{N}\sum_{i=0}^{N-1}y_i(n_t) = \frac{1}{N}\sum_{i=0}^{N-1}x_i(n_t) + \frac{1}{N}\sum_{i=0}^{N-1}w_i(n_t) = \frac{1}{N}\sum_{i=0}^{N-1}x(iT+n_t) + \frac{1}{N}\sum_{i=0}^{N-1}w(iT+n_t)$$
$$= x(n_t) + \frac{1}{N}\sum_{i=0}^{N-1}w(iT+n_t)$$

因为正弦信号与高斯白噪声不相关，所以自相关

$$R_y(m) = \frac{1}{N}\sum[x(n)+w(n)][x(n+m)+w(n+m)] = R_{xx}(m) + R_{ww}(m)$$

其中：$R_{xx}(m)$ 为正弦信号的自相关函数；$R_{ww}(m)$ 为高斯白噪声的自相函数。

图 1.27 所示为多周期累加、平均再求相关所得仿真波形。

由仿真结果可得如下结论。

（1）两种方法所得相关结果相似，波形大体都为正弦波，在 $m=0$ 处都显示有一脉冲，但前者仍然含有较大的噪声。

（2）将信号进行多周期累加、平均再求相关所得波形更清晰，几乎看不到噪声。这表明，求累加平均是一种很好的噪声抑制方法。

（3）正弦信号的自相关仍为同频率的正弦信号，即使混有白噪声，当 $m \neq 0$ 时结论仍然成立，因此可以通过相关运算检测正弦信号。

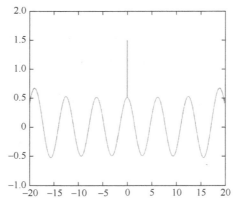

图 1.27　多周期累加、平均再求相关

3. 自相关函数的性质

（1）$R_x(0) = E[x^2(t)]$。

由自相关函数的定义 $R_x(\tau) = E[x(t)x(t+\tau)]$，令 $\tau = 0$，则有

$$R_x(0) = E[x^2(t)] \tag{1.47}$$

上式表明，$\tau = 0$ 时的自相关函数等于信号的均方值 $E[x^2(t)]$。

（2）$R_x(\tau) = R_x(-\tau)$。

由 $R_x(\tau) = E[x(t)x(t+\tau)]$，令 $t+\tau = t'$，则 $t = t' - \tau$，于是有

$$R_x(\tau) = E[x(t)x(t+\tau)] = E[x(t'-\tau)x(t')] = R_x(-\tau) \tag{1.48}$$

说明自相关函数是偶函数，它关于纵轴对称。

（3）$R_x(0) \geqslant R_x(\tau)$。

因为 $E[[x(t) - x(t+\tau)]^2] \geqslant 0$，所以有

$$E[x^2(t)] - 2E[x(t)x(t+\tau)] + E[x^2(t+\tau)] \geqslant 0$$

若 $x(t)$ 为平稳过程，则 $E[x^2(t)] = E[x^2(t+\tau)] = R_x(0)$。因此，$2R_x(0) - 2R_x(\tau) \geqslant 0$，即

$$R_x(0) \geqslant R_x(\tau) \tag{1.49}$$

上式表明，连续自相关函数在原点取得最大值。这从物理意义上很容易理解，因为同一时刻信号的相关程度最大，如图 1.20（b）所示，曲线的峰值即为 $R_x(0)$。

离散自相关函数亦有类似结论。

（4）若 $x(t)$ 含有恒定直流分量，则 $R_x(\tau)$ 必含有一常数分量。

证明如下。

设 $x(t) = s(t) + n(t)$，其中，$s(t) = A$ 为直流信号，$n(t)$ 为噪声（设为白噪声），则

$$R_x(\tau) = E[x(t)x(t+\tau)] = E[[A+n(t)][A+n(t+\tau)]]$$
$$= E[A^2 + An(t+\tau) + An(t) + n(t)n(t+\tau)]$$
$$= E[A^2] + E[An(t+\tau)] + E[An(t)] + E[n(t)n(t+\tau)]$$

因为白噪声的均值为 0，所以 $E[An(t+\tau)] = E[An(t)] = 0$。当 $\tau \neq 0$ 时，$E[n(t)n(t+\tau)] = 0$，有

$$R_x(\tau) = E[A^2] = A^2$$

即信号的自相关检测结果为不含噪声的常数，说明信号 $x(t)$ 含有直流信号，其大小为 $A = \sqrt{R_x(\tau)}$。

若 $x(t)$ 中直流信号很小或信号被噪声淹没，则常规方法难以检测出直流信号，通过做自相关运算可判断信号是否含有直流成分，并可根据相关运算计算出直流信号的大小。

（5）若 $x(t)$ 含有周期分量，则 $R_x(\tau)$ 也含有同频率的周期分量。

证明如下。

设 $x(t) = s(t) + n(t)$，其中，$s(t)$ 为周期信号，$n(t)$ 为噪声（设为白噪声），则

$$R_x(\tau) = E[x(t)x(t+\tau)] = E[[s(t)+n(t)][s(t+\tau)+n(t+\tau)]]$$
$$= E[s(t)s(t+\tau) + s(t)n(t+\tau) + n(t)s(t+\tau) + n(t)n(t+\tau)]$$
$$= E[s(t)s(t+\tau)] + E[s(t)n(t+\tau)] + E[n(t)s(t+\tau)] + E[n(t)n(t+\tau)]$$

因为信号与噪声不相关，所以

$$E[s(t)n(t+\tau)] = E[n(t)s(t+\tau)] = 0$$

当 $\tau \neq 0$ 时，$E[n(t)n(t+\tau)] = 0$，故有

$$R_x(\tau) = E[s(t)s(t+\tau)]$$

在电信号检测中被测信号常为周期正弦信号，设 $s(t) = A\sin\omega t$，则

$$R_x(\tau) = E[s(t)s(t+\tau)] = E[A\sin\omega t \cdot A\sin[\omega(t+\tau)]]$$
$$= E\left[\frac{A^2}{2}[\cos\omega\tau - \cos(2\omega t + \omega\tau)]\right] = E\left[\frac{A^2}{2}\cos\omega\tau\right] - E\left[\frac{A^2}{2}\cos(2\omega t + \omega\tau)\right]$$

因为 $E\left[\dfrac{A^2}{2}\cos(2\omega t + \omega\tau)\right] = 0$，所以

$$R_x(\tau) = \frac{A^2}{2}\cos\omega\tau$$

由上式可见，信号的自相关检测结果为不含噪声的余弦信号，且与被测信号同频率，故可判断信号 $x(t)$ 含有频率为 ω 的正弦信号或余弦信号。因此，可以利用该性质判断 $x(t)$ 是否含有正弦信号成分。周期信号可表示成无穷多个正弦信号之和，且不同频率的正弦信号互不相关（一个周期内的积分为零），因此含噪周期信号自相关为多个不同频率的余弦函数之和。

此性质还可举例说明。

设 $x(t) = A\cos(\omega t + \theta) + n(t)$，其中，$\theta$ 为在 $0 \sim 2\pi$ 均匀分布的随机变量，$n(t)$ 为白噪声。由于 $A\cos(\omega t + \theta)$ 与噪声 $n(t)$ 相互统计独立，可推得自相关函数为

$$R_x(\tau) = \frac{A^2}{2}\cos\omega\tau + R_n(\tau)$$

其中：$R_n(\tau)$ 为噪声的自相关函数，当 $\tau \neq 0$ 时，$R_n(\tau) = 0$。

上式表明，混有噪声的随机相位正弦信号的自相关也是同频率的余弦信号，且与信号具有相同的周期。

（6）维纳-欣钦定理（Wiener-Khinchin theorem）。

对于平稳的随机过程，可证明自相关函数 $R_x(\tau)$ 与功率谱密度函数 $S_x(\omega)$ 是一对傅里叶（Fourier）变换对，即

$$R_x(\tau) = \frac{1}{2\pi}\int_{-\infty}^{\infty} S_x(\omega)e^{j\omega\tau}d\omega \tag{1.50}$$

$$S_x(\omega) = \int_{-\infty}^{\infty} R_x(\tau)e^{-j\omega\tau}d\tau \tag{1.51}$$

关于功率谱的概念将在本章后面论述。

1.5.2 互相关函数

1. 互相关函数的概念

自相关函数反映的是同一随机过程不同时刻随机变量之间的相关性，而互相关函数是用来描述两个随机信号 $x(t)$、$y(t)$ 不同时刻 t_1、t_2 之间的相关程度。描述两个不同信号之间的相关性时，这两个信号可以是随机信号，也可以是确定信号。

互相关函数定义为

$$R_{xy}(t_1, t_2) = E[x(t_1)y(t_2)] = \int_{-\infty}^{\infty} \mathrm{d}x \int_{-\infty}^{\infty} x(t_1)y(t_2)f[x(t_1), t_1; y(t_2), t_2]\mathrm{d}y \tag{1.52}$$

其中：$f[x(t_1), t_1; y(t_2), t_2]$ 为两随机过程 $x(t)$ 和 $y(t)$ 的联合概率密度函数。当二者联合平稳时，二者的联合概率密度与时间平移无关，其互相关函数仅为时间差 τ 的函数：

$$R_{xy}(t_1, t_2) = R_{xy}(\tau) = E[x(t)y(t + \tau)] \tag{1.53}$$

时间互相关函数定义为

$$R_{xy}(\tau)_t = \lim_{T \to \infty} \frac{1}{2T} \int_{-T}^{T} x(t)y(t + \tau)\mathrm{d}t \tag{1.54}$$

$$R_{yx}(\tau)_t = \lim_{T \to \infty} \frac{1}{2T} \int_{-T}^{T} y(t)x(t + \tau)\mathrm{d}t \tag{1.55}$$

对于周期为 T 的周期信号 $x(t)$，其与另一信号 $y(t)$ 的时间互相关函数为

$$R_x(\tau) = \frac{1}{T} \int_{0}^{T} x(t)xy(t + \tau)\mathrm{d}t \tag{1.56}$$

互相关运算可由如图 1.28 所示的运算电路来实现，该电路称为互相关器。

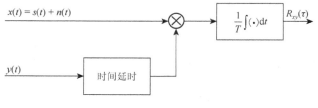

图 1.28　互相关器

若二者为各态遍历的，则总集互相关等于时间互相关，即

$$R_{xy}(\tau) = R_{xy}(\tau)_t \tag{1.57}$$

若随机过程 $x(t)$ 的联合概率密度 $f[x(t_1), t_1; y(t_2), t_2]$ 与时间平移无关，则可推得其自相关函数仅为时间差 τ 的函数；反之，若随机信号的自相关函数仅为时间差 τ 的函数，则不一定推得其联合概率密度与时间平移无关。因此，该随机过程不一定是严格平稳的过程。把这种自相关函数与时间平移无关的过程称为在自相关意义上的平稳过程。通常把均值为常数、自相关函数为时间差 τ 的函数、均方不为无穷大的随机过程称为广义平稳的随机过程。因此，严格平稳的随机过程必然广义平稳，而广义平稳的随机过程不一定严格平稳。

除此之外，还常用自协方差函数和互协方差函数来描述随机过程的特征，定义式如下。

（1）自协方差（autocovariance）：

$$\text{cov}_x(t_1, t_2) = E[\{x(t_1) - E[x(t_1)]\}\{x(t_2) - E[x(t_2)]\}]$$（1.58）

（2）互协方差（cross-covariance）：

$$\text{cov}_{xy}(t_1, t_2) = E[\{x(t_1) - E[x(t_1)]\}\{y(t_2) - E[y(t_2)]\}]$$（1.59）

对于平稳随机过程，其协方差函数与时间平移无关，仅是时间差 τ 的函数，即

$$\text{cov}_x(\tau) = E[\{x(t) - E[x(t)]\}\{x(t+\tau) - E[x(t+\tau)]\}]$$（1.60）

$$\text{cov}_{xy}(\tau) = E[\{x(t) - E[x(t)]\}\{y(t+\tau) - E[y(t+\tau)]\}]$$（1.61）

显然，当 $E[x(t)] = E[x(t+\tau)] = 0$ 时，有

$$\text{cov}_x(\tau) = R_x(\tau)$$（1.62）

当 $E[x(t)] = 0$，$E[y(t+\tau)] = 0$ 时，有

$$\text{cov}_{xy}(\tau) = E[x(t)y(t+\tau)] = R_{xy}(\tau)$$（1.63）

例 1.3　假设一正弦信号与随机噪声混合，试分别用自相关和互相关检测信号。

（1）利用自相关检测信号。

对于周期为 T 的周期信号，时间自相关函数为

$$R_x(\tau) = \frac{1}{T}\int_0^T x(t)x(t+\tau)\mathrm{d}t$$

图 1.29（a）和（b）所示分别为叠加了随机噪声的正弦信号及其自相关。由图可见，经自相关运算后可以粗略地观测出待测信号的周期和幅值信息。

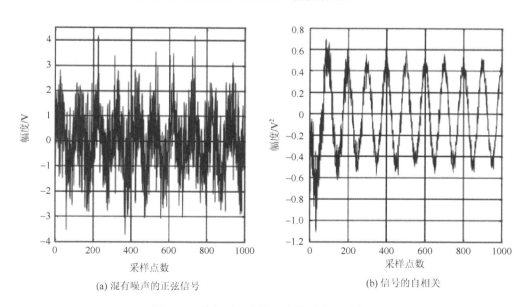

(a) 混有噪声的正弦信号　　　　　　　　　(b) 信号的自相关

图 1.29　叠加了噪声的正弦信号自相关检测

（2）利用互相关检测信号。

信号 $x(t)$ 与 $y(t)$ 的互相关函数为

$$R_{xy}(\tau) = \lim_{T \to \infty} \frac{1}{T} \int_0^T x(t)y(t+\tau)\mathrm{d}t$$

设输入信号 $x(t) = s(t)+n(t)$，参考信号 $y(t) = s(t)+m(t)$，其中，$s(t)$ 为被测信号，$m(t)$ 和 $n(t)$ 均为噪声。

图 1.30（a）、（b）、（c）所示分别为含噪信号、参考信号、互相关运算结果。与自相关运算结果对比可知，互相关检测对于噪声的抑制效果明显优于自相关检测。这是因为互相关函数在进行信号检测时所选择的参考信号为另一信号，且信噪比较高，从而可以更有效地消除噪声对检测结果带来的影响。在锁定放大器中，参考信号为与被测信号 $s(t)$ 同频率的正弦信号或方波信号，此内容将在后面章节阐述。

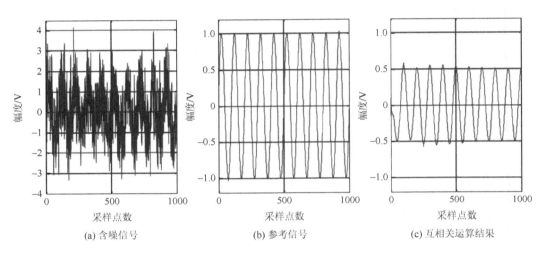

(a) 含噪信号   (b) 参考信号   (c) 互相关运算结果

图 1.30 叠加了噪声的正弦信号互相关检测

2. 互相关函数的性质

根据互相关函数的定义，可得如下性质。

（1） $R_{xy}(0) = R_{yx}(0)$。

因为 $R_{xy}(\tau) = E[x(t)y(t+\tau)]$，$R_{yx}(\tau) = E[y(t)x(t+\tau)]$，令 $\tau = 0$，则有

$$R_{xy}(0) = R_{yx}(0) \qquad (1.64)$$

$R_{xy}(0)$ 没有明确的物理意义，而 $R_x(0)$ 表示信号的均方。

（2） $R_{xy}(\tau)$ 并非一定是偶函数，即 $R_{xy}(\tau)$ 不一定等于 $R_{xy}(-\tau)$，但

$$R_{xy}(\tau) = R_{yx}(-\tau) \qquad (1.65)$$

（3） $R_{xy}(0)$ 不一定为最大值，最大值可以出现在 τ 为任何值处，且有

$$\left| R_{xy}(0) \right| \leqslant \left| R_x(0)R_y(0) \right|^{1/2} \qquad (1.66)$$

（4）若两个随机过程统计独立，则有

$$R_{xy}(\tau) = E[x(t_1)y(t_2)] = E[x(t_1)]E[y(t_2)] = m_x m_y = R_{yx}(\tau) \qquad (1.67)$$

其中：$E[x(t_1)] = m_x$，$E[y(t_2)] = m_y$ 为均值的一种表示方法。

若两个随机过程的互相关 $R_{xy}(\tau) = 0$，并不一定表明这两个随机过程是统计独立的。

1.5.3　相关函数与卷积的关系

随机信号时间自相关函数为

$$R_x(\tau) = \lim_{T \to \infty} \frac{1}{2T} \int_{-T}^{T} x(t)x(t+\tau)\mathrm{d}t$$

对于能量有限信号 $x(t)$，有 $\int_{-\infty}^{\infty} |x(t)|^2 \mathrm{d}t < \infty$，若按上式来定义时间自相关函数，则必然有 $R_x(\tau) = 0$。为此，能量有限信号的时间自相关函数定义为

$$R_x(\tau) = \int_{-\infty}^{\infty} x(t)x(t+\tau)\mathrm{d}t \tag{1.68}$$

若 $x(t)$ 和 $y(t)$ 均为能量有限信号，则互相关函数定义为

$$R_{xy}(\tau) = \int_{-\infty}^{\infty} x(t)y(t+\tau)\mathrm{d}t \tag{1.69}$$

令 $\xi = t + \tau$，则 $t = \xi - \tau$，有

$$R_{xy}(\tau) = \int_{-\infty}^{\infty} y(\xi)x(\xi - \tau)\mathrm{d}\xi \tag{1.70}$$

而

$$y(t) * g(t) = \int_{-\infty}^{\infty} y(\tau)g(t-\tau)\mathrm{d}\tau \tag{1.71}$$

令 $g(t) = x(-t)$，则 $g(t-\tau) = x(\tau - t)$，有

$$y(t) * x(-t) = \int_{-\infty}^{\infty} y(\tau)x(\tau - t)\mathrm{d}\tau \tag{1.72}$$

故有

$$R_{xy}(\tau) = x(-\tau) * y(\tau) \tag{1.73}$$

对上式两边求傅里叶变换，结合卷积定理，有

$$S_{xy}(\omega) = X^*(\omega)Y(\omega) \tag{1.74}$$

其中：$X^*(\omega) = \mathcal{F}[x(-\tau)]$ 为 $X(\omega)$ 的共轭；$S_{xy}(\omega) = \mathcal{F}[R_{xy}(\tau)] = \int_{-\infty}^{\infty} R_{xy}(\tau)\mathrm{e}^{-\mathrm{j}\omega\tau}\mathrm{d}\tau$ 为互谱密度。

式（1.74）称为相关定理（correlation theorem）。若 $x(t)$ 和 $y(t)$ 分别为系统的输入和输出，则相关定理把输入与输出之间的关系在频域联系起来了。

1.6　功率谱密度

随机信号 $x(t)$ 可能是能量无限信号（即 $\int_{-\infty}^{\infty} |x(t)|^2 \mathrm{d}t = \infty$），不一定满足绝对可积条件 $\int_{-\infty}^{\infty} |x(t)|\mathrm{d}t < \infty$，因此其傅里叶变换并不存在。但其平均功率可能存在，因此可以研究它在 $(-\infty, \infty)$ 区间内的平均功率，此平均功率的傅里叶变换即为功率谱密度。

1.6.1　随机信号的功率谱密度

信号 $x(t)$ 可以是任意随时间变化的物理量，在对信号进行能量分析时，可以不加区分地

将其视为电压 $x(t)$ 施加在单位电阻（$R=1\,\Omega$）上所消耗的能量，则信号 $x(t)$ 的能量为

$$W = \lim_{T\to\infty}\int_{-T}^{T} i^2(t)R\mathrm{d}t = \lim_{T\to\infty}\int_{-T}^{T} x^2(t)\mathrm{d}t \tag{1.75}$$

根据帕塞瓦尔定理（Parseval's theorem），信号的时域能量等于频域能量，其频域能量表示为

$$W = \frac{1}{2\pi}\int_{-\infty}^{\infty}\left|X(\omega)\right|^2\mathrm{d}\omega \tag{1.76}$$

其中：$X(\omega)$ 为信号 $x(t)$ 的傅里叶变换，即 $X(\omega) = \int_{-\infty}^{\infty} x(t)\mathrm{e}^{-\mathrm{j}\omega t}\mathrm{d}t$。

信号的平均功率为

$$P = \lim_{T\to\infty}\frac{1}{2T}\int_{-T}^{T} x^2(t)\mathrm{d}t \tag{1.77}$$

对于不同的信号，上面两个定义中的极限并不一定存在。能量极限存在的信号称为能量信号，功率极限存在的信号称为功率信号。一个信号可以既不是能量信号，也不是功率信号，但不可能既是能量信号，又是功率信号。

直流信号、周期信号、持续时间为无穷的随机信号（如白噪声）等均为能量无穷大信号。能量无穷大信号的功率往往是有限的，因此可以从功率角度对信号进行分析。

设 $x(t)$ 为一各态遍历性的平稳随机信号，将信号在 $t\in[-T,T]$ 进行截断，表示为 $x_T(t)$。显然，截断信号的能量是有限的，且其平均功率为

$$P = \frac{1}{2T}\int_{-T}^{T} x_T^2(t)\mathrm{d}t$$

截断信号 $x_T(t)$ 满足绝对可积条件，即 $\int_{-\infty}^{\infty}\left|x_T(t)\right|\mathrm{d}t < \infty$，因此其傅里叶变换存在，且

$$X_T(\omega) = \int_{-\infty}^{\infty} x_T(t)\mathrm{e}^{-\mathrm{j}\omega t}\mathrm{d}t = \int_{-T}^{T} x(t)\mathrm{e}^{-\mathrm{j}\omega t}\mathrm{d}t \tag{1.78}$$

由帕塞瓦尔定理，有

$$\int_{-\infty}^{\infty} x_T^2(t)\mathrm{d}t = \frac{1}{2\pi}\int_{-\infty}^{\infty}\left|X_T(\omega)\right|^2\mathrm{d}\omega \tag{1.79}$$

将上式等号两边除以时间 $2T$，并取 $T\to\infty$ 的极限，得

$$\lim_{T\to\infty}\frac{1}{2T}\int_{-\infty}^{\infty} x^2(t)\mathrm{d}t = \frac{1}{2\pi}\int_{-\infty}^{\infty}\lim_{T\to\infty}\frac{1}{2T}\left|X_T(\omega)\right|^2\mathrm{d}\omega \tag{1.80}$$

或表示为

$$\lim_{T\to\infty}\frac{1}{2T}\int_{-T}^{T} x^2(t)\mathrm{d}t = \int_{-\infty}^{\infty}\lim_{T\to\infty}\frac{1}{2T}\left|X_T(\omega)\right|^2\mathrm{d}f \tag{1.81}$$

式（1.81）的左边表示信号 $x(t)$ 在 $(-\infty,\infty)$ 区间内的平均功率，右边的被积函数定义为信号 $x(t)$ 的功率谱密度（power spectral density），简称功率谱（power spectrum），记为

$$S_x(\omega) = \lim_{T\to\infty}\frac{1}{2T}\left|X_T(\omega)\right|^2 \tag{1.82}$$

$S_x(\omega)$ 有明确的物理意义，它表示信号 $x(t)$ 的平均功率关于频率的分布，功率谱曲线一般横坐标为频率，纵坐标为功率。若 $x(t)$ 为电压信号，则功率谱的量纲为 V^2/Hz 或 $\mathrm{V}^2/(\mathrm{rad/sec})$。

因为功率没有负值，所以功率谱曲线上的纵坐标也没有负值，功率谱曲线所覆盖的面积在数值上等于信号的平均功率。

如果随机过程不具有各态遍历性，其平均功率需用总集平均才能求得，即

$$\lim_{T\to\infty}E\left[\frac{1}{2T}\int_{-T}^{T}x^2(t)\mathrm{d}t\right]=\lim_{T\to\infty}\frac{1}{2T}\int_{-T}^{T}E[x^2(t)]\mathrm{d}t \tag{1.83}$$

此时，功率谱密度定义为

$$S_x(\omega)=\lim_{T\to\infty}\frac{1}{2T}E\left[\left|X_T(\omega)\right|^2\right] \tag{1.84}$$

由功率谱密度可求得信号的功率为

$$P_x=\frac{1}{2\pi}\int_{-\infty}^{\infty}S_x(\omega)\mathrm{d}\omega \tag{1.85}$$

1.6.2　几种典型信号的功率谱密度

1. 随机相位正弦信号

$$x(t)=A\sin(\omega_0 t+\theta)$$

其中：A、ω_0 为常数；θ 为在 $0\sim 2\pi$ 均匀分布的随机变量。其自相关函数为 $R_x(\tau)=\dfrac{A^2}{2}\cos\omega_0\tau$，由维纳-欣钦定理，可得信号的功率谱密度为

$$S_x(\omega)=\int_{-\infty}^{\infty}R_x(\tau)\mathrm{e}^{-\mathrm{j}\omega\tau}\mathrm{d}\tau=\int_{-\infty}^{\infty}\frac{A^2}{2}\cos\omega_0\tau\mathrm{e}^{-\mathrm{j}\omega\tau}\mathrm{d}\tau=\frac{\pi A^2}{2}[\delta(\omega+\omega_0)+\delta(\omega-\omega_0)] \tag{1.86}$$

显然，该信号的功率谱密度为在 $-\omega_0$ 和 ω_0 处的两个冲激，冲激强度为 $\dfrac{\pi A^2}{2}$。图 1.31（a）、（b）、（c）所示分别为随机相位正弦信号、自相关、功率谱曲线。

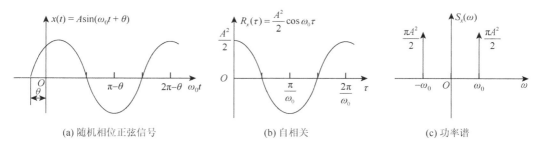

(a) 随机相位正弦信号　　　　(b) 自相关　　　　(c) 功率谱

图 1.31　随机相位正弦信号、自相关、功率谱曲线

由于正弦信号与随机相位正弦信号的自相关函数相同，它们的功率谱密度也相同。

2. 白噪声信号

由高斯白噪声的相关函数 $R_n(\tau)=\sigma^2\delta(\tau)$，得其功率谱密度为

$$S_x(\omega)=\int_{-\infty}^{\infty}R_x(\tau)\mathrm{e}^{-\mathrm{j}\omega\tau}\mathrm{d}\tau=\int_{-\infty}^{\infty}\sigma^2\delta(\tau)\mathrm{e}^{-\mathrm{j}\omega\tau}\mathrm{d}\tau=\sigma^2 \tag{1.87}$$

上式表明，白噪声的功率谱密度为常数，其大小等于信号的均方。

3. 直流信号

已知直流信号 $x(t) = A\,(-\infty < t < \infty)$ 的自相关函数 $R_x(\tau) = A^2$，得其功率谱密度为

$$S_x(\omega) = \int_{-\infty}^{\infty} R_x(\tau)\mathrm{e}^{-\mathrm{j}\omega\tau}\mathrm{d}\tau = \int_{-\infty}^{\infty} A^2 \mathrm{e}^{-\mathrm{j}\omega\tau}\mathrm{d}\tau = 2\pi A^2 \delta(\omega) \qquad (1.88)$$

上式表明，直流信号的功率谱密度为冲激函数。图 1.32（a）、（b）、（c）所示分别为直流信号、自相关、功率谱密度曲线。

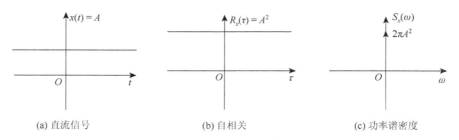

(a) 直流信号   (b) 自相关   (c) 功率谱密度

图 1.32　直流信号及其自相关、功率谱密度曲线

1.6.3　功率谱的性质

功率谱 $S_x(\omega)$ 具有如下性质。

（1）$S_x(\omega) \geqslant 0$，即功率谱是频率的非负函数。

（2）对于实的平稳随机过程 $x(t)$，其功率谱为偶函数。这是因为

$$\left|X_T(\omega)\right|^2 = X_T(\omega)X_T(-\omega) = \left|X_T(-\omega)\right|^2$$

（3）对于平稳随机过程，$S_x(\omega)$ 与 $R_x(\omega)$ 互为傅里叶变换对，即

$$S_x(\omega) = \int_{-\infty}^{\infty} R_x(\tau)\mathrm{e}^{-\mathrm{j}\omega\tau}\mathrm{d}\tau \qquad (1.89)$$

$$R_x(\tau) = \frac{1}{2\pi}\int_{-\infty}^{\infty} S_x(\omega)\mathrm{e}^{\mathrm{j}\omega\tau}\mathrm{d}\omega \qquad (1.90)$$

式（1.89）和式（1.90）即维纳-欣钦定理。维纳-欣钦定理存在的条件是随机信号必须是平稳的随机过程。

（4）$R_x(0) = E[x^2(t)]$。

由式（1.90），令 $\tau = 0$，则有

$$R_x(0) = \frac{1}{2\pi}\int_{-\infty}^{\infty} S_x(\omega)\mathrm{d}\omega$$

结合 $R_x(\tau) = E[x(t)x(t+\tau)]$，故有

$$R_x(0) = \frac{1}{2\pi}\int_{-\infty}^{\infty} S_x(\omega)\mathrm{d}\omega = E[x^2(t)] \qquad (1.91)$$

上式表明，平稳随机信号 $x(t)$ 在 $\tau = 0$ 时的自相关等于信号的均方，即等于信号的平均功率。下面举例说明利用相关函数的特性从不同背景噪声中提取周期信号。

例 1.4　已知信号 $x(t) = r(t) + n(t)$，其中，$r(t)$ 为被测正弦信号，求下列两种情况下信号的自相关。

（1）$n(t)$ 为白噪声，其功率谱密度为 σ^2；

（2）$n(t)$ 的功率谱密度为有限带宽的有色噪声，其功率谱密度为

$$S_n(\omega) = \frac{1}{1 + \omega^2 / \omega_0^2} \tag{1.92}$$

解　（1）设 $r(t)$ 与白噪声 $n(t)$ 相互统计独立，则信号 $x(t)$ 的自相关

$$R_x(\tau) = E[x(t)x(t+\tau)] = E\big[[r(t)+n(t)][r(t+\tau)+n(t+\tau)]\big]$$
$$= E[r(t)r(t+\tau)] + E[r(t)n(t+\tau)] + E[n(t)r(t+\tau)] + E[n(t)n(t+\tau)]$$

其中：$R_r(\tau) = E[r(t)r(t+\tau)]$ 为正弦信号的自相关；$R_n(\tau) = E[n(t)n(t+\tau)]$ 为白噪声的自相关。

因为信号 $r(t)$ 与噪声 $n(t)$ 不相关，所以

$$E[r(t)n(t+\tau)] = 0, \qquad E[n(t)r(t+\tau)] = 0$$

由于白噪声的自相关 $R_n(\tau) = \sigma^2\delta(\tau)$，有

$$R_x(\tau) = R_r(\tau) + R_n(\tau) = R_r(\tau) + \sigma^2\delta(\tau)$$

当 $\tau \neq 0$ 时，$R_n(\tau) = 0$，故

$$R_x(\tau) = R_r(\tau)$$

由上式可见，信号 $x(t)$ 的自相关中不含有噪声，因此通过相关运算可排除噪声的干扰。由前面的结论，若 $R_x(\tau)$ 为正弦函数，则可判断 $r(t)$ 为同频率的正弦信号；若 $R_x(\tau)$ 为常数，则可判断 $r(t)$ 为直流信号。

（2）由有色噪声的功率谱密度，结合维纳-欣钦定理可求得其自相关函数为

$$R_n(\tau) = \frac{\omega_0}{2}\mathrm{e}^{-|\omega_0\tau|} \tag{1.93}$$

有色噪声的功率谱及自相关函数如图 1.33 所示。

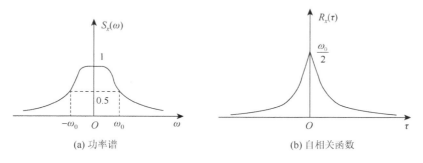

(a) 功率谱　　　　(b) 自相关函数

图 1.33　有色噪声的功率谱及自相关函数

下面讨论如何从有色噪声中判断周期信号的存在。

设信号 $r(t) = A\sin(\omega t + \theta)$ 是随机相位正弦信号，则由本章前述推导

$$R_r(\tau) = \frac{1}{2}A^2\cos\omega\tau$$

若 $r(t)$ 与 $n(t)$ 相互统计独立，则

$$R_x(\tau) = R_r(\tau) + R_n(\tau) = \frac{1}{2}A^2\cos\omega\tau + \frac{\omega_0}{2}\mathrm{e}^{-|\omega_0\tau|}$$

显然，当 τ 增加到足够大时，指数项趋近于 0，此时信号的自相关函数仅取决于信号 $r(t)$ 的自

相关函数 $R_r(\tau) = \dfrac{1}{2} A^2 \cos \omega \tau$，而 $R_r(\tau)$ 为周期正弦信号，因此可以判断正弦信号的存在。$r(t)$ 的自相关函数如图 1.34 所示。

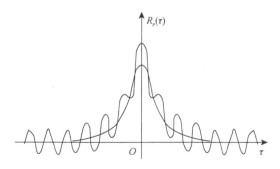

图 1.34　从有色噪声中提取正弦信号

由于理想的白噪声很难得到，实际噪声的自相关为一衰减的曲线。如图 1.35 所示，$R_n(\tau)$ 为衰减的白噪声自相关，$R_r(\tau)$ 为混有噪声的正弦信号的自相关。

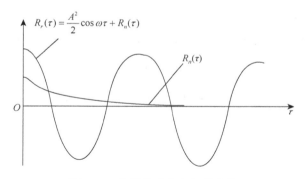

图 1.35　信号及噪声自相关曲线

此时要做到 $R_n(\tau)$ 足够小，τ 必须有一定值。$R_n(\tau)$ 的相关时间 τ_e 定义为

$$\tau_e = \int_0^\infty \frac{R_n(\tau) - R_n(\infty)}{R_n(0) - R_n(\infty)} \mathrm{d}\tau \tag{1.94}$$

τ_e 越大，则 $R_n(\tau)$ 越大。因此，要充分减小 $R_n(\tau)$，必须要求 $\tau < \tau_e$。

1.6.4　互谱密度

对于两个不同的随机信号 $x(t)$ 和 $y(t)$，若它们是平稳相关的，则互谱密度定义为

$$S_{xy}(\omega) = \lim_{T \to \infty} \frac{1}{2T} \left[X_T^*(\omega) Y_T(\omega) \right] \tag{1.95}$$

其中：T 为截断信号；$X_T(\omega)$、$Y_T(\omega)$ 为截断信号的傅里叶变换；$X_T^*(\omega)$ 为 $X_T(\omega)$ 的共轭。

互谱密度从频域来描述两个平稳随机过程的相关性，是一种数学处理方法，它没有明确

的物理含义。

互谱密度的性质如下。

（1）对于两个平稳随机过程，互谱密度 $S_{xy}(\omega)$ 与互相关函数 $R_{xy}(\tau)$ 构成傅里叶变换对，即

$$S_{xy}(\omega) = \int_{-\infty}^{\infty} R_{xy}(\tau) \mathrm{e}^{-\mathrm{j}\omega\tau} \mathrm{d}\tau \tag{1.96}$$

$$R_{xy}(\tau) = \frac{1}{2\pi} \int_{-\infty}^{\infty} S_{xy}(\omega) \mathrm{e}^{\mathrm{j}\omega\tau} \mathrm{d}\omega \tag{1.97}$$

（2）互谱密度为复数，可表示为极坐标形式

$$S_{xy}(\omega) = \left| S_{xy}(\omega) \right| \mathrm{e}^{\mathrm{j}\angle S_{xy}(\omega)}$$

其中：$\left| S_{xy}(\omega) \right|$ 为互谱密度幅度；$\angle S_{xy}(\omega)$ 为互谱密度相位。相位的意义解释为：时域中的时延将引起频域中的相移，因此它反映信号 $y(t)$ 相对信号 $x(t)$ 时延的信息，角度为正意味着在频率 ω 处信号 $y(t)$ 滞后于信号 $x(t)$，反之 $y(t)$ 超前于信号 $x(t)$。

（3）由于 $X_T^*(\omega) = X_T(-\omega)$，$Y_T(\omega) = Y_T^*(-\omega)$，结合定义可推得

$$S_{xy}(\omega) = S_{yx}(-\omega)$$

再由 $S_{yx}(-\omega) = S_{xy}^*(-\omega)$，可推得

$$S_{xy}(\omega) = S_{xy}^*(-\omega)$$

互谱密度的模具有如下关系：

$$\left| S_{xy}(\omega) \right| = \left| S_{xy}^*(-\omega) \right| = \left| S_{xy}(-\omega) \right|$$

第 2 章

线性时不变系统对随机信号的响应

2.1　概　　述

系统分单输入单输出（single input and single output，SISO）系统和多输入多输出系统，本章主要讨论 SISO 系统输入与输出之间统计特征的关系，对于多输入多输出系统的输入与输出的统计特性之间的关系不予讨论。

对于 SISO 线性时不变系统，系统的输出（零状态响应）可用卷积（convolution）计算如下：

$$y(t) = x(t) * h(t) = \int_{-\infty}^{\infty} x(\tau)h(t-\tau)\mathrm{d}\tau \tag{2.1}$$

其中：$x(t)$ 为输入；$y(t)$ 为输出；$h(t)$ 为系统的单位冲激响应。需要指出，这里的 $x(t)$ 可以是任意连续时间信号，当然也可以是随机时间信号。

类似地，对于线性时不变离散时间系统，系统的输出（零状态响应）可用卷积和（convolution sum）计算如下：

$$y(n) = x(n) * h(n) = \sum_{i=-\infty}^{\infty} x(i)h(n-i) \tag{2.2}$$

其中：$x(n)$ 为输入；$y(n)$ 为输出；$h(n)$ 为系统的单位脉冲响应。这里的 $x(n)$ 可以是任意离散时间信号，当然也可以是离散随机时间信号。

因为随机信号无法用确定的函数描述，所以系统的响应也无法用式（2.1）或式（2.2）计算，即系统的输出（或响应）不能用确定的函数式来描述，只能用概率统计的方法来描述。在多数情况下只能研究输入与输出的均值、均方、均方差、相关、功率谱等特征量之间的关系。

已知输入和系统函数求信号通过系统的响应是信号与系统研究内容的一个方面，而根据系统的输入和输出确定系统，即确定系统的单位冲激响应 $h(t)$（或单位脉冲响应 $h(n)$），或确定系统的系统函数是系统辨识问题。本章也将讨论白噪声激励或伪随机信号激励下的系统相关辨识问题。

2.2　输出随机信号的概率分布及其特点

已知系统输入信号的概率密度函数，要确定其响应的概率密度函数通常是困难的，但对于线性时不变系统，可以得出下列结论。

（1）若系统输入是随机信号，则输出也是随机信号。

（2）若系统输入服从高斯分布，则输出也服从高斯分布。

（3）平稳的随机信号 $x(t)$ 是无始无终的，它作用于线性时不变系统时，其响应 $y(t)$ 也是平稳的随机信号；若 $x(t)$ 是非平稳的随机信号，则其响应也是非平稳的随机信号。如图 2.1（a）所示。

若平稳的随机信号在 $t = 0$ 时刻通过开关突然施加到含有储能元件的电路系统上，则其响应存在过渡过程，因此输出为非平稳的随机信号，如图 2.1（b）所示。

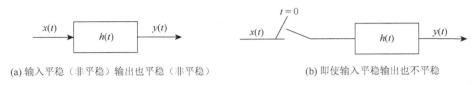

(a) 输入平稳（非平稳）输出也平稳（非平稳）   (b) 即使输入平稳输出也不平稳

图 2.1   信号通过线性时不变系统

若输入 $x(t)$ 是宽平稳的，则系统输出 $y(t)$ 也是宽平稳的，且输入与输出联合宽平稳；若输入 $x(t)$ 是严平稳的，则输出 $y(t)$ 也是严平稳的；若输入 $x(t)$ 是宽遍历性的，则输出 $y(t)$ 也是宽遍历性的，且联合遍历。

2.3   SISO 线性时不变连续系统对随机信号的响应

图 2.2   SISO 连续时间系统

设系统为 SISO 线性时不变系统，输入为 $x(t)$，输出为 $y(t)$，如图 2.2 所示。当输入为确定函数表示的信号时，由式（2.1）或式（2.2）可计算信号通过系统的响应。但当输入为随机信号时，其无法用确定的函数表示，因此无法用上述卷积或卷积和计算出系统的响应，得用其他特征描述系统的输出。

2.3.1   系统输出的均值和均方

设线性时不变系统的单位冲激响应为 $h(t)$，在随机信号 $x(t)$ 的激励下，系统输出的均值为

$$m_y = E[y(t)] = E\left[\int_{-\infty}^{\infty} x(t-\lambda)h(\lambda)\mathrm{d}\lambda\right] \tag{2.3}$$

设输入信号 $x(t)$ 有界，且系统稳定，即系统满足单位冲激响应绝对可积条件

$$\int_{-\infty}^{\infty} |h(t)|\mathrm{d}t < \infty \tag{2.4}$$

式（2.3）中积分与求期望值的顺序可以交换。设 $x(t)$ 为平稳随机信号，则有

$$E[x(t-\lambda)] = E[x(t)] \tag{2.5}$$

故

$$E[y(t)] = \int_{-\infty}^{\infty} E[x(t)]h(\lambda)\,\mathrm{d}\lambda = E[x(t)]\int_{-\infty}^{\infty} h(\lambda)\mathrm{d}\lambda \tag{2.6}$$

已知系统的频率响应与单位冲激响应互为傅里叶变换对，即

$$H(\omega) = \int_{-\infty}^{\infty} h(\lambda)\mathrm{e}^{-\mathrm{j}\omega\lambda}\mathrm{d}\lambda \tag{2.7}$$

令 $\omega = 0$，则有

$$H(0) = \int_{-\infty}^{\infty} h(\lambda)\mathrm{d}\lambda \tag{2.8}$$

其中：$H(0)$ 为系统的直流增益。将式（2.8）代入式（2.6），有

$$E[y(t)] = E[x(t)]H(0) \tag{2.9}$$

式（2.9）表明，平稳随机信号通过线性时不变系统所产生响应的均值等于输入信号的均值与系统直流增益 $H(0)$ 之乘积。

类似地，可求出系统输出的均方为

$$E[y^2(t)] = E\left[\int_{-\infty}^{\infty} x(t-\lambda_1)h(\lambda_1)\mathrm{d}\lambda_1 \int_{-\infty}^{\infty} x(t-\lambda_2)h(\lambda_2)\mathrm{d}\lambda_2\right]$$

$$= E\left[\int_{-\infty}^{\infty}\mathrm{d}\lambda_1 \int_{-\infty}^{\infty} x(t-\lambda_1)x(t-\lambda_2)h(\lambda_1)h(\lambda_2)\mathrm{d}\lambda_1\mathrm{d}\lambda_2\right] \quad (2.10)$$

$$= \int_{-\infty}^{\infty}\mathrm{d}\lambda_1 \int_{-\infty}^{\infty} E[x(t-\lambda_1)x(t-\lambda_2)]h(\lambda_1)h(\lambda_2)\mathrm{d}\lambda_2$$

对于平稳随机信号，有

$$E[x(t-\lambda_1)x(t-\lambda_2)] = R_x(\lambda_2-\lambda_1) \quad (2.11)$$

故式（2.10）变为

$$E[y^2(t)] = \int_{-\infty}^{\infty}\mathrm{d}\lambda_1 \int_{-\infty}^{\infty} R_x(\lambda_2-\lambda_1)h(\lambda_1)h(\lambda_2)\mathrm{d}\lambda_2 \quad (2.12)$$

2.3.2　系统输出的自相关与功率谱密度

根据定义，系统输出的自相关函数为

$$R_y(\tau) = E[y(t)y(t+\tau)] \quad (2.13)$$

由于系统为线性时不变系统，有

$$R_y(\tau) = E\left[\int_{-\infty}^{\infty} x(t-\lambda_1)h(\lambda_1)\mathrm{d}\lambda_1 \int_{-\infty}^{\infty} x(t+\tau-\lambda_2)h(\lambda_2)\mathrm{d}\lambda_2\right]$$

$$= E\left[\int_{-\infty}^{\infty}\int_{-\infty}^{\infty} x(t-\lambda_1)x(t+\tau-\lambda_2)h(\lambda_1)h(\lambda_2)\mathrm{d}\lambda_1\mathrm{d}\lambda_2\right] \quad (2.14)$$

交换积分与取均值的顺序，得

$$R_y(\tau) = \int_{-\infty}^{\infty}\int_{-\infty}^{\infty} E[x(t-\lambda_1)x(t+\tau-\lambda_2)]h(\lambda_1)h(\lambda_2)\mathrm{d}\lambda_1\mathrm{d}\lambda_2 \quad (2.15)$$

设 $x(t)$ 为平稳随机信号，则有

$$E[x(t-\lambda_1)x(t+\tau-\lambda_2)] = R_x(\tau+\lambda_1-\lambda_2) \quad (2.16)$$

将上式代入式（2.15），得

$$R_y(\tau) = \int_{-\infty}^{\infty}\int_{-\infty}^{\infty} R_x(\tau+\lambda_1-\lambda_2)h(\lambda_1)h(\lambda_2)\mathrm{d}\lambda_1\mathrm{d}\lambda_2 \quad (2.17)$$

其中：

$$\int_{-\infty}^{\infty} R_x(\tau+\lambda_1-\lambda_2)h(\lambda_2)\mathrm{d}\lambda_2 = R_x(\tau+\lambda_1)*h(\tau+\lambda_1) \quad (2.18)$$

令

$$z(\tau+\lambda_1) = R_x(\tau+\lambda_1)*h(\tau+\lambda_1) \quad (2.19)$$

则有

$$R_y(\tau) = \int_{-\infty}^{\infty} z(\tau+\lambda_1)h(\lambda_1)\mathrm{d}\lambda_1 = z(\tau)*h(-\tau) \quad (2.20)$$

由式（2.19）可得

$$z(\tau) = R_x(\tau)*h(\tau) \quad (2.21)$$

将式（2.21）代入式（2.20），得

$$R_y(\tau) = R_x(\tau) * h(\tau) * h(-\tau) \tag{2.22}$$

由上式可知，若输入 $x(t)$ 是平稳随机信号（其相关函数与时间平移无关），则信号通过线性时不变系统的响应 $y(t)$ 的自相关函数也与时间平移无关。因此，自相关意义上平稳的随机信号输入线性时不变系统时，其响应在自相关意义上也是平稳的。此外，还可证明，当输入为各态遍历随机信号，输出也是各态遍历随机信号。

根据数字特征量之间的关系可求得输出的均方为

$$E[y^2(t)] = R_y(0) \tag{2.23}$$

输出的方差为

$$E[\{y(t) - E[y(t)]\}^2] = E[y^2(t)] - (E[y(t)])^2 \tag{2.24}$$

由于平稳随机信号（如白噪声）不满足绝对可积条件，其傅里叶变换不存在，不能用卷积定理计算输出的傅里叶变换，但可根据维纳-欣钦定理导出自相关函数与功率谱之间的关系：

$$S_y(\omega) = \mathcal{F}[R_y(\tau)] = \int_{-\infty}^{\infty} R_x(\tau) e^{-j\omega\tau} d\tau \tag{2.25}$$

将式（2.22）代入式（2.25），得

$$S_y(\omega) = \mathcal{F}[R_x(\tau) * h(\tau) * h(-\tau)] = \mathcal{F}[R_x(\tau)] * \mathcal{F}[h(\tau)] * \mathcal{F}[h(-\tau)] \tag{2.26}$$

而

$$\mathcal{F}[h(\tau)] * \mathcal{F}[h(-\tau)] = H(\omega)H(-\omega) = H(\omega)H^*(\omega) = |H(\omega)|^2 \tag{2.27}$$

将式（2.27）代入式（2.26），得

$$S_y(\omega) = S_x(\omega)|H(\omega)|^2 \tag{2.28}$$

上式表明，系统输出的功率谱等于输入的功率谱与 $|H(\omega)|^2$ 之乘积。

若令 $j\omega = s$，可得下列拉普拉斯（Laplace）变换关系：

$$S_y(s) = S_x(s)H(s)H(-s)$$

其中：$H(s) = \mathcal{L}[h(t)]$ 为系统函数，即系统的传递函数，它表达了在复频域系统输出与输入之间的关系。

2.3.3 白噪声通过线性时不变系统

设连续时间系统的系统函数为 $H(s)$，输入白噪声的双边功率谱密度为 $S_x(\omega) = \dfrac{N_0}{2}$，其中，$\dfrac{N_0}{2}$ 为双边功率谱密度，N_0 为单边功率谱密度，N_0 为常数，则由式（2.28），系统输出的功率谱密度为

$$S_y(\omega) = |H(\omega)|^2 \frac{N_0}{2} \tag{2.29}$$

由相关与功率谱之间的关系 $R_x(\tau) = \dfrac{1}{2\pi}\int_{-\infty}^{\infty} S_x(\omega) e^{j\omega\tau} d\omega$，得输出的自相关函数为

$$R_y(\tau) = \frac{N_0}{4\pi}\int_{-\infty}^{\infty} |H(\omega)|^2 e^{j\omega\tau} d\omega \tag{2.30}$$

输出平均功率为

$$E[y^2(t)] = R_y(0) = \frac{N_0}{4\pi} \int_{-\infty}^{\infty} |H(\omega)|^2 \, \mathrm{d}\omega = \frac{N_0}{2\pi} \int_{0}^{\infty} |H(\omega)|^2 \, \mathrm{d}\omega \qquad (2.31)$$

例 2.1　如图 2.3 所示 RC 电路，设输入电压 $x(t)$ 是均值为零的白噪声，其自相关函数 $R_x(\tau) = \sigma^2 \delta(\tau)$，试求输出电压的均值 m_y、输出的自相关 $R_y(\tau)$、输出的均方 $E[y^2]$、输出均方差 $E[(y - E[y])^2]$、输出的功率谱密度 $S_y(\omega)$。

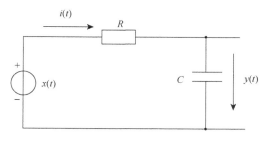

图 2.3　RC 电路

解　由电路可得系统的频率响应函数为

$$H(\omega) = \frac{\dfrac{1}{\mathrm{j}\omega C}}{R + \dfrac{1}{\mathrm{j}\omega C}} = \frac{1}{1 + \mathrm{j}\omega RC}$$

故有 $H(0) = 1$。因为白噪声电压均值为 0，即 $m_x = E[x(t)] = 0$，所以输出电压的均值为

$$m_y = H(0)E[x(t)] = 0$$

RC 电路为一线性时不变系统，其单位冲激响应为

$$h(t) = \frac{1}{RC} \mathrm{e}^{-\frac{t}{RC}} u(t)$$

故输出的自相关

$$R_y(\tau) = R_x(\tau) * h(\tau) * h(-\tau) = \sigma^2 \delta(\tau) * h(\tau) * h(-\tau)$$

$$R_y(\tau) = \begin{cases} \dfrac{\sigma^2}{2RC} \mathrm{e}^{-\frac{\tau}{RC}}, & \tau \geqslant 0 \\[3mm] \dfrac{\sigma^2}{2RC} \mathrm{e}^{\frac{\tau}{RC}}, & \tau < 0 \end{cases}$$

即

$$R_y(\tau) = \frac{\sigma^2}{2RC} \mathrm{e}^{-\frac{|\tau|}{RC}} \quad (-\infty < \tau < \infty)$$

故输出的均方为

$$E[y^2] = R_y(0) = \frac{\sigma^2}{2RC}$$

输出的均方差为

$$E[(y - E[y])^2] = E[y^2] = \frac{\sigma^2}{2RC}$$

由上式可见，为减小系统输出的均方差，即减少输出电压的波动，需加大电路的时间常数 RC。

由系统的频率响应函数，有

$$|H(\omega)|^2 = \frac{\left(\dfrac{1}{RC}\right)^2}{\omega^2 + \left(\dfrac{1}{RC}\right)^2}$$

由输入信号的自相关

$$R_x(\tau) = \sigma^2 \delta(\tau)$$

得输入信号的功率谱密度为

$$S_x(\omega) = \mathcal{F}[R_x(\tau)] = \sigma^2$$

故输出信号的功率谱密度为

$$S_y(\omega) = |H(\omega)|^2 S_x(\omega) = \frac{\left(\dfrac{1}{RC}\right)^2}{\omega^2 + \left(\dfrac{1}{RC}\right)^2} \sigma^2$$

上式表明，白噪声通过线性时不变系统时，其响应的功率谱为白噪声的功率谱 σ^2 乘以 $|H(\omega)|^2$。

2.3.4　系统输入与输出之间的互相关与互谱密度

若 $x(t)$ 为一平稳随机过程，则输出 $y(t)$ 也是平稳随机过程。由互相关定义，有

$$R_{xy}(\tau) = E[x(t)y(t+\tau)] \tag{2.32}$$

而

$$y(t+\tau) = \int_{-\infty}^{\infty} x(t+\tau-\lambda)h(\lambda)\mathrm{d}\lambda \tag{2.33}$$

将式（2.33）代入式（2.32），得

$$R_{xy}(\tau) = E\left[x(t)\int_{-\infty}^{\infty} x(t+\tau-\lambda)h(\lambda)\mathrm{d}\lambda\right] \tag{2.34}$$

交换积分与取均值的运算顺序，得

$$R_{xy}(\tau) = \int_{-\infty}^{\infty} E[x(t)x(t+\tau-\lambda)]h(\lambda)\mathrm{d}\lambda \tag{2.35}$$

又因 $x(t)$ 为平稳随机过程，故

$$E[x(t)x(t+\tau-\lambda)] = R_x(\tau-\lambda) \tag{2.36}$$

将式（2.36）代入式（2.35），得

$$R_{xy}(\tau) = \int_{-\infty}^{\infty} R_x(\tau-\lambda)h(\lambda)\mathrm{d}\lambda = R_x(\tau) * h(\tau) \tag{2.37}$$

上式表明，线性时不变系统输入与输出之间的互相关等于输入自相关与系统单位冲激响应之卷积。

对式（2.37）两边求傅里叶变换，得

$$S_{xy}(\omega) = H(\omega)S_x(\omega) \tag{2.38}$$

上式表明，线性时不变系统输入与输出之间互谱密度等于输入的自谱密度与系统的频率响应函数之积。还可推得

$$S_{yx}(\omega) = H(-\omega)S_x(\omega) \tag{2.39}$$

及

$$S_y(\omega) = S_{xy}(\omega)H(-\omega) = S_{yx}(\omega)H(\omega) \tag{2.40}$$

$$S_y(s) = S_{xy}(s)H(-s) = S_{yx}(s)H(s) \tag{2.41}$$

当线性时不变系统为因果系统（当 $t < 0$ 时，$h(t) = 0$）时，式（2.37）应写成

$$R_{xy}(\tau) = \int_0^\infty R_x(\tau - \lambda)h(\lambda)\mathrm{d}\lambda \tag{2.42}$$

此即维纳-何甫方程（Wiener-Hopper equation）。

2.4　非平稳随机信号通过系统的响应

设系统仍为线性时不变系统，输入信号为非平稳随机信号，则此时不能用 $S_y(\omega) = S_x(\omega)|H(\omega)|^2$ 来计算输出信号的功率谱密度。而且，对于非平稳随机过程，相关函数计算与时间起点有关，因此输出随机信号的自相关函数应按下式计算：

$$R_y(t_1, t_2) = E[y(t_1)y(t_2)] = E\left[\int_{-\infty}^\infty x(t_1 - \tau)h(\tau)\mathrm{d}\tau \int_{-\infty}^\infty x(t_2 - \tau)h(\tau)\mathrm{d}\tau\right] \tag{2.43}$$

对于因果系统，系统的响应为

$$y(t) = \int_0^\infty x(t - \tau)h(\tau)\mathrm{d}\tau \tag{2.44}$$

当信号 $x(t)$ 在 $t = 0$ 时刻作用于系统（如图 2.1 中 $t = 0$ 时刻开关合上），电路处于不稳定的过渡状态，则式（2.44）可写成

$$y(t) = \int_0^t x(t - \tau)h(\tau)\mathrm{d}\tau \tag{2.45}$$

式（2.43）可写成

$$\begin{aligned}
R_y(t_1, t_2) &= \int_0^t \int_0^t h(u)h(v)E[x(t_1 - u)x(t_2 - v)]\mathrm{d}u\mathrm{d}v \\
&= \int_0^t \int_0^t h(u)h(v)R_x(t_2 - t_1 + u - v)\mathrm{d}u\mathrm{d}v
\end{aligned} \tag{2.46}$$

上式为计算非平稳随机信号通过 LTI 系统时输出自相关的一般表达式。

例 2.2　设电路为 RC 无源低通滤波器。输入为白噪声，并在 $t = 0$ 时刻作用于系统，求输出噪声的功率随时间的变化规律。

解　输出噪声的功率为

$$P_y = E[y^2(0)] = R_y(0,0) = \int_0^t \int_0^t h(u)h(v)R_x(u - v)\mathrm{d}u\mathrm{d}v \tag{2.47}$$

RC 电路的单位冲激响应为

$$h(t) = \frac{1}{RC} \mathrm{e}^{-t/RC} u(t)$$

已知白噪声的相关函数为

$$R_x(\tau) = \frac{N_0}{2} \delta(\tau)$$

将 $h(\tau)$、$R_x(\tau)$ 代入式（2.47），得

$$P_y = \int_0^t \int_0^t \frac{N_0}{2R^2C^2} \mathrm{e}^{-\frac{u}{RC}} \mathrm{e}^{-\frac{v}{RC}} \delta(u-v) \mathrm{d}u \mathrm{d}v = \frac{N_0}{2R^2C^2} \int_0^t \mathrm{e}^{-\frac{2v}{RC}} \mathrm{d}v = \frac{N_0}{4RC} \left(1 - \mathrm{e}^{-\frac{2t}{RC}} \right) \quad (2.48)$$

上式表明，当电路处于非平稳状态时，输出噪声也在变化，噪声功率逐渐由 0 变化至 $\lim_{t \to \infty} \frac{N_0}{4RC} \left(1 - \mathrm{e}^{-\frac{2t}{RC}} \right) = \frac{N_0}{4RC}$。可以认为，当 $t \to \infty$ 时电路达到稳定，此时输出噪声处于平稳随机过程状态，达到稳定后的噪声功率可按平稳随机过程计算得到，具体计算如下。

输入白噪声的功率谱为

$$S_x(\omega) = \frac{N_0}{2}$$

输出白噪声的功率谱为

$$S_y(\omega) = S_x(\omega) |H(\omega)|^2 = \frac{N_0}{2} \frac{1}{1 + (\omega RC)^2}$$

输出噪声的功率为

$$P_y = \frac{1}{2\pi} \int_{-\infty}^{\infty} S_y(\omega) \mathrm{d}\omega = \frac{1}{2\pi} \int_{-\infty}^{\infty} \frac{N_0}{2} \frac{1}{1 + (\omega RC)^2} \mathrm{d}\omega = \frac{N_0}{4RC}$$

可见，计算结果与式（2.48）当 $t \to \infty$ 时的结果相同。

2.5　SISO 线性时不变离散时间系统对随机信号的响应

对于线性时不变离散时间系统，有下列关系：

$$y(n) = h(n) * x(n) \quad (2.49)$$

其中：$x(n)$ 和 $y(n)$ 分别为系统的激励和响应；$h(n)$ 为系统的单位脉冲响应。

类似于前面的推导，可得离散时间系统输入与输出各统计特征量之间的关系如下。

1. 时域

（1）输出自相关：

$$R_y(n) = R_x(n) * h(n) * h(-n) \quad (2.50)$$

（2）输入输出互相关：

$$R_{xy}(n) = h(n) * R_x(n) = \sum_{i=-\infty}^{\infty} h(i) R_x(n-i) \quad (2.51)$$

2. 频域

（1）输出功率谱：

$$S_y(\Omega) = |H|(\Omega)^2 S_x(\Omega) \tag{2.52}$$

（2）输入与输出之间的互谱密度：

$$S_{xy}(\Omega) = H(\Omega)S_x(\Omega) \tag{2.53}$$

离散时间信号的相关与功率谱密度互为离散时间傅里叶变换对（discrete time Fourier transform，DTFT），即

$$S_x(\Omega) = \sum_{n=-\infty}^{\infty} R_x(n)e^{-j\Omega n} \tag{2.54}$$

$$R_x(n) = \frac{1}{2\pi}\int_{-\pi}^{\pi} S_x(\Omega)e^{j\Omega n}d\Omega \tag{2.55}$$

上述两式为离散时间随机信号的维纳-欣钦定理，它适用于平稳离散时间随机信号。

同样，离散时间系统输入与输出之间的互相关与互谱密度也互为 DTFT，即

$$S_{xy}(\Omega) = \sum_{n=-\infty}^{\infty} R_{xy}(n)e^{-j\Omega n} \tag{2.56}$$

$$R_{xy}(n) = \frac{1}{2\pi}\int_{-\pi}^{\pi} S_{xy}(\Omega)e^{j\Omega n}d\Omega \tag{2.57}$$

对于线性时不变离散时间系统，系统的单位脉冲响应与系统的频率响应之间也互为 DTFT，即

$$H(\Omega) = \sum_{n=-\infty}^{\infty} h(n)e^{-j\Omega n} \tag{2.58}$$

$$h(n) = \frac{1}{2\pi}\int_{-\pi}^{\pi} H(\Omega)e^{j\Omega n}d\Omega \tag{2.59}$$

上述关系简单表示为

$$S_x(\Omega) \xleftrightarrow{\text{DTFT}} R_x(n)$$

$$S_y(\Omega) \xleftrightarrow{\text{DTFT}} R_y(n)$$

$$H(\Omega) \xleftrightarrow{\text{DTFT}} h(n)$$

$$S_{xy}(\Omega) \xleftrightarrow{\text{DTFT}} R_{xy}(n)$$

为了比较关系的相似性，将它们与连续时间系统输入与输出各统计特征量关系列于一起，如表 2.1 所示。

表 2.1　线性时不变系统输入与输出各统计特征量之间的关系

项目	连续时间系统	离散时间系统
时域	$R_y(\tau) = R_x(\tau) * h(\tau) * h(-\tau)$ $R_{xy}(\tau) = R_x(\tau) * h(\tau) = \int_{-\infty}^{\infty} R_x(\tau-\lambda)h(\lambda)d\lambda$	$R_y(n) = R_x(n) * h(n) * h(-n)$ $R_{xy}(n) = h(n) * R_x(n) = \sum_{i=-\infty}^{\infty} h(i)R_x(n-i)$
频域	$S_y(\omega) = S_x(\omega)|H(\omega)|^2$ $S_{xy}(\omega) = H(\omega)S_x(\omega)$	$S_y(\Omega) = S_x(\Omega)|H(\Omega)|^2$ $S_{xy}(\Omega) = H(\Omega)S_x(\Omega)$

2.6   线性时不变系统的相关辨识

2.6.1   相关辨识的基本原理

相关辨识是指利用相关原理由系统的输入和输出来确定系统的系统函数，实现系统辨识。由于系统函数与系统的单位冲激响应互为拉普拉斯变换对，确定了系统的单位冲激响应也就确定了系统函数。从理论上来说，输入信号可以是确定信号，也可以是随机信号。白噪声是一种随机信号，其自相关为冲激，功率谱密度为常数，此特点使得确定系统函数变得很容易，因此常用来做系统的相关辨识。

由前述讨论可知，线性时不变系统的输入与输出之间的相关性如下：

$$R_{xy}(\tau) = R_x(\tau) * h(\tau) \tag{2.60}$$

其中：$R_x(\tau)$ 为输入信号的自相关；$R_{xy}(\tau)$ 为输入与输出之间的互相关；$h(\tau)$ 为系统的单位冲激响应。据此关系，一般很难直接求出系统的单位冲激响应 $h(\tau)$，通常是将上式两边求傅里叶变换，利用卷积定理确定 $H(\omega)$，再由 $H(\omega)$ 确定系统的单位脉冲响应，即

$$\mathcal{F}[R_{xy}(\tau)] = \mathcal{F}[R_x(\tau) * h(\tau)] = \mathcal{F}[R_x(\tau)]\mathcal{F}[h(\tau)]$$

故有

$$H(\omega) = \frac{S_{xy}(\omega)}{S_x(\omega)} \tag{2.61}$$

将 $H(\omega)$ 求反变换，即可求出系统的单位冲激响应 $h(t)$。令 $s = \mathrm{j}\omega$，由 $H(\omega)$ 即可确定系统函数 $H(s)$。

2.6.2   利用白噪声对系统进行辨识

1. 白噪声作为输入信号进行系统辨识

设系统为线性时不变系统，输入信号 $x(t)$ 为白噪声，其均值为零，即 $m_x = E[x(t)] = 0$，则输入信号的自相关为

$$R_x(\tau) = \sigma^2 \delta(\tau) \tag{2.62}$$

输入与输出之间的互相关为

$$R_{xy}(\tau) = h(\tau) * \sigma^2 \delta(\tau) = \sigma^2 h(\tau) \tag{2.63}$$

上式表明，当输入为白噪声时，系统输入和输出之间的互相关函数与系统的单位冲激响应仅相差一比例系数 σ^2，因此可由互相关函数确定系统的单位冲激响应：

$$h(\tau) = \frac{R_{xy}(\tau)}{\sigma^2} \tag{2.64}$$

对上式两边求傅里叶变换，有

$$H(\omega) = \frac{S_{xy}(\omega)}{\sigma^2} \tag{2.65}$$

上式表明，当输入信号为白噪声时，根据系统输入与输出之间的互谱密度可求出 $H(\omega)$，因此可实现系统辨识。

2. 白噪声与其他信号混合作为输入进行系统辨识

白噪声与其他信号混合作为输入也可实现系统辨识。设系统输入为任意信号 $r(t)$ 叠加白噪声 $n(t)$，如图 2.4 所示，则系统的输入为

$$x(t) = r(t) + n(t) \tag{2.66}$$

由于系统为线性时不变系统，由叠加定理可求得系统的响应为

$$y(t) = y_r(t) + y_n(t) \tag{2.67}$$

其中：$y_r(t)$ 为由 $r(t)$ 所产生的响应；$y_n(t)$ 为由白噪声 $n(t)$ 所产生的响应。

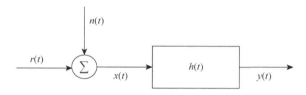

图 2.4　输入混有白噪声的系统

白噪声 $n(t)$ 与 $y(t)$ 之间的互谱密度为

$$S_{ny}(\omega) = S_{ny_r}(\omega) + S_{ny_n}(\omega) \tag{2.68}$$

其中：$S_{ny_r}(\omega)$、$S_{ny_n}(\omega)$ 分别为 $n(t)$ 与 $y_r(t)$、$n(t)$ 与 $y_n(t)$ 之间的互谱密度。一般 $n(t)$ 与 $r(t)$ 相互统计独立，有

$$R_{nr}(\tau) = 0$$

故

$$S_{ny_r}(\tau) = 0$$

由式（2.68）可得

$$S_{ny}(\omega) = S_{ny_n}(\omega) = H(\omega)S_n(\omega)$$

其中：$S_n(\omega)$ 为白噪声的功率谱密度。故有

$$H(\omega) = \frac{S_{ny_n}(\omega)}{S_n(\omega)} = \frac{S_{ny_n}(\omega)}{\sigma^2} \tag{2.69}$$

即 $H(\omega)$ 只与 $S_{ny_n}(\omega)$（白噪声与其响应之间的互谱密度）、输入白噪声的功率 σ^2 有关，而与输入 $r(t)$、输出 $y_r(t)$ 等无关。说明即使白噪声混有其他信号也可进行系统辨识。

上述辨识方法是在正常运行的系统中人为加入白噪声进行系统辨识，故亦称在线辨识。若系统混入其他噪声，只要其与白噪声不相关，就不影响系统辨识结果，这表明白噪声在进行系统辨识时具有良好的抗干扰能力。

2.6.3　利用伪随机信号对系统进行辨识

前面已述，白噪声可以用来实现系统的相关辨识，但理想的白噪声在工程上难以得到。

实际上，常用伪随机信号（pseudo-random signal）来代替白噪声，这种随机信号是一种二值周期信号。

伪随机信号并非随机生成的信号，而是人为构造的一种有规律变化的周期信号。它具有类似于随机噪声的某些统计特性，具有良好的相关特性，其自相关函数具有明显的峰值。因其具有与白噪声类似的相关特性，故可以用来进行系统的相关辨识。

图 2.5 所示为一种伪随机信号及其自相关函数。其中，图 2.5（a）为信号在一个周期的波形，信号取值为+1 或–1 二值，周期 $T = N\Delta t$，$N = 31$，Δt 为基本时间间隔，N 为奇数，取+1 的时间为 $16\Delta t$，取–1 的时间为 $15\Delta t$，按次数比较，取+1 的次数比取–1 的次数多 1 次。其自相关函数 $R_x(\tau)$ 如图 2.5（b）所示，它近似为由一系列三角脉冲组成的周期函数。当其底边长趋于 0，并维持三角形面积不变时，就是 δ 函数，这与白噪声的相关函数类似。

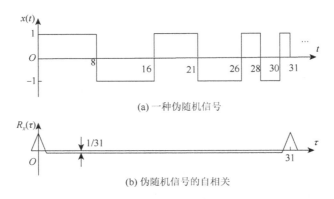

(a) 一种伪随机信号

(b) 伪随机信号的自相关

图 2.5　周期二值信号及其自相关函数

例如，图 2.6 所示为带有反馈的二进制移位寄存器，寄存器的输出构成伪随机信号。寄存器的输出以 31 位数 1111100011011101010000100101100 周而复始出现，形成周期信号，该信号取值为 0 或 1 二值，在一个周期内取 1 的次数为 16 次，取 0 的次数为 15 次，取 1 的次数较取 0 的次数多 1 次，满足伪随机信号的条件，所以它是数字伪随机信号。

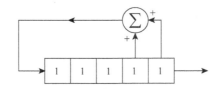

图 2.6　带有反馈的二进制移位寄存器

伪随机信号 $x_p(t)$ 是以 T 为周期的周期信号，其自相关函数近似为

$$R_{x_p}(\tau) = K \sum_{n=-\infty}^{\infty} \delta(\tau + nT) \tag{2.70}$$

则

$$R_{x_p y}(\tau) = h(\tau) * R_{x_p}(\tau) = h(\tau) * K \sum_{n=-\infty}^{\infty} \delta(\tau + nT)$$

故有

$$R_{x_p y}(\tau) = K \sum_{n=-\infty}^{\infty} h(\tau + nT)　　　　（2.71）$$

伪随机信号的自相关 $R_{x_p}(\tau)$ 与互相关 $R_{x_p y}(\tau)$ 波形如图 2.7 所示。

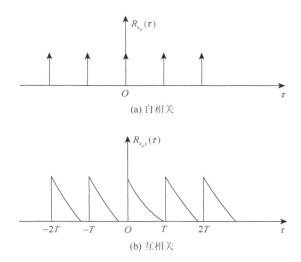

(a) 自相关

(b) 互相关

图 2.7　伪随机信号的自相关与互相关

选择合适的周期 T，使得 $\tau < T$ 时 $h(\tau)$ 已衰减至 0，则在 $\tau < T$ 的范围内有

$$R_{x_p y}(\tau) = Kh(\tau)　　　　（2.72）$$

上式表明，伪随机信号输入和输出之间的互相关与系统的单位冲激响应之间相差一比例系数 K，因此，可以利用伪随机信号的互相关来实现系统辨识。

将式（2.72）两边求傅里叶变换，得

$$H(\omega) = \frac{S_{x_p y}(\omega)}{K}　　　　（2.73）$$

由式（2.73）可见，由系统的互谱密度即可实现系统辨识。

2.6.4　激励与响应都存在噪声时的分析

设系统的输入和输出都含有噪声，如图 2.8 所示。系统的激励为

$$w(t) = x(t) + n(t)　　　　（2.74）$$

系统的输出为

$$z(t) = y(t) + v(t)　　　　（2.75）$$

其中：$y(t)$ 为由 $w(t)$ 产生的响应。若 $x(t)$ 与 $n(t)$、$x(t)$ 与 $v(t)$、$v(t)$ 与 $n(t)$ 互不相关，则有

$$S_w(\omega) = S_x(\omega) + S_n(\omega)　　　　（2.76）$$

$$S_z(\omega) = S_y(\omega) + S_v(\omega)　　　　（2.77）$$

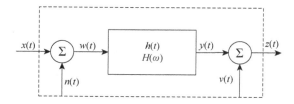

图 2.8 输入和输出都含有噪声的系统

因为

$$R_{xz}(\tau) = E[x(t)z(t+\tau)] = E[x(t)[y(t+\tau) + v(t+\tau)]]$$
$$= E[x(t)y(t+\tau)] + E[x(t)v(t+\tau)]$$

$\qquad$ (2.78)

而 $x(t)$ 与 $v(t)$ 不相关，所以

$$E[x(t)v(t+\tau)] = 0$$

故

$$R_{xz}(t+\tau) = E[x(t)y(t+\tau)] = E[[w(t) - n(t)]y(t+\tau)]$$
$$= E[[w(t)y(t)+\tau]] - E[n(t)y(t+\tau)] = R_{wy}(\tau) - R_{ny}(\tau)$$

对上式两边作傅里叶变换，得

$$S_{xz}(\omega) = S_{wy}(\omega) - S_{ny}(\omega)$$

$\qquad$ (2.79)

由 $S_{xz}(\omega)$ 与 $S_x(\omega)$ 求得图 2.8 虚线框所示系统的 $\hat{H}(\omega)$ 为

$$\hat{H}(\omega) = \frac{S_{xz}(\omega)}{S_x(\omega)} = \frac{S_{wy}(\omega) - S_{ny}(\omega)}{S_w(\omega) - S_n(\omega)}$$

$\qquad$ (2.80)

而实际系统的 $H(\omega)$ 为

$$H(\omega) = \frac{S_{wy}(\omega)}{S_w(\omega)}$$

$\qquad$ (2.81)

为了评估 $H(\omega)$ 与 $\hat{H}(\omega)$ 之间的差别，引入相干系数，其定义为

$$\rho^2 = \frac{\left|S_{xz}(\omega)\right|^2}{S_x(\omega)S_z(\omega)}$$

$\qquad$ (2.82)

当输入和测量值均未受噪声干扰，即 $n(t) = 0$，$v(t) = 0$ 时，有

$$x(t) = w(t)$$
$$y(t) = z(t)$$
$$S_{xz}(\omega) = S_{wy}(\omega) = H(\omega)S_w(\omega)$$
$$S_x(\omega) = S_w(\omega)$$

故有

$$\hat{H}(\omega) = H(\omega)$$

此时，因

$$S_z(\omega) = \left|H(\omega)\right|^2 S_x(\omega)$$

故相应地有

$$\rho^2 = 1$$

即在噪声干扰时，$\hat{H}(\omega) = H(\omega)$，相干系数为 1。

若 $z(t)$ 与激励 $x(t)$ 不相关，则

$$R_{xz}(\tau) = 0$$
$$S_{xz}(\omega) = 0$$

此时有

$$\rho^2 = 0$$

即响应 $z(t)$ 与激励完全没有关系，$\hat{H}(\omega)$ 为 0。

通常情况并非上述两种极端情况，故 $0 < \rho^2 < 1$。

根据以上分析，在用相关辨识方法来确定系统函数时，要同时计算相干系数。若相干系数接近 1，则测得的系统函数较为可信；若相干系数接近 0，则所得的系统函数可信度较差。

第 3 章

电噪声与噪声模型

　　噪声是一种随机信号，它对于信号的检测具有极大的危害，如使测量仪器的准确度降低、稳定性和重复性变差。当信号很微弱或信噪比很低时，可能根本无法检测出信号。在无线通信中，噪声使语音含糊不清，图像模糊；雷达在探测隐形飞机时，由于反射信号微弱，信噪比低，可能无法跟踪目标；声呐在探测静音潜艇时，可能由于海浪等背景噪声无法发现潜艇。

　　本章将阐述噪声的类型、噪声产生的原因和规律、噪声源的表示方法、等效噪声带宽、噪声功率谱密度、噪声系数、低噪声设计原则等。

3.1　噪声的基本概念

3.1.1　干扰与噪声

　　干扰与噪声是不同的两种扰动。为了区别，常把可以减少或消除的外部扰动称为干扰（interference），而把由于材料或器件的物理原因所产生的扰动称为噪声。

　　对电信号来说，外部干扰多为电磁干扰（electromagnetic interference），如工频 50 Hz 交流干扰、电源的开关火花干扰、雷击放电引起的雷电干扰、电台无线电波干扰、宇宙射线干扰等。这些干扰绝大多数是"人为的"，采取适当的屏蔽、滤波等措施可以减小或消除这些干扰。

　　电噪声是由材料或器件的内在物理原因所引起的。例如：由于电子热运动，处于绝对零度以上的任何导电体均存在热噪声；电阻因为电子热运动存在热噪声，由于材料和加工工艺的不同，不同的电阻，如碳膜电阻、金属膜电阻、绕线电阻等，噪声的大小存在较大差别；理想的电容、电感不存在噪声，但由于实际电容和电感存在电阻，它们也存在热噪声；二极管、三极管及各类光电器件存在 PN 节，载流子在越过势垒时会产生散弹噪声；运算放大器由成千上万个晶体管、电阻、电容等组成，也存在噪声。一个电路系统由若干上述元件组成，因此必然存在噪声。

　　噪声的存在给信号的准确检测带来了困难。在检测系统中，最小可检测电平取决于噪声。也就是说，噪声限制了检测系统的分辨率。

　　判断信号的扰动究竟是干扰还是噪声可采用下列方法：先对电路系统加以屏蔽，当频率高于 1 000 Hz 时，一般采用导电性能良好的金属导体如铝或铜等进行屏蔽；对于低频扰动，可采用铁镍导磁合金、坡莫合金等进行磁屏蔽。若采用上述屏蔽措施后信号的扰动明显减小，说明扰动就是干扰。

　　扰动有可能从电源混入，为了排除这种可能性，可用电池或性能优良的电源给电路系统供电。如果改善效果明显，说明电源产生干扰，要对电源采取抑制干扰措施或更换电源；如果不能减少扰动，就可判断是电路系统元器件内部的随机噪声引起的扰动。

3.1.2　噪声的统计特性

　　电路系统的噪声称为电噪声，简称噪声，表现为元件两端电压或电路系统输出电压的随机波动。噪声是一种随机扰动，一般为平稳随机过程，通常用符号 $n(t)$ 或 n 表示，其统计特征可用前述随机信号理论分析与计算。由于本书重点关注电噪声随机信号，结合电噪声的特点，在此简述有关电噪声统计特征的计算。

1. 均值（数学期望）

$$E[n] = \int_{-\infty}^{\infty} np(n)\mathrm{d}n \tag{3.1}$$

其中：$p(n)$为电噪声的概率密度函数。

2. 方差

$$\mathrm{Var}[n] = \int_{-\infty}^{\infty} (n - E[n])^2 p(n)\mathrm{d}n \tag{3.2}$$

或

$$\mathrm{Var}[n] = E[n^2] - E^2[n] \tag{3.3}$$

3. 噪声的各态遍历性

电路中的噪声一般具有各态遍历性，其统计平均可用时间平均来计算，即

$$E[n] = \lim_{T \to \infty} \frac{1}{2T} \int_{-T}^{T} n(t)\mathrm{d}t \tag{3.4}$$

$$E[n^2] = \lim_{T \to \infty} \frac{1}{2T} \int_{-T}^{T} n^2(t)\mathrm{d}t \tag{3.5}$$

4. 噪声的概率密度函数

噪声有不同的种类，但每一种噪声都服从一定的统计分布规律。大多数噪声瞬时幅度的概率分布是正态的，即符合高斯分布规律，亦即

$$p(n) = \frac{1}{\sqrt{2\pi}\sigma_n} \mathrm{e}^{-\frac{(n-\mu)^2}{2\sigma_n^2}} \tag{3.6}$$

其中：$p(n)$为噪声的概率密度函数；$\mu = E[n]$为噪声电压平均值，对于白噪声，其均值为0；$\sigma_n^2 = \mathrm{Var}[n]$为噪声电压均方值，$\sigma_n^2$越大，表示噪声越强；$\sigma_n$为噪声电压均方根值。在低噪声设计与检测中，主要关心的是σ_n，它是衡量系统噪声大小的基本量。

研究表明，任何电路的噪声瞬时值基本是在$-4\sigma_n$到$4\sigma_n$之间，这对噪声测量有一定实用价值。示波器看到的噪声电压峰值$V_{\mathrm{p-p}}$可以认为是有效值σ_n的4×2倍，所以噪声电压的有效值$\sigma_n = V_{\mathrm{p-p}}/8$。

由噪声的概率密度函数$p(n)$，可求出噪声取值在n_1与n_2之间的概率为

$$P\{n_1 < n < n_2\} = \int_{n_1}^{n_2} p(n)\mathrm{d}n \tag{3.7}$$

5. 噪声的功率谱密度

噪声的功率谱密度$S(f)$（或$S(\omega)$）用来描述噪声的功率关于频率的分布。

设噪声的功率为P_n，其在Δf频率区间的功率为ΔP_n，则按物理意义定义噪声的功率谱密度为

$$S(f) = \lim_{\Delta f \to 0} \frac{\Delta P_n}{\Delta f} \tag{3.8}$$

对于噪声电压，其量纲为 $[\text{V}^2/\text{Hz}]$ 或 $[\text{V}^2/(\text{rad/sec})]$；对于噪声电流，其量纲为 $[\text{A}^2/\text{Hz}]$ 或 $[\text{A}^2/(\text{rad/sec})]$。

噪声功率谱曲线所覆盖的面积等于噪声的总功率，即

$$P_n = \int_{-\infty}^{\infty} S_n(f)\mathrm{d}f = \frac{1}{2\pi}\int_{-\infty}^{\infty} S_n(\omega)\mathrm{d}\omega \tag{3.9}$$

若已知噪声的功率谱密度，则在 f_1 到 f_2 的频率范围内的噪声功率为

$$P_N = \int_{f_1}^{f_2} S_n(f)\mathrm{d}f \tag{3.10}$$

6. 噪声的相关函数

噪声是随机过程，对于平稳随机过程，两个不同时刻之间的相关为

$$R_n(\tau) = \lim_{T \to \infty} \frac{1}{2T}\int_{-T}^{T} n(t)n(t+\tau)\mathrm{d}t \tag{3.11}$$

$R_n(0)$ 为相关最大值，即 $R_n(0) \geqslant R_n(\tau)$。对于绝大多数噪声，不同时刻的相关性随着 τ 的增加而衰减，且 $\lim_{\tau \to \infty} R_n(\tau) \to 0$。

对于白噪声，不同时刻（$\tau \neq 0$）的相关为 0，相同时刻（$\tau = 0$）的相关为冲激，即

$$R_n(\tau) = \sigma_n^2 \delta(\tau) \tag{3.12}$$

其中：σ_n^2 为白噪声的均方或功率。

由式（3.11）可知

$$R_n(0) = \lim_{T \to \infty} \frac{1}{2T}\int_{-T}^{T} n^2(t)\mathrm{d}t = E[n^2(t)] \tag{3.13}$$

上式表明，$R_n(0)$ 就是噪声的均方值。

7. 噪声的功率谱与相关之间的关系

若噪声是平稳随机过程，则相关与功率谱之间由维纳-辛钦定理联系起来，即

$$S_n(\omega) = \int_{-\infty}^{\infty} R_n(\tau)\mathrm{e}^{-\mathrm{j}\omega\tau}\mathrm{d}\tau \tag{3.14}$$

$$R_n(\tau) = \frac{1}{2\pi}\int_{-\infty}^{\infty} S_n(\omega)\mathrm{e}^{\mathrm{j}\omega\tau}\mathrm{d}\omega \tag{3.15}$$

已知噪声的相关便可求出其功率谱；反之亦然。

3.1.3　白噪声与有色噪声

根据噪声的频谱范围，可将噪声分为白噪声和有色噪声，就像光可分为复色光和单色光一样，白光是复色光，它由无穷多个不同颜色（频率）的单色光组成，光谱范围无穷宽。如果噪声在无穷宽的频率范围内具有恒定的功率谱密度，则具有此特点的噪声称为白噪声（white noise）。功率谱密度不为常数的噪声称为有色噪声（colored noise）。

　　理想的白噪声具有无限带宽，其能量无限大，但在现实世界这是不存在的。实际上，人们通常将有限带宽的平整信号视为白噪声。白噪声在数学处理上比较方便，通常只要噪声的频谱宽度远远大于它所作用系统的带宽，且其频谱密度基本为常数，就可以把它视为白噪声。例如，热噪声和散弹噪声在很宽的频率范围内具有均匀的功率谱密度，通常可以认为它们是白噪声。

　　如果一个噪声的幅值服从高斯分布，且其功率谱密度又是均匀分布的，那么称其为高斯白噪声。白噪声未必是高斯白噪声。高斯白噪声中的高斯是指信号幅值的概率分布服从高斯分布（即正态分布）。而白噪声是指具有如下特点的噪声：其二阶矩不相关 $E[x(t_1)x(t_2)] = 0$，一阶矩 $E[x(t)] = 0$ 为常数，是指信号在时间上的相关性。这是考查一个信号的两个不同方面的问题。后面将要述及的热噪声和散粒噪声是高斯白噪声。

　　大多数噪声的频谱密度为非常数，白噪声通过具有一定带宽的系统后变为有色噪声。图 3.1 为白色噪声和有色噪声波形。

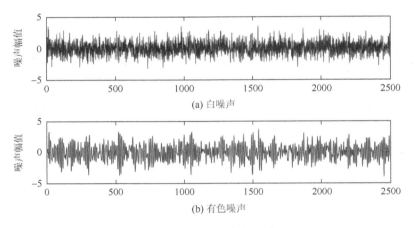

图 3.1　白噪声和有色噪声

　　功率谱密度随频率的降低而增大的噪声为红噪声（red noise）；功率谱密度随频率升高而增大的噪声为蓝噪声（blue noise）。图 3.2 为典型白噪声、红噪声、蓝噪声的功率谱密度曲线，其中，白噪声曲线为典型电阻热噪声功率谱曲线，其仅在 $10^{13} \sim 10^{14}$ Hz 内具有白噪声性质（平坦功率谱）。

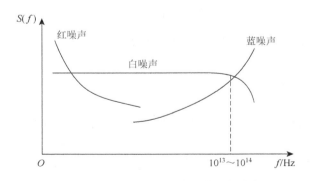

图 3.2　几种典型噪声的功率谱密度曲线

3.1.4　限带白噪声

白噪声经滤波后输出的噪声为限带白噪声，其功率谱密度为非常数，具有一定带宽。频带宽度为 B 的低频限带白噪声功率谱密度及其自相关曲线如图 3.3 所示。

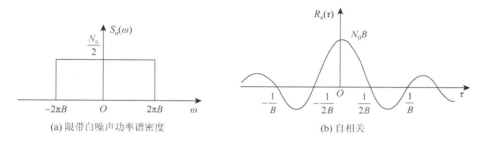

(a) 限带白噪声功率谱密度　　　　　　　(b) 自相关

图 3.3　限带白噪声功率谱密度及其自相关曲线

由维纳-欣钦定理求得其自相关函数为

$$R_n(\tau) = \frac{N_0}{4\pi} \int_{-2\pi B}^{2\pi B} e^{j\omega\tau} d\omega = N_0 B \frac{\sin(2\pi B\tau)}{2\pi B\tau} = N_0 B \mathrm{Sa}(2\pi B\tau) \tag{3.16}$$

显然，$R_n(0) = N_0 B$。

白噪声的双边功率谱密度为 $N_0 / 2$，则带限白噪声的功率为

$$P_n = \int_{-\infty}^{\infty} S_n(f) df = \int_{-B}^{B} \frac{N_0}{2} df = N_0 B \tag{3.17}$$

相关时间为

$$\tau_e = \int_0^{\infty} \frac{R_n(\tau) - R_n(\infty)}{R_n(0) - R_n(\infty)} d\tau = \int_0^{\infty} \frac{\sin(2\pi B\tau)}{2\pi B\tau} d\tau = \frac{1}{4B} \tag{3.18}$$

由上式可见，B 越大，则 τ_e 越小，当 $B \to \infty$ 时即为白噪声情况，此时 $\tau_e = 0$。

3.1.5　窄带噪声

窄带噪声指噪声经过带通滤波器的输出。若通带频宽 $\Delta\omega$ 远小于中心频率 ω_0，即 $\Delta\omega \ll \omega_0$，可认为通带内为白噪声。

窄带噪声的功率谱密度及其自相关曲线如图 3.4 所示，其自相关函数为

$$R_n(\tau) = N_0 B \frac{\sin(2\pi B\tau)}{2\pi B\tau} \cos\omega_0\tau \tag{3.19}$$

3.1.6　等效噪声带宽

电路系统的 $-3\,\mathrm{dB}$ 带宽指输出信号的幅值下降至最大值的 $1/\sqrt{2} = 0.707$ 时所对应的频带宽度。由于信号的平方为功率，$-3\,\mathrm{dB}$ 带宽也定义为半功率点之间的频率间隔。

等效噪声带宽不同于 $-3\,\mathrm{dB}$ 带宽。它定义为一个矩形功率增益曲线的"底边"频率间隔

Δf_N，该矩形功率增益曲线的面积等于实际功率增益曲线的面积，如图 3.5 所示。

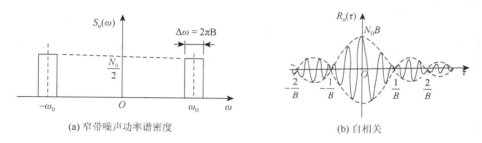

(a) 窄带噪声功率谱密度   (b) 自相关

图 3.4   窄带噪声的功率谱密度及其自相关曲线

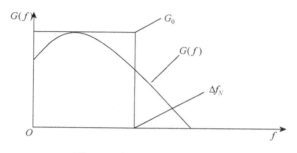

图 3.5   等效噪声带宽的定义

因此，等效噪声带宽是功率增益曲线对频率的积分除以曲线的最大幅度，表示为

$$\Delta f_N = \frac{1}{G_0} \int_0^\infty G(f) \mathrm{d}f \tag{3.20}$$

其中：Δf_N 为等效噪声带宽；$G(f)$ 为功率增益的频率函数；G_0 为最大功率增益。

因为功率增益正比于电压增益的平方，所以等效噪声带宽又可写成

$$\Delta f_N = \frac{1}{|H_0|^2} \int_0^\infty |H(f)|^2 \mathrm{d}f \tag{3.21}$$

其中：$|H(f)|$ 为系统幅频响应的幅度；$|H_0|$ 为系统幅频响应的最大值。

引入等效噪声带宽概念的目的是便于噪声功率的计算。

设噪声电压 $x(t)$ 经过系统的响应为 $y(t)$，则输出噪声功率

$$P_y = E[y^2] = \frac{1}{2\pi} \int_{-\infty}^\infty S_y(\omega) \mathrm{d}\omega = \int_{-\infty}^\infty |H(\omega)|^2 S_x(\omega) \mathrm{d}f \tag{3.22}$$

若 $x(t)$ 为白噪声，$S_x(\omega) = N_0 / 2$（常数），则有

$$P_y = \int_0^\infty N_0 |H(\omega)|^2 \mathrm{d}f = N_0 |H_0|^2 \int_0^\infty \frac{|H(\omega)|^2}{|H_0|^2} \mathrm{d}f \tag{3.23}$$

其中：$H(\omega)$ 为电路系统的频率响应；$|H_0|$ 为频率响应幅度的最大值。

根据等效噪声带宽的定义，上式中 $\Delta f_N = \int_0^\infty \frac{|H(\omega)|^2}{|H_0|^2} \mathrm{d}f$，故有

$$P_y = N_0 \left| H_0 \right|^2 \Delta f_{\mathrm{N}} \tag{3.24}$$

由上式可见，利用等效噪声带宽能方便地计算电路输出噪声功率。

上述计算假设噪声为白噪声。若为有色噪声，则得不到上述计算公式。

例 3.1　试求图 3.6 所示 RC 低通滤波器的等效噪声带宽。

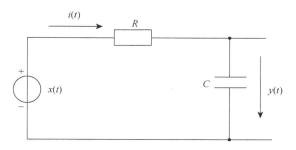

图 3.6　RC 低通滤波器

解　由电路可得系统的频率响应函数为

$$H(\omega) = \frac{1}{1 + \mathrm{j}\omega RC} \tag{3.25}$$

故 $\left| H(0) \right| = \left| H_0 \right| = 1$，为模最大值。

由式（3.21），有

$$\Delta f_{\mathrm{N}} = \frac{1}{\left| H_0 \right|^2} \int_0^\infty \left| H(f) \right|^2 \mathrm{d}f = \int_0^\infty \left| H(\omega) \right|^2 \mathrm{d}\omega = \int_0^\infty \frac{1}{1 + (\omega RC)^2} \mathrm{d}\omega = \frac{1}{4RC} \tag{3.26}$$

由式（3.25），有

$$\left| H(\omega) \right| = \frac{1}{\sqrt{1 + (\omega RC)^2}}$$

令

$$\frac{1}{\sqrt{1 + (\omega RC)^2}} = \frac{1}{\sqrt{2}}$$

得系统的 3 dB 带宽

$$\Delta f = \frac{1}{2\pi RC} \tag{3.27}$$

故有

$$\Delta f_{\mathrm{N}} = \frac{\pi}{2} \Delta f = 1.57 \Delta f \tag{3.28}$$

　　显然，RC 低通滤波器的等效噪声带宽要比 3 dB 带宽更宽。若 n 级 RC 低通滤波器级联，则级联系统 $\Delta f_{\mathrm{N}} / \Delta f$ 越来越小，并接近于 1。所以用 3 dB 带宽 Δf 计算噪声的输出功率有一定误差，但工程上是允许的。

3.1.7 信噪比与信噪改善比

1. 信噪比

信噪比（signal to noise ratio，SNR）是指一个电路系统中信号与噪声的比例，用来表征信号的优劣。通常将"总信号"中有用信号 S 的有效值与噪声 N 的有效值之比定义为信噪比，即

$$SNR = \frac{V_S}{V_N} \tag{3.29}$$

其中：V_S 和 V_N 分别为信号和噪声电压的有效值，其比值无量纲。

信噪比通常也用对数表示：

$$SNR = 20\lg\frac{V_S}{V_N} \tag{3.30}$$

其量纲为 dB。

信噪比也可用功率表示

$$SNR = 10\lg\frac{P_S}{P_N} \tag{3.31}$$

其中：P_S 和 P_N 分别为信号和噪声的有效功率。

在测量系统中，信噪比越高，越有利于信号的精确测量。

在音频放大系统中，信噪比越大，则通过扬声器回放的音质越好。音响系统中信噪比一般不应低于 70 dB，高保真音响的信噪比应达到 110 dB 以上。

2. 信噪改善比

信号通过放大器或电路系统时，信噪比会发生改变，信噪改善比（signal to noise improvement ratio，SNIR）用来衡量信号经过系统时信噪比得到改善的程度，定义为

$$SNIR = \frac{输出信噪比}{输入信噪比} = \frac{S_o / N_o}{S_i / N_i} \tag{3.32}$$

系统等效噪声带宽越窄，则信噪比改善越好。因此，为了提高信噪比，在保证有用信号能正常通过系统的情况下，系统带宽越窄越好。

3.2 电阻的噪声

电阻是最常用的电路器件，其噪声主要有热噪声和过剩噪声。不同种类的电阻噪声有较大差别，因此要根据微弱信号检测系统的实际需要，选择合适噪声性能的电阻。

3.2.1 热噪声

处于绝对温度以上的任何导体，其内自由电子处于无规则的热运动状态，这种热运动的

方向和速度都是随机的，在导体内形成无规则的电子移动，从而在电阻两端形成随机起伏的电压。

　　如果将电阻的两端接到一个放大倍数足够大的理想放大器输入端，用示波器观察放大器的输出，可看到一片"茅草"状的无规则杂波。这说明，即使没有外加电压，电阻的两端依然存在着一定的交变电压，此即电阻的热噪声电压，它是由自由电子热运动所引起的，是由器件的物理特性所决定的。图 3.7 为示波器观察到的噪声波形。

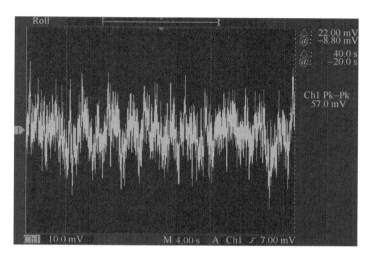

图 3.7　示波器观察到的噪声波形

　　研究表明，电阻热噪声电压的功率谱密度为

$$S(f) = 4kTR \tag{3.33}$$

其中：R 为电阻阻值（Ω）；k 为玻尔兹曼常量，取 1.38×10^{-23} J/K；T 为电阻的绝对温度。

　　由式（3.33）可得如下结论。

　　（1）热噪声的功率谱密度与频率 f 无关，说明热噪声是白噪声，具有无穷宽的频谱，且频谱密度为常数。

　　（2）热噪声的功率谱密度与电阻阻值 R 成正比，阻值越大，噪声越大，阻值越小，噪声越小，所以电路要尽量避免使用过大的电阻。例如，光电器件、热电器件等传感器的负载电阻应尽量小，应避免接入额外的串联电阻。

　　（3）热噪声的功率谱密度与温度 T 成正比，温度越高，导体内自由电子热运动越剧烈，噪声电压就越高；反之，温度越低，噪声电压就越低。所以，降低电路系统的温度可以减小设备的内部噪声，此方法在微弱信号的检测中也常用到。

　　（4）热噪声的功率谱密度与电阻的外加电压（或电流）无关，即使无外施电压或电流，噪声电压亦存在，说明外加电压对电阻中电子的热运动影响很小。

　　尽管热噪声具有无穷宽频谱，但是任何电路系统都具有一定的通频带，所以只有位于通频带内的那一部分噪声才能通过系统。假设系统的等效噪声带宽为 Δf_{N}，则热噪声电压的均方值（热噪声功率）为

$$P_{\mathrm{N}} = U_{\mathrm{n}}^2 = \int_{f_1}^{f_2} S(f)\mathrm{d}f = \int_{f_1}^{f_2} 4kTR\mathrm{d}f = 4kTR\Delta f_{\mathrm{N}} \tag{3.34}$$

由式（3.34）可知，电路系统的输出热噪声功率与系统的噪声带宽 Δf_{N} 成正比。因此，在保证有用信号无失真地通过系统的条件下，应尽量减小系统的通频带，以减小电路噪声。

一个实际的电阻器在电路中可等效为一个无噪声的电阻 R 与一个热噪声电压源相串联的电路，或表示成电流源与电阻相并联的形式，如图 3.8 所示。

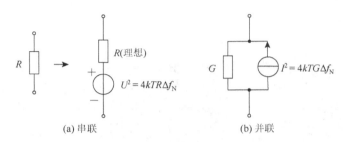

图 3.8   电阻器的噪声等效电路

根据等效电路原理，可求出等效噪声带宽 Δf_{N} 内热噪声电流的均方值为

$$I^2 = \frac{4kTR\Delta f_{\mathrm{N}}}{R^2} = 4kTG\Delta f_{\mathrm{N}} \tag{3.35}$$

其中：$G = \dfrac{1}{R}$ 为电导；$s_i(f) = \dfrac{s(f)}{R^2} = \dfrac{4kT}{R} = 4kTG$ 为热噪声电流的功率谱密度。

除电阻外，电路中常用的元件还有电容和电感。理想的电抗元件不存在损耗，无热噪声。但实际的电感元件由线圈绕制而成，存在电阻，因而也存在热噪声。同样，实际电容器存在介质损耗，因而也存在热噪声。

3.2.2   过剩噪声

过剩噪声（excess noise）是指在电阻的热噪声之外多余出来的噪声。当电流流过不均匀、不连续的电阻材料时，由于不同区域对电流的阻碍存在差别，不同区域电流密度不均匀，这种由于材料不均匀、不连续形成的噪声就是过剩噪声。当电阻中流过直流电流时，往往产生过剩噪声。例如，合成碳质电阻是由碳粒与黏合剂混合压制而成的，由于电导率不均匀，直流电流不是均匀地流过电阻器，在碳粒之间有一些像微弧跳变的东西，产生电流尖峰或脉冲，这些电流尖峰或脉冲即是过剩噪声。电阻器越均匀，则过剩噪声越小。

过剩噪声是一种低频噪声或 $1/f$ 噪声，其频谱密度随着频率的降低而增大，经验公式表示为

$$S_{\mathrm{e}}(f) = \frac{KI_{\mathrm{DC}}^2 R^2}{f} \tag{3.36}$$

其中：K 为与制作工艺有关的常数；I_{DC} 为流过电阻的直流电流。

电阻的总噪声功率谱密度为热噪声（白噪声）功率谱密度与过剩噪声功率谱密度之和，即

$$S(f) = 4kTR + \frac{KI_{\mathrm{DC}}^2 R^2}{f} \tag{3.37}$$

电阻的总噪声功率谱曲线如图 3.9 所示。

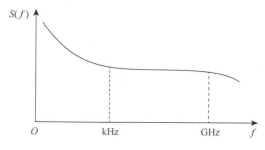

图 3.9　电阻的总噪声谱密度

典型电阻总噪声中，高频（大于 1 kHz）时热噪声分量占优势，低频时 $1/f$ 噪声占优势。

过剩噪声电压与流过电阻的直流电流成正比。为表征过剩噪声的大小，引入噪声指数（noise index，NI）概念，它定义为电阻两端每 1 V 的直流压降在 10 倍频程内产生的均方根噪声微伏值，即

$$\text{NI} = \frac{E_{\text{ex}} \times 10^6}{V_{\text{DC}}} \, (\mu\text{V} / \text{V}) \tag{3.38}$$

或用分贝表示为

$$\text{NI} = 20 \log \frac{E_{\text{ex}}}{V_{\text{DC}}} \, (\text{dB}) \tag{3.39}$$

其中：E_{ex} 为 10 倍频程内噪声电压；$V_{\text{DC}} = I_{\text{DC}} R$。

设在低频段主要为 $1/f$ 噪声，则 10 倍频程的噪声功率为

$$E_{\text{ex}}^2 = \int_f^{10f} S(f) \mathrm{d}f = \int_f^{10f} \frac{K I_{\text{DC}}^2 R^2}{f} \mathrm{d}f = 2.303 K I_{\text{DC}}^2 R^2 \tag{3.40}$$

由式（3.39），可得

$$E_{\text{ex}}^2 = V_{\text{DC}}^2 \times 10^{\text{NI}/10}$$

故有

$$K = 0.44 \times 10^{\text{NI}/10} \tag{3.41}$$

上式表明，噪声指数 NI 仅与 K 有关，而与 f、$I_{\text{DC}} R$ 无关，这也是用 NI 衡量过剩噪声的原因。图 3.10 给出了各类电阻 NI 值的大致范围。由图可见，合成碳质电阻器的噪声最大（一般

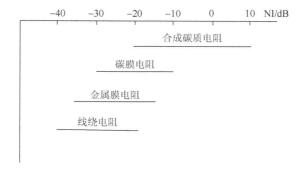

图 3.10　各类电阻的噪声指数

十几至几十 μV/V 以上）；其次是碳膜电阻；金属膜电阻器的噪声电压可小于 $1\sim5\,\mu V/V$，精密金属膜电阻器可小于 $0.2\sim1\,\mu V/V$；而线绕电阻器噪声最小。大功率电阻的膜层厚，噪声也较小。

在低噪声放大电路设计中，降低输入级的噪声十分关键，因此，前置放大电路的电阻应尽量选用低噪声电阻，如线绕电阻、金属膜电阻。由于过剩噪声与电阻两端的直流电压 V_{DC} 有关，应设法降低电阻上的直流电压，或减小流过电阻的直流电流。采用低电压供电可降低电阻上的过剩噪声。

表 3.1 列出了几种常用电阻，并对其特点及应用范围等做了简要说明。

表 3.1　几种常用电阻的特点比较

名称	简介	应用
碳膜电阻（RT）	碳氢化合物在高温或真空中分解，沉积在瓷棒或瓷管上，形成一层结晶碳膜；改变碳膜厚度和长度可得到不同的阻值；碳膜电阻色彩较暗 优点：制造成本低 缺点：噪声大，稳定性差，误差大	允许误差主要有±5%、±10%、±20%，多用于要求不高的电路场合
金属膜电阻（RJ）	在真空中加热合金，合金蒸发，在瓷棒表面形成一层导电金属膜，改变金属膜厚度可以控制阻值；与碳膜电阻相比，金属膜电阻体积小，噪声低，稳定性好，但成本较高；金属膜电阻色彩亮丽；金属膜电阻又可细分为高频、高压、精密等多种类型	允许误差主要有±0.1%、±0.2%、±0.5%、±1%，多用于要求较高的场合
金属氧化膜电阻（RY）	用锡或锑等金属盐溶液喷雾或溅射到炽热的陶瓷骨架表面经水解沉积而成，这类电阻的抗氧化性好，耐高温，工作温度范围为 $140\sim235\,^{\circ}\mathrm{C}$，在短时间内可超负荷使用；但阻值范围较小，为 $1\,\Omega\sim200\,k\Omega$，额定功率范围为 1/8 W～50 kW	适用于不燃、耐温变、耐湿等场合
线绕电阻（RX）	线绕电阻器阻值精确，工作稳定，噪声小，温度系数小，耐热性能好，功率较大；但其阻值较小，分布电感和分布电容较大，制作成本较高	适用于低频及精度要求高的电路

3.3 半导体二极管的噪声

3.3.1 散弹噪声

二极管存在 PN 结，当电流流过 PN 结时不同时刻通过 PN 结势垒的载流子的数目是随机的，时多时少，因而造成电流的起伏。这种由于势垒中载流子的散弹性所产生的噪声称为散弹噪声（shot noise）。凡是具有 PN 结的器件，如半导体二极管、三极管、肖特基二极管（Schottky diode）、PIN、PD、APD 等均存在散弹噪声。

半导体二极管的正向电流为

$$I = I_0 \left(e^{\frac{qV}{KT}} - 1 \right) \tag{3.42}$$

其中：$I = I_0 e^{\frac{qV}{KT}}$ 为正向扩散电流；I_0 为反向饱和电流；V 为二极管的端电压；q 为电子电荷量 1.602×10^{-19} C。

半导体二极管的正向电流和反向电流均是由载流子扩散与漂移运动构成的电流，它们都产生噪声。虽然它们的运动方向相反，但它们的均方值噪声却是相加的。在正向偏置时，正向电流的散弹噪声为 $i_{n1}^2 = 2q(I + I_0)\Delta f_N$；在反向偏置时，反向电流的散弹噪声为 $i_{n2}^2 = 2qI_0\Delta f_N$；在零偏置时，扩散电流与漂移电流大小相等，方向相反，噪声电流均方值等于反向偏置时噪声的 2 倍，即 $i_{n3}^2 = 4qI_0\Delta f_N$。所以，为了减少二极管的散弹噪声，应尽量减小二极管的工作电流。

肖特基于 1918 年证明散弹噪声具有白噪声性质，其电流噪声频谱密度为

$$S(f) = 2qI \tag{3.43}$$

其中：q 为电子的电荷量；I 为流过二极管的电流。

由式（3.43）可见，散弹噪声的功率谱密度与频率无关，因此它是白噪声，其大小与流过二极管的电流成正比，电流越大，噪声也越大。为了降低散弹噪声，在低噪声电路设计时，应尽量减小二极管的工作电流。

散弹噪声功率谱密度也可用 PN 结的低频电导 g_0 来表示，由式（3.42）可得

$$g_0 = \frac{dI}{dV} = \frac{qI}{KT} e^{\frac{qV}{KT}} = \frac{q(I + I_0)}{KT}$$

可以证明

$$S(f) = 2KTg_0 \frac{I + 2I_0}{I + I_0} \tag{3.44}$$

由此可得如下结论。

（1）PN 结零偏置时，$I = 0$，$S(f) = 4KTg_0$，此时噪声较小。

（2）PN 结正偏置时，$I \gg I_0$，$S(f) = 2KTg_0 = 2qI$，此时噪声较大。

（3）PN 结反偏置时，$I = -I_0$，$S(f) = 2qI_0$，此时噪声远小于正偏时的噪声。

3.3.2 闪烁噪声

1925 年，约翰逊（Johnson）在电子管板极电流中首先发现电流的随机涨落，称为闪烁噪声（flicker noise），随后在各种半导体器件中也发现此种噪声。

闪烁噪声在示波器上观察像一道闪烁的烛光，幅度缓缓变化，是一种 $1/f$ 噪声（低频噪声），用示波器的慢扫描来观察 $1/f$ 噪声可以看到一条漂移的基线，如图 3.11 所示，表现出较大的低频成分。

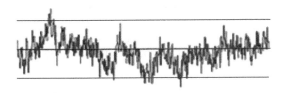

图 3.11　闪烁噪声

晶体管中 $1/f$ 噪声可以认为是与基极并联的噪声电流源形式出现，其频谱密度为

$$S(f) = \frac{2qf_{L}I_{B}^{\gamma}}{f^{\alpha}} \tag{3.45}$$

其中：γ 取值在 1 到 2 之间，往往接近于 2；f_{L} 为 $1/f$ 噪声转折频率，即当 $f > f_{L}$ 时 $1/f$ 噪声明显小于中频段的散弹噪声和热噪声，故不予考虑，f_{L} 大致在 3.7 kHz～7 MHz，近年出现的低噪声器件可能降到 100 Hz；α 通常取 1。但当频率低至 10^{-9} Hz 后，$1/f$ 噪声接近与频率无关。

3.3.3 产生-复合噪声

在半导体器件中，存在着能够发射或俘获载流子的各种杂质中心，由于发射与俘获是随机的，会引起器件的工作电流随机起伏，形成噪声，称为产生-复合噪声，简称 g-r 噪声（generation-recombination noise）。

g-r 噪声的机理尚需研究，但一般认为它是由器件中 PN 结的缺陷所造成的。

g-r 噪声功率谱密度经验公式为

$$S(f) = \frac{KI_{b}}{1 + (f/f_{0})^{2}} \tag{3.46}$$

其中：f_{0} 称为 g-r 噪声的转折频率，当 $f > f_{0}$ 时，频谱密度随 f^{2} 下降，而当 $f < f_{0}$ 时，频谱密度接近平坦。

3.3.4 $1/f$ 噪声

凡是功率谱密度与频率成反比的随机涨落都称为 $1/f$ 噪声。$1/f$ 噪声是一种低频噪声，频率越低，功率谱密度越大。前已述及，电阻的过剩噪声、半导体器件的闪烁噪声都是 $1/f$ 噪声。此外，接触噪声也是 $1/f$ 噪声。

接触噪声是指由于两种材料接触不良导致电导随机涨落产生的噪声。任何两个导体接触不理想的地方都会产生接触噪声，如开关和继电器触点。在由许多微小颗粒黏合在一起的合成电阻中因接触不好也会形成接触噪声，所以导体必须接触良好。

接触噪声也是低频噪声，也称为 $1/f$ 噪声。

3.4　双极晶体管的噪声

双极晶体管（bipolar transistor）由两个背靠背的 PN 结和三个电极构成，有 PNP 型和 NPN 型两种类型。在这三层半导体中，中间一层称为基区，外侧两层分别称为发射区和集电区。当基区注入少量电流时，在发射区与集电区之间就会形成较大的电流，这就是晶体管的放大效应。

双极晶体管主要存在下列噪声。

1. 电阻热噪声

双极晶体管的基极、发射极、集电极均存在电阻和电极连接线，它们都产生热噪声。一般情况下，基极电阻的热噪声较大，其他电极电阻热噪声较小，可忽略。

2. 散弹噪声

双极晶体管存在两个 PN 结，相当于两个二极管，当电流流过 PN 结时要产生散弹噪声。

3. 分配噪声

双极晶体管中载流子从发射结注入基区后，大部分流向集电极，成为极电极电流 I_C；小部分在基区与异性载流子复合，成为基极电流 I_B。载流子在基极中的复合作用是随机的，时多时少，复合较少时流向集电极的载流子就多，因而 I_C 大，I_B 小；反之，I_C 小，I_B 大。因此，集电极电流 I_C 中包含着由于 I_C 和 I_B 的分配比例发生变化而引起的输出电流起伏，由这种起伏而形成的噪声称分配噪声（distribution noise）。

分配噪声不是白噪声，其功率谱密度随频率的变化而变化，频率越高，则分配噪声越大。所以，半导体三极管的分配噪声属于高频噪声。在设计低噪声放大器时，应选用截止频率较高的三极管。

4. 闪烁噪声

电流的随机涨落，表现为闪烁噪声（$1/f$ 噪声），其功率谱密度与频率成反比，为低频噪声。

5. 接触噪声

在晶体管中，内部电路与引脚连接有不同材料的接触，因此存在接触噪声，为低频噪声（$1/f$ 噪声）。

6. g-r 噪声

当双极晶体管存在较严重的 g-r 噪声时，有时会出现随机脉冲，脉冲频率每秒钟在几十到几百赫兹之间，脉冲的幅度基本不变。若将该噪声加以放大并送入扬声器中，会发出像炒玉米一样的爆裂声，故通常称为爆裂噪声（burst noise）或猝发噪声，它与 1/f 噪声存在明显区别。图 3.12 显示了爆裂噪声、散弹噪声、1/f 噪声的波形特点。

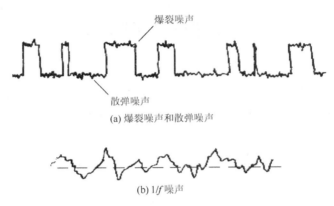

(a) 爆裂噪声和散弹噪声

(b) 1/f 噪声

图 3.12　双极晶体管的几种噪声波形

3.5　场效应管的噪声

场效应晶体管（field effect transistor，FET）简称场效应管。它主要有两种类型，即结型场效应管（junction FET，JFET）和金属-氧化物-半导体场效应管（metal-oxide semiconductor FET，MOSFET）。场效应管是利用控制输入回路的电场来控制输出回路的电流，属于电压控制型半导体器件。它仅靠半导体中的多数载流子导电，亦称单极型晶体管。它具有输入电阻高（$10^7 \sim 10^{15}\,\Omega$）、噪声小、功耗低、动态范围大、易于集成、没有二次击穿现象、安全工作区域宽等优点。

场效应管存在下列噪声。

1. 沟道热噪声

常用的场效应管通过控制导电沟道的电阻来工作，因此在电阻性沟道中必然会产生热噪声。因为导电沟道的电阻值随外加偏压而变，所以热噪声大小与偏压有关。

沟道中的热噪声源可以产生两种噪声电流：一种是直接由漏源回路产生的，称为沟道热噪声；另一种是通过栅沟电容的耦合在栅源回路产生的，称为感应栅噪声。二者具有同一起源，但后者仅在甚高频下才起作用。

沟道热噪声电流的功率谱密度为

$$S(f) = 4\gamma K T g_{\text{ms}} \tag{3.47}$$

其中：g_{ms} 为场效应管饱和区跨导，一般情况下等于其线性区源漏电导 g_{d0}；γ 为系数，与 FET 型式、尺寸、偏压有关。

2. 栅极噪声

栅极噪声电流由两部分组成。

（1）频率较低时，JFET 由于存在 PN 结，有反偏漏电流，它引起散弹噪声电流。对于MOSFET，因为栅极为绝缘层，所以栅极漏电流极小，可忽略。

（2）感应栅噪声。在高频时，沟道载流子无规则热运动产生热噪声电压，除产生沟道热噪声外，还通过栅电容将沟道电压的起伏耦合到栅极上，使栅极电压出现起伏。

3. 低频噪声

图 3.13 为 FET 的截面图,在栅极与沟道之间的 PN 结耗尽区内存在载流子的产生-复合中心，以×表示。g-r 中心交替发射电子和空穴，引起栅极电压的变化，从而引起沟道电流的变化，形成 g-r 噪声，它是一种 $1/f$ 噪声。

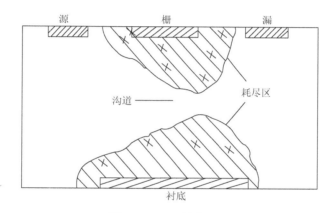

图 3.13　FET 的截面图

3.6　放大器的噪声

运算放大器简称放大器（amplifier）或运放，其内部集成了多个电阻、电容、二极管、三极管等。前已述及，这些分立器件都会产生噪声，都是噪声源，并对放大器的输出产生噪声贡献，影响放大器的噪声性能。要准确计算放大器的噪声是困难的，一般采用等效方法，把内部噪声折算到放大器的输入端，再通过等效噪声源来分析放大器的噪声性能并计算噪声输出的大小。

放大器为一个四端口网络，可用通用的噪声模型来表示。通常把内含噪声的放大器等效成内部无噪声的理想放大器外加端部噪声源的电路形式，其中端部噪声是内部噪声的等效表示，并分别用电压源和电流源表示，如图 3.14 所示。图中：E_n 为等效输入噪声电压有效值；I_n 为等效输入噪声电流有效值。

E_n 与 I_n 存在一定的相关性，用相关系数 C 来表示。从理论上计算器件内部的噪声源较困难，因此，最有效的方法是先测量器件输入端噪声，然后折算求出 E_n、I_n。

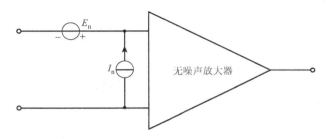

图 3.14　放大器的噪声模型

等效输入噪声可按如图 3.15 所示方法进行测量。图中：R_s 为源内阻，$E_t^2 = 4kTR_s$ 为源电阻的热噪声功率。放大器总的输入端噪声功率为

$$E_{ni}^2 = E_n^2 + I_n^2 R_s^2 + E_t^2 + 2CE_n I_n R_s \tag{3.48}$$

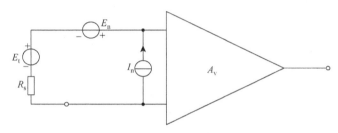

图 3.15　由放大器的输出噪声计算 E_n-I_n 模型

若忽略 E_n 与 I_n 之间的相关性（令 $C = 0$），可以证明此时会带来 30%的误差。

设 $E_n = I_n R_s$，若 $C = 1$，则 $E_n^2 + I_n^2 R_s^2 + 2E_n I_n R_s = 4E_n^2$；若忽略 C（即 $C = 0$），则 $E_n^2 + I_n^2 R_s^2 = 2E_n^2$，按有效值计算，误差为 $(2E_n - \sqrt{2}E_n)/2E_n = 30\%$。

设放大器输出噪声电压功率为 E_{no}^2，增益为 A_v。由式（3.48），当 $R_s = 0$ 时，有

$$E_{ni}^2 = E_n^2 = \frac{E_{no}^2}{A_v^2} \tag{3.49}$$

当 R_s 足够大时，有

$$E_{ni}^2 \approx I_n^2 R_s^2$$

则

$$I_n^2 = \frac{E_{no}^2}{A_v^2 R_s^2} \tag{3.50}$$

由此可见，改变信号源电阻 R_s 的大小，可方便地计算出 E_n、I_n。

应该指出，要完整描述放大器的噪声性能，还必须给出相关系数 C 与 f 之间的关系，但由于测量困难，准确度很难保证。

双极晶体管、FET 也是放大器，其 E_n-I_n 噪声模型可根据微变等效电路确定，较为复杂，这里不做详述。为了在低噪声设计中便于器件选择，这里给出一些有益的结论。

（1）在低频和中频段，由于 FET 不存在 PN 结散弹噪声，JFET 的电流噪声比双极晶体管

噪声小得多；在高频段，由于栅极感应噪声迅速增加，FET 的电流噪声可能比双极晶体管还大。所以，从低噪声应用来看，在低频和中频区，适宜于采用 g_m 大、I_g 小的 JFET；在高频区，则适宜于采用 f_T 大（$f_T = 1/2\pi r_e C_{b'e} = \beta_0/2\pi r_{b'e} C_{b'e}$ 为特征频率）、β_0 大（$\beta_0 = g_m r_{b'e}$ 为共射极直流电流放大系数）、$r_{bb'}$ 小的低噪声晶体管。

（2）MOSFET 由于表面工艺等原因，$1/f$ 噪声严重，其电压噪声比 JFET 大，一般不宜作为低噪声前置放大器；但是其栅极漏电流 I_g 小，电流噪声小于 FET 电流噪声，因此，在源电阻很大时可采用 MOSFET。

3.7　噪　声　系　数

放大器的内部噪声大小是衡量放大器噪声性能的指标之一。放大器的内部噪声使得信号在传递过程中势必要引起输出信噪比的下降。在微弱信号检测中，人们更关心信号在传递过程中信噪比的恶化程度。噪声系数（noise coefficient）就是用来表示一个有内部噪声源的放大器在信号传递时使信噪比恶化程度的指标，值越大，说明信号在传输过程中掺入的噪声也就越大，反映了器件或信道特性的不理想。噪声系数在通信、雷达、信号检测系统中占有重要的地位。

3.7.1　放大器的噪声系数

放大器的输出信噪比（S_o/N_o）不仅与输入信噪比（S_i/N_i）有关，还与放大器内部的噪声功率有关。

图 3.16 为一含有内部噪声的放大器，其中，u_s 为信号源电压，R_s 为源内阻，P_{ni} 为源内阻所产生的热噪声功率（规定 $T = 290\ \text{K}$ 为标准条件热噪声功率）。

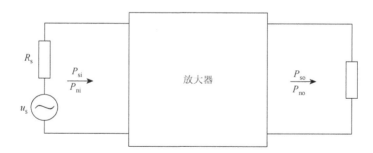

图 3.16　放大器输入输出信号的噪声

由图可知，放大器（或电路系统）的输入信噪比为

$$\text{SNR}_i = \frac{P_{si}}{P_{ni}} = \frac{U_{si}^2}{U_{ni}^2} \tag{3.51}$$

输出信噪比为

$$\text{SNR}_o = \frac{P_{so}}{P_{no}} = \frac{U_{so}^2}{U_{no}^2} \tag{3.52}$$

其中：P_{si} 和 P_{ni} 分别为放大器的输入信号功率和输入噪声功率；P_{so} 和 P_{no} 分别为放大器的输出信号功率和输出噪声功率；U_{si} 和 U_{ni} 分别为放大器的输入信号电压和输入噪声电压；U_{so} 和 U_{no} 分别为放大器的输出信号电压和输出噪声电压。

放大器（或任意线性四端网络）的噪声系数 F 定义为：当网络输入端接上一个标准信号源时，它的输入端信噪比 S_i / N_i 与输出端信噪比 S_o / N_o 的比值称为该网络的噪声系数，即

$$F = \frac{\mathrm{SNR_i}}{\mathrm{SNR_o}} = \frac{P_{si} / P_{ni}}{P_{so} / P_{no}} = \frac{U_{si}^2 / U_{ni}^2}{U_{so}^2 / U_{no}^2} \tag{3.53}$$

显然，对于内部无噪声的理想放大器，$F = 1$；对于内部含噪声的放大器，$F > 1$。F 越大，表示放大器的噪声越严重，在信号的传递过程中使信噪比恶化越严重。

设放大器的功率增益为 K_P，内部噪声功率为 P_{NA}，则有

$$\begin{cases} P_{so} = K_P P_{si} \\ P_{no} = K_P P_{ni} + P_{NA} \end{cases} \tag{3.54}$$

因此输出信噪比可表示为

$$\mathrm{SNR_o} = \frac{S_o}{N_o} = \frac{P_{so}}{P_{no}} = \frac{K_P P_{si}}{K_P P_{ni} + P_{NA}} = \frac{P_{si}}{P_{ni} + P_{NA} / K_P} \tag{3.55}$$

由式（3.55）知，输出信噪比 S_o / N_o 小，并不能肯定放大器（或电路系统）的内部噪声 P_{NA} 大，因为也可能输入信噪比 S_i / N_i 本来就小。因此，用 S_o / N_o 来衡量器件的优劣不太适合，而用信号通过放大器（或电路系统）前后信噪比的变化来表示网络的噪声性能是一种比较合理的方法。

噪声系数还有其他表示方法。

将式（3.53）做如下变换：

$$F = \frac{P_{no}}{(P_{so} / P_{si}) P_{ni}} = \frac{P_{no}}{K_P P_{ni}} \tag{3.56}$$

其中：$K_P = P_{so} / P_{si}$ 是放大器（或电路系统）的功率增益。上式表明，一个网络的噪声系数 F 等于它的输出噪声功率 P_{no} 与标准信号源在输出端所产生的噪声功率 $K_P P_{ni}$ 的比值。

将 $P_{no} = K_P P_{ni} + P_{NA}$ 代入式（3.56），得 F 的第三种表达式为

$$F = 1 + \frac{P_{NA}}{K_P P_{ni}} \tag{3.57}$$

噪声系数也可用电压表示。由式（3.53），有

$$F = \frac{\mathrm{SNR_i}}{\mathrm{SNR_o}} = \frac{P_{si} / P_{ni}}{P_{so} / P_{no}} = \frac{U_{si}^2 / U_{ni}^2}{U_{so}^2 / U_{no}^2} = \frac{U_{no}^2}{U_{ni}^2 K_U^2} \tag{3.58}$$

其中：$K_U = U_{so} / U_{si}$ 为放大器（或电路系统）的电压增益；U_{ni}^2 为输入端的源热噪声电压均方值；U_{no}^2 为输出端噪声电压均方值。用 $U_{nt}^2 = U_{no}^2 / K_U^2$ 表示输入端等效总噪声电压均方值，故有

$$F = \frac{U_{nt}^2}{U_{ni}^2} \tag{3.59}$$

上式是将输出噪声等效到输入的噪声系数表示方法。

在定义噪声系数 F 时，规定用信号源内阻产生的热噪声作为标准噪声，各种器件的内部噪声 P_{NA} 都与这个标准的输入噪声比较，只有这样，噪声系数 F 才能反映某一网络内部噪声的大小，从而决定它的噪声性能。

噪声系数常用分贝来表示，称为噪声系数（noise factor），即
$$\mathrm{NF} = 10\lg F \ (\mathrm{dB}) \tag{3.60}$$
理想放大器没有噪声，NF= 0 dB；实际放大器有内部噪声，$\mathrm{NF} > 0\ \mathrm{dB}$。低噪声设计的目的是使 NF 值尽可能地小。

此外，噪声系数还具有下列特点。

（1）此参数不包括负载对输出噪声的贡献。

（2）按噪声系数的定义，源噪声用 R_s 的热噪声来衡量，所以噪声系数密切依赖于信号源的内阻。

（3）无噪声二端口网络的噪声系数为 1。

（4）一个含有噪声的二端口网络总是会将其自身噪声传递到输出端，因此，噪声系数总大于 1。

（5）如果没有信号源内部阻抗的信息，噪声系数的概念是没有意义的。

（6）相对于信噪比，噪声系数更便于测量与计算，因为没有必要知道信号的幅度。

需要指出，噪声系数的定义涉及下列几个限制。

（1）如果信号源的内部阻抗是纯电抗，无噪声，由此导致的噪声系数为无穷大，此时噪声系数毫无意义。

（2）当二端口网络自身所产生的噪声与源噪声相比可忽略时，噪声系数是两个几乎相等的量的比值，这可能会导致不可接受的误差。

（3）噪声系数的值还取决于信号频率、偏压、温度、信号源阻抗。如果这些条件不同，比较两个噪声系数是无意义的。

（4）噪声系数被定义在标准参考温度（290 K），只有使用相同的参考温度，它才是有意义的。

（5）噪声功率与器件的通频带有关，为了比较器件噪声性能，必须选取窄频带，此时 F 称为点噪声系数。

（6）噪声系数只适用于线性电路，对于非线性电路，即使电路没有内部噪声，输出端的信噪比也与输入端不同，因此噪声系数概念是不适用的。

3.7.2　放大器的最小输入信号

在检测系统中输出信噪比过低，信号将无法从噪声中提取出来，因此，要求检测系统必须具有一定的输出信噪比，以利后续电路提取信号。

设系统的输出信噪比为 $S_o / N_o = m$，由式（3.53），有
$$F = \frac{P_{\mathrm{si}} / P_{\mathrm{ni}}}{P_{\mathrm{so}} / P_{\mathrm{no}}} = \frac{P_{\mathrm{si}} / P_{\mathrm{ni}}}{m} \tag{3.61}$$
设放大器输入信号功率为 $P_{\mathrm{si}} = E_s^2$，源电阻的热噪声功率为 $P_{\mathrm{ni}} = 4kTR_s\Delta f_{\mathrm{N}}$，其中，$\Delta f_{\mathrm{N}}$ 为放大器的等效噪声带宽，只有带宽内的噪声功率才能通过系统，则
$$F = \frac{E_s^2}{m4kTR_s\Delta f_{\mathrm{N}}} \tag{3.62}$$
所以，在规定的 m 条件下可检测的最小输入信号为

$$E_{s\,\min} = \sqrt{4kTR_s mF\Delta f_N} \tag{3.63}$$

上式说明：

（1）放大器的噪声系数越大，则 $E_{s\,\min}$ 越大，即放大器的最小输入信号越大，可检测小信号的能力越弱。因为 F 越大，放大器内部的噪声越严重，需要更大的输入信号才能得到所需的输出信噪比。或者说，放大器的噪声系数 F 越小，则能检测到的输入信号越小，检测系统灵敏度就越高。

（2）减小放大器的等效噪声带宽 Δf_N 可以降低最小输入电压，提高检测灵敏度，但放大器的带宽不能无限减小，因为信号有一定的频谱宽度，必须保证信号的正常传输。

3.7.3　级联放大器的噪声系数

一个电路系统要实现一定的功能可能由多级放大器级联而成，如可能包含前置放大、滤波、移相、反向等环节，如果按照前述单级放大器的噪声计算方法来计算具有多噪声源的级联电路噪声，计算将十分复杂，而且各噪声源之间的相关性无法考虑。弗里斯（Friis）公式是级联网络噪声计算的有效方法。

为了简化分析，先考虑一个由三级放大器级联而成的系统，如图 3.17 所示。假设各级放大器的功率增益分别为 K_{P1}、K_{P2}、K_{P3}，各级放大器自身的噪声功率分别为 P_{N1}、P_{N2}、P_{N3}，各级放大器的噪声系数分别为 F_1、F_2、F_3，P_{ni} 为源噪声功率，则总的输出噪声功率为

$$P_{no} = K_{P1}K_{P2}K_{P3}P_{ni} + K_{P2}K_{P3}P_{N1} + K_{P3}P_{N2} + P_{N3} \tag{3.64}$$

因此总的噪声系数为

$$F = \frac{P_{no}}{K_P P_{ni}} = \frac{P_{no}}{K_{P1}K_{P2}K_{P3}P_{ni}} = 1 + \frac{P_{N1}}{K_{P1}P_{ni}} + \frac{P_{N2}}{K_{P1}K_{P2}P_{ni}} + \frac{P_{N3}}{K_{P1}K_{P2}K_{P3}P_{ni}} \tag{3.65}$$

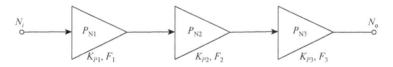

图 3.17　级联放大器噪声系统计算

第一级输出的噪声功率和噪声系数分别为

$$P_{no1} = K_{P1}P_{ni} + P_{N1}$$

$$F_1 = \frac{P_{no1}}{K_{P1}P_{ni}} = 1 + \frac{P_{N1}}{K_{P1}P_{ni}}$$

同样，第二、三级的噪声系数分别为

$$F_2 = 1 + \frac{P_{N2}}{K_{P2}P_{ni}}$$

$$F_3 = 1 + \frac{P_{N3}}{K_{P3}P_{ni}}$$

则

$$F = F_1 + \frac{F_2 - 1}{K_{P1}} + \frac{F_3 - 1}{K_{P1}K_{P2}} \tag{3.66}$$

同理，若系统由 n 级级联而成，可推得 n 级级联放大器的噪声系数为

$$F = F_1 + \frac{F_2 - 1}{K_{P1}} + \frac{F_3 - 1}{K_{P1}K_{P2}} + \cdots + \frac{F_n - 1}{K_{P1}K_{P2}\cdots K_{P(n-1)}} \tag{3.67}$$

由式（3.67）可得结论：各级放大器的噪声均对总的噪声系数有贡献，但第一级放大器对总噪声影响最大，由于式中第二项后的各项分母中均有 K_{P1}，提高第一级放大器的增益可以减小后级噪声的影响。低噪声设计的关键是设法减小第一级（前置放大级）的噪声系数，尽量提高第一级的功率增益。

上述分析和结论仅适用于各种线性网络，而对于非线性网络不适用。放大器、滤波器、移相器等一般放大电路均为线性电路，故上述理论均能应用。

3.8　减小噪声的措施

减小噪声有如下措施。

1. 选用低噪声元器件

在电路系统中，电子元器件的内部噪声对电路系统的总噪声起着重要作用。因此，改进电子元器件的噪声性能及选用低噪声的电子元器件，能大大降低电路的噪声系数。

对晶体管而言，应选用 r_b（$r_{bb'}$）和噪声系数 NF 小的管子。除采用晶体管外，还广泛采用 FET 做放大器，因为 FET 的噪声电平低，尤其是最近发展起来的砷化镓金属半导体场效应晶体管（metal semiconductor FET，MESFET），其噪声系数可低到 $0.5 \sim 1$ dB。

在电路中，还必须慎重地选用其他能引起噪声的电路元件，其中最主要的是电阻元件，宜选用结构精细的金属膜电阻。

2. 正确选择晶体管放大级的静态工作点

图 3.18 为某晶体管的 NF 与 I_{EQ} 的变化曲线。由图可以看出，对于一定的信号源内阻 R_s，存在着一个使 NF 最小的最佳电流 I_{EQ} 值。改变 I_{EQ} 将直接影响晶体管的参数。当参数为某一值，满足最佳条件时，可使 NF 达到最小值。若 I_{EQ} 太小，则晶体管功率增益太低，NF 上升；

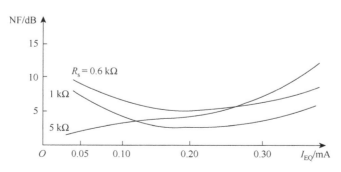

图 3.18　晶体管 NF 与 I_{EQ} 的关系曲线

若 I_{EQ} 太大，晶体管的散弹噪声和分配噪声增大，NF 也上升。所以，I_{EQ} 为某一值时，NF 可以达到最小。由图还可看出，对于不同的信号源内阻 R_s，最佳的 I_{EQ} 也不同。

3. 选择合适的信号源内阻 R_s

信号源内阻 R_s 的变化也影响 NF 的大小。当 R_s 为某一最佳值时，NF 可达到最小。晶体管共发射极和共基极电路在高频工作时，这个最佳内阻为几十到几百欧（当频率更高时，此值更小）。在较低频率范围内，这个最佳内阻为 $500\sim2\,000\ \Omega$，此时最佳内阻与共发射极放大器的输入电阻接近。因此，可以用共发射极放大器，在获得最小噪声系数 NF 的同时，获得最大功率增益。在较高频工作时，最佳内阻与共基极放大器的输入电阻接近，因此，可用共基极放大器，使最佳内阻值与输入电阻相等，这样就同时获得最小噪声系数和最大功率增益。

4. 选择合适的滤波器带宽

根据上面的讨论，噪声电压与系统的频带有关。当系统的带宽增加时，通过的噪声也增大。因此，必须选择合理的系统带宽，使之既不过窄，以满足信号能正常通过系统的要求，又不致过宽，避免信噪比下降。

5. 热噪声

热噪声是内部噪声的主要来源之一，所以降低放大器等前端主要器件的工作温度，对减小噪声系数有重要意义。对灵敏度要求特别高的设备来说，降低设备的工作温度是一个非常有效的措施。例如，卫星地面站接收机中常用的高频放大器就采用"冷参放"（制冷至 $20\sim80\ K$ 的参量放大器），放大器经制冷后，噪声系数明显降低。

6. 低噪声前置放大器的设计

电路系统的第一级放大器称为前置放大器，由于级联系统的总噪声系数最主要取决于第一级放大器，必须特别重视前置放大器的低噪声设计，要求选择噪声性能好的器件作为前置放大器。

7. 电源的设计

电源的纹波和噪声对电路的性能具有重要影响，因此，在低噪声电路中，必须保证电源的供电质量，设法减小纹波，降低噪声。

第 4 章

噪声中信号参量估计

信号参量估计（parameter estimation）是指在确定信号存在的前提下，研究参量的估计算法，使估计结果尽可能接近真值。例如，正弦信号与噪声混合在一起，$x(t) = U_m \sin(\omega t + \theta) + n(t)$由于噪声很强，或信噪比很低，无法准确测量信号的幅值、频率、相位，这时需要用可靠的算法实现对这些参量的估计，并使估计结果尽可能准确。

参量估计问题一般表述如下。

设观测信号

$$x(t) = s(t; \theta_1, \theta_2, \cdots, \theta_m) + n(t) \tag{4.1}$$

其中：$s(t; \theta_1, \theta_2, \cdots, \theta_m)$为被测信号；$\theta_1, \theta_2, \cdots, \theta_m$为信号的参量；$t$为时间；$n(t)$为随机噪声。参量估计就是要寻找最佳的估计方法来确定$\hat{\theta}_1$，$\hat{\theta}_2$，$\cdots$，$\hat{\theta}_m$，并使估计结果尽可能接近真值。

由于观测样本有限，估计值与真值之间必然存在误差$\varepsilon = \theta - \hat{\theta}$，如何使误差$\varepsilon$达到某种意义下的最小，是信号的参量估计理论要解决的问题。

参量估计有不同方法，主要有最大后验概率估计、最大似然估计、最小二乘估计等，不同的估计方法所获得的估计结果存在差别，因此存在估计质量及有效性评估问题。

4.1 最大后验概率估计

后验概率密度是指在测量到x值的条件下，信号参量属于θ的概率，用符号表示为$p(\theta|x)$。使后验概率密度最大的$\hat{\theta}$称为最大后验概率估计（maximal posterior probability estimation），记为$\hat{\theta}_{map}$。通过求导运算可得$\hat{\theta}$的极大值，即

$$\left.\frac{\partial p(\theta|x)}{\partial \theta}\right|_{\theta=\hat{\theta}} = 0 \tag{4.2}$$

后验概率密度$p(\theta|x)$多为指数或指数相乘的形式，且$\ln p(\theta|x)$与$p(\theta|x)$在同一θ取得极大值，故通常将$p(\theta|x)$取对数，使乘法运算变成加法运算，消除指数，简化求导，故可将式（4.2）变成对对数的求导，即

$$\left.\frac{\partial \ln p(\theta|x)}{\partial \theta}\right|_{\theta=\hat{\theta}} = 0 \tag{4.3}$$

根据概率乘法定理，有

$$p(\theta|x) = \frac{p(x|\theta)p(\theta)}{p(x)} \tag{4.4}$$

其中：$p(x|\theta)$表示在参量为θ条件下x的概率密度，称为似然概率密度；$p(\theta)$为取θ值的先验概率密度，由于该值往往难以预先知道，实际应用存在一些困难。

若对参量θ进行估计，n次测量数据分别为$x_1, x_2, \cdots, x_n$，则$p(x_1, x_2, \cdots, x_n|\theta)$称为$\theta$值条件下的多维似然概率密度。

在研究信号的参量估计之前，有必要先介绍信号波形的判别，即在噪声背景下判别是否存在该信号。

对信号波形判别也可基于最大后验概率准则，简述如下。

设观测信号$x(t) = s(t) + n(t)$，其中，$n(t)$为噪声。由于噪声的影响，$s(t)$无法准确判断，

存在 N 种可能的信号 $s_1(t), s_2(t), \cdots, s_N(t)$，或表示为 N 种事件 $H_1, H_2, \cdots, H_N$，现在希望通过计算最大后验概率来判别到底是哪一个信号。原理如下。

对信号 $x(t)$ 在 $(0, T)$ 时间间隔内取样，取样时刻分别为 $t_1, t_2, \cdots, t_n$，则取样值分别为 $x_1 = x(t_1), x_2 = x(t_2), \cdots, x_n = x(t_n)$。用后验概率 $p(H_k | x_1, x_2, \cdots x_n)$ 表示取值 $x_1, x_2, \cdots, x_n$ 的条件下信号为 H_k 的概率。最大后验概率判别是指后验概率最大的那个事件的判别，即

$$p(\hat{H} | x_1, x_2, \cdots x_n) = \max \tag{4.5}$$

由概率乘法公式，有

$$p(H_k | x_1, x_2, \cdots, x_n) = \frac{p(x_1, x_2, \cdots, x_n | H_k)}{p(x_1, x_2, \cdots, x_n)} p(H_k)$$

其中：$p(x_1, x_2, \cdots, x_n | H_k)$ 称为 H_k 事件下的多维似然概率密度；$p(H_k)$ 为 H_k 事件的先验概率密度。

假设 $n(t)$ 为高斯白噪声，其在不同时刻的值 $n_1, n_2, \cdots, n_n$ 互不相关，则 $x_1, x_2, \cdots, x_n$ 也互不相关，故有

$$p(x_1, x_2, \cdots, x_n | H_k) = p(x_1 | H_k) p(x_2 | H_k) \cdots p(x_n | H_k) \tag{4.6}$$

对于 H_k 事件，$x(t) = s_k(t) + n(t)$，故有

$$p(x_i | H_k) = \frac{1}{(2\pi\sigma_n^2)^{1/2}} \exp\left\{ -\frac{[x(t_i) - s_k(t_i)]^2}{2\sigma_n^2} \right\} \tag{4.7}$$

其中：σ_n^2 为白噪声的方差。将式（4.7）代入式（4.6），得

$$p(x_1, x_2, \cdots, x_n | H_k) = \frac{1}{(2\pi\sigma_n^2)^{n/2}} \exp\left\{ -\frac{1}{2\sigma_n^2} \sum_{i=1}^{n} [x(t_i) - s_k(t_i)]^2 \right\} \tag{4.8}$$

即

$$p(x_1, x_2, \cdots, x_n | s_k(t)) = \frac{1}{(2\pi\sigma_n^2)^{n/2}} \exp\left\{ -\frac{1}{2\sigma_n^2} \sum_{i=1}^{n} [x(t_i) - s_k(t_i)]^2 \right\} \tag{4.9}$$

信号的抽样必须满足抽样定理，因此抽样时间间隔 Δt 必须足够小，且满足

$$\Delta t \leqslant \frac{1}{2 f_m}$$

其中：f_m 为信号的最高频率。需要指出的是，白噪声具有无穷宽频谱，因此 f_m 为无穷大，抽样间隔 Δt 必须为无穷小，抽样频率无限大，实际上这是做不到的。于是只能假设噪声的频带是受限的。设信号的最高频率为 f_m，取 $\Delta t = \dfrac{1}{2 f_m}$，有

$$\frac{1}{2\sigma_n^2 \Delta t} = \frac{1}{\sigma_n^2 / f_m} = \frac{1}{N_0} \tag{4.10}$$

其中：$N_0 / 2$ 为白噪声的双边功率谱密度（单边功率谱密度为 N_0）；σ_n^2 为噪声的功率。将式（4.10）代入式（4.9），得

$$p(x_1, x_2, \cdots, x_n | s_k(t)) = \frac{1}{(2\pi\sigma_n^2)^{n/2}} \exp\left\{ -\frac{1}{N_0} \sum_{i=1}^{n} [x(t_i) - s_k(t_i)]^2 \Delta t \right\}$$

当 Δt 足够小、n 足够大时，上式可用积分表示为

$$p(x_1, x_2, \cdots, x_n | s_k(t)) = \frac{1}{(2\pi\sigma_n^2)^{n/2}} \exp\left\{-\frac{1}{N_0}\int_0^T [x(t) - s_k(t)]^2 \mathrm{d}t\right\} \tag{4.11}$$

其中：信号的检测时间 $t \in (0, T)$。

例 4.1　设有观测数据

$$x = s + n$$

已知 $p(s)$ 均匀分布，n 为均值为 0、方差为 σ_n^2 的高斯白噪声。试对信号 s 作最大后验概率估计。

解　由式（4.4），后验概率密度为

$$p(s|x) = \frac{p(x|s)p(s)}{p(x)}$$

对上式两边取自然对数，然后对 s 求导，并令其等于 0，有

$$\frac{\partial \ln p(s|x)}{\partial s} = \frac{\partial}{\partial s}\ln\frac{p(x|s)p(s)}{p(x)} = 0$$

其中：$p(s)$ 均匀分布，相当于一个常数。故有

$$\frac{\partial \ln p(x|s)}{\partial s} = 0$$

其中：$p(x|s)$ 为似然概率密度，可根据噪声服从高斯分布求出

$$p(x|s) = \frac{1}{\sqrt{2\pi\sigma_n^2}} \exp\left\{-\frac{(x-s)^2}{2\sigma_n^2}\right\}$$

令

$$\frac{\partial \ln p(x|s)}{\partial s} = \frac{x-s}{\sigma_n^2} = 0$$

解得 $\hat{s}_{\mathrm{map}} = x$。

4.2　最大似然估计

最大后验概率准则中，对 θ 进行估计必须知道 θ 的先验概率密度 $p(\theta)$，这在实际中往往难以做到。若认为参量 θ 按等概率分布，即 $p(\theta)$ 为常数，则由

$$p(\theta|x) = \frac{p(x|\theta)p(\theta)}{p(x)}$$

可知，式（4.3）和式（4.4）分别变为

$$\left.\frac{\partial p(x|\theta)}{\partial\theta}\right|_{\theta=\hat\theta} = 0 \tag{4.12}$$

$$\left.\frac{\partial \ln p(x|\theta)}{\partial\theta}\right|_{\theta=\hat\theta} = 0 \tag{4.13}$$

由式（4.12）和式（4.13）求出的估计称为最大似然概率估计（maximal likelihood probability estimation），记为 $\hat\theta_{\mathrm{ml}}$。$p(x|\theta)$ 为似然概率密度。

下面举例说明最大似然概率估计的应用。

例 4.2　设观测数据 $x(t) = a + n(t)$，其中，a 为被估计量，$n(t)$ 为噪声。现对 a 进行 n 次测量，各次测量结果分别为 $x_1, x_2, \cdots, x_n$。试对 a 作最大似然概率估计，给出更为准确的测量结果。设噪声为高斯白噪声，其均值为 0，方差为 σ_n^2。

解　对 $x(t)$ 作 n 次独立测量，由于噪声的影响，测量结果分别为 $x_1, x_2, \cdots, x_n$。对于白噪声，各次取值是互不相关的，因而 $x_1, x_2, \cdots, x_n$ 也是统计独立的，且服从高斯分布，则多维似然概率密度为

$$p(x_1, x_2, \cdots, x_n | a) = p(x_1 | a) p(x_2 | a) \cdots p(x_n | a)$$

而

$$p(x_i | a) = \frac{1}{(2\pi\sigma_n^2)^{1/2}} \exp\left\{ -\frac{(x_i - a)^2}{2\sigma_n^2} \right\}$$

故有

$$
\begin{aligned}
p(x_1, x_2, \cdots, x_n | a) &= \prod_{i=1}^{n} \left(\frac{1}{2\pi\sigma_n^2} \right)^{1/2} \exp\left\{ -\frac{(x_i - a)^2}{2\sigma_n^2} \right\} \\
&= \frac{1}{\left(2\pi\sigma_n^2\right)^{n/2}} \exp\left\{ -\sum_{i=1}^{n} \frac{(x_i - a)^2}{2\sigma_n^2} \right\}
\end{aligned}
\tag{4.14}
$$

将上式两边求自然对数，得

$$\ln p(x_1, x_2, \cdots, x_n | a) = k - \sum_{i=1}^{n} \frac{(x_i - a)^2}{2\sigma_n^2} \tag{4.15}$$

其中：$k = \ln \dfrac{1}{\left(2\pi\sigma_n^2\right)^{n/2}}$ 为与 a 无关的常数。将式（4.15）对 a 求导数，并令其等于 0，有

$$\left. \frac{\partial \ln p(x_1, x_2, \cdots, x_n | a)}{\partial \theta} \right|_{a = \hat{a}} = \sum_{i=1}^{n} \frac{x_i - \hat{a}}{\sigma_n^2} = 0 \tag{4.16}$$

求得 a 的最大似然概率估计为

$$\hat{a} = \frac{\sum\limits_{i=1}^{n} x_i}{n} \tag{4.17}$$

显然，上式为求平均值运算，它是一种最大似然概率估计。在实际测量中，将某物理量作多次独立测量，然后求平均值，以提高测量准确度，这是测量中常用的数据处理方法，说明这种数据处理方法是有理论依据的。

4.3　贝叶斯估计

参数的估计结果与真值之间肯定存在误差，但不同误差所付出的代价是不一样的。贝叶斯估计（Bayes estimation）是指以平均代价最小为依据的最佳估计准则。贝叶斯估计是一种最基本的估计，很多估计可由其导出。可以证明，最大后验概率估计实际上是贝叶斯估计的一种形式。

4.3.1　贝叶斯估计准则

代价函数用来描述由于估计误差 $\varepsilon=\hat\theta-\theta$（估计值与真值之差）而带来的损失，$\varepsilon$ 越大则代价越大，而当 $\varepsilon=0$ 时代价为 0。代价函数用 $C(\hat\theta,\theta)$ 表示，它是 ε 的函数。图 4.1（a）、（b）、（c）所示为三种典型的代价函数，函数分别表示如下。

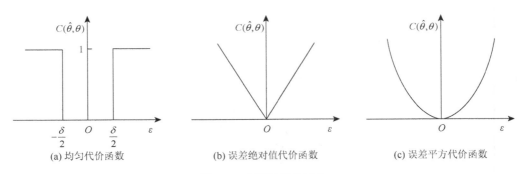

图 4.1　典型的代价函数

（1）均匀代价函数

$$C(\hat\theta,\theta)=C_\delta(\varepsilon)=\begin{cases}1,& |\varepsilon|\geqslant \delta/2\\0,& |\varepsilon|<\delta/2\end{cases}\tag{4.18}$$

（2）误差绝对值代价函数

$$C(\hat\theta,\theta)=|\varepsilon|\tag{4.19}$$

（3）误差平方代价函数

$$C(\hat\theta,\theta)=\varepsilon^2\tag{4.20}$$

参量估计中统计平均代价或风险可表示为

$$R=\int_{\{x\}}\left[\int_{-\infty}^{\infty}C(\hat\theta,\theta)p(\theta|x)\mathrm{d}\theta\right]p(x)\mathrm{d}x\tag{4.21}$$

上式中方括号内的积分是指对不同的参量 θ 所付出的代价，其中 $p(\theta|x)$ 是在观测值为 x 的条件下取 θ 的概率密度，即后验概率密度。第一个积分是指对不同观测值 x 所付出代价的总和。

对于贝叶斯准则，就是要确定 $\hat\theta$，使平均代价 R 最小。由于上式中的内积分和 $p(\theta|x)$ 均为非负的，使上式最小等效于使下式最小，即

$$R(\hat\theta|x)=\int_{-\infty}^{\infty}C(\theta,\hat\theta)p(\theta|x)\mathrm{d}\theta=\min\tag{4.22}$$

其中：$R(\hat\theta|x)$ 称为条件平均代价。令

$$\frac{\partial R(\hat\theta|x)}{\partial\hat\theta}=0\tag{4.23}$$

可求得贝叶斯估计 $\hat\theta$。可以证明，在 $C(\hat\theta,\theta)$ 为凸函数的情况下，使条件平均代价最小的估计 $\hat\theta$ 即为统计平均代价最小的估计。

4.3.2　几种典型的贝叶斯估计

贝叶斯估计与给定的代价函数有关。下面根据不同的代价函数给出几种典型的贝叶斯估计。

1. 最大后验概率估计 $\hat{\theta}_{\mathrm{map}}$

对于均匀代价函数，即式（4.18），条件平均代价 $R(\hat{\theta}|x)$ 可以写成

$$R(\hat{\theta}|x) = 1 - \int_{\hat{\theta}-\frac{\delta}{2}}^{\hat{\theta}+\frac{\delta}{2}} p(\theta|x)\mathrm{d}\theta \qquad (4.24)$$

上式表明，要使 $R(\hat{\theta}|x)$ 最小，需使积分项最大，即表示 θ 应选取 $p(\theta|x)$ 的最大处，可写成

$$p(\hat{\theta}_{\mathrm{map}}|x) = \max \qquad (4.25)$$

式（4.25）相当于 θ 的最大后验概率估计，记为 $\hat{\theta}_{\mathrm{map}}$，它是使 $p(\theta|x)$ 出现最大值的 θ，出现在 $\left.\dfrac{\partial p(\theta|x)}{\partial \theta}\right|_{\theta=\hat{\theta}} = 0$ 或 $\left.\dfrac{\partial \ln p(\theta|x)}{\partial \theta}\right|_{\theta=\hat{\theta}} = 0$ 处。

2. 条件中位数估计 $\hat{\theta}_{\mathrm{med}}$

对于绝对误差代价函数，即式（4.19），条件平均代价 $R(\hat{\theta}|x)$ 可以写成

$$R(\hat{\theta}|x) = \int_{-\infty}^{\infty} \left|\theta - \hat{\theta}\right| p(\theta|x)\mathrm{d}\theta = \int_{-\infty}^{\hat{\theta}} (\hat{\theta} - \theta)p(\theta|x)\mathrm{d}\theta + \int_{\hat{\theta}}^{\infty} (\theta - \hat{\theta})p(\theta|x)\mathrm{d}\theta$$

上式对 $\hat{\theta}$ 求导，并令其等于 0，得

$$\int_{-\infty}^{\hat{\theta}_{\mathrm{med}}} p(\theta|x)\mathrm{d}\theta = \int_{\hat{\theta}_{\mathrm{med}}}^{\infty} p(\theta|x)\mathrm{d}\theta \qquad (4.26)$$

其中：θ 的最佳估计为条件概率密度 $p(\theta|x)$ 的中位数，称为条件中位数估计，记为 $\hat{\theta}_{\mathrm{med}}$。

3. 最小均方估计 $\hat{\theta}_{\mathrm{ms}}$

对于误差平方代价函数，即式（4.20），条件平均代价 $R(\theta|x)$ 可以写成

$$R(\hat{\theta}|x) = \int_{-\infty}^{\infty} (\theta - \hat{\theta})^2 p(\theta|x)\mathrm{d}\theta \qquad (4.27)$$

上式对 $\hat{\theta}$ 求导数，并令其等于 0，得

$$-2\int_{-\infty}^{\infty} \theta p(\theta|x)\mathrm{d}\theta + 2\hat{\theta}_{\mathrm{ms}}\int_{-\infty}^{\infty} p(\theta|x)\mathrm{d}\theta = 0 \qquad (4.28)$$

其中：$\hat{\theta}_{\mathrm{ms}}$ 为最小均方估计。

因为 $\int_{-\infty}^{\infty} p(\theta|x)\mathrm{d}\theta = 1$，所以有

$$\hat{\theta}_{\mathrm{ms}} = \int_{-\infty}^{\infty} \theta p(\theta|x)\mathrm{d}\theta = E[\theta|x] \qquad (4.29)$$

由于 $R(\hat{\theta}|x)$ 对 $\hat{\theta}$ 的二阶导数为正，$\hat{\theta}_{\mathrm{ms}}$ 对应的平均代价为极小值，它使估计的均方误差最

小，称为最小均方估计。由式（4.29），$\hat{\theta}_{ms}$ 等于条件均值 $E[\theta|x]$，故亦称条件均值估计。

由上可见，根据不同的代价函数，贝叶斯估计有不同的估计结果，但它们在某些情况下有相同的结果。例如，当 $p(\theta|x)$ 为单峰且对称分布（如正态分布）时，可得 $\hat{\theta}_{ms}=\hat{\theta}_{med}=\hat{\theta}_{map}$。

贝叶斯估计虽然能得到好的估计效果，但计算较复杂，且估计结果 $\hat{\theta}$ 与观测值 x 之间为非线性关系，故属于非线性估计。

下面举例说明。

例 4.3 设有观测数据 $x_1=s+n_1$，试对信号 s 作出估计。其中，n_1 是均值为 0、方差为 σ_n^2 的高斯白噪声，信号 s 在 $-S_M$ 到 S_M 之间均匀分布。

解 下面用两种方法来对 s 求估计。

（1）最大后验概率估计 $\hat{s}_{map}$。

后验概率密度为

$$p(s|x_1)=\frac{p(x_1|s)p(s)}{p(x_1)}$$

令

$$\frac{\partial \ln p(s|x_1)}{\partial s}=\frac{\partial}{\partial s}\ln\frac{p(x_1|s)p(s)}{p(x_1)}=0$$

其中：当 $-S_M<x_1<S_M$ 时，$p(s)$ 均匀分布，相当于一个常数。所以

$$\frac{\partial \ln p(x_1|s)}{\partial s}=0$$

因为噪声 n_1 服从正态分布，所以似然概率密度也服从正态分布，即

$$p(x_1|s)=\frac{1}{\sqrt{2\pi\sigma_n^2}}\exp\left\{-\frac{(x_1-s)^2}{2\sigma_n^2}\right\}$$

故有

$$\frac{\partial \ln p(x_1|s)}{\partial s}=\frac{x_1-s}{\sigma_n^2}=0$$

解得 $\hat{s}_{map}=x_1$。

当 $x_1>S_M$ 或 $x_1<-S_M$ 时，$p(s)=0$，因此 $p(x_1|s)$ 的峰值只能取在 $\pm x_M$ 处，故

$$\hat{s}_{map}=\begin{cases}S_M, & x_1\geqslant S_M\\ -S_M, & x_1<-S_M\end{cases}$$

图 4.2 所示为 s 的最大后验概率估计曲线，显然，$\hat{s}_{map}$ 与观测值 x_1 之间的关系如虚线曲线所示，为非线性估计。

（2）最小均方估计 $\hat{s}_{ms}$

由式（4.29），最小均方估计为

$$\hat{s}_{ms}=\int_{-\infty}^{\infty}sp(s|x_1)\mathrm{d}s$$

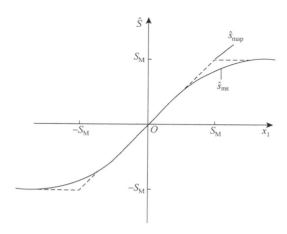

图 4.2　高斯白噪声中均匀分布信号的最大后验概率估计

结合 $p(s|x_1) = \dfrac{p(x_1|s)p(s)}{p(x_1)}$ 及 $p(x_1|s) = \dfrac{1}{\sqrt{2\pi\sigma_n^2}}\exp\left\{-\dfrac{(x_1-s)^2}{2\sigma_n^2}\right\}$，可得

$$\hat{s}_{ms} = \frac{\int_{-\infty}^{\infty} sp(x_1|s)p(s)\mathrm{d}s}{p(x_1)} = \frac{\int_{-\infty}^{\infty} sp(x_1|s)p(s)\mathrm{d}s}{\int_{-\infty}^{\infty} p(x_1|s)p(s)\mathrm{d}s} = \frac{\int_{-S_M}^{S_M} \dfrac{s}{\sqrt{2\pi}\sigma_n}\exp\left\{-\dfrac{(x_1-s)^2}{2\sigma_n^2}\right\}\dfrac{1}{2S_M}\mathrm{d}s}{\int_{-S_M}^{S_M} \dfrac{1}{\sqrt{2\pi}\sigma_n}\exp\left\{-\dfrac{(x_1-s)^2}{2\sigma_n^2}\right\}\dfrac{1}{2S_M}\mathrm{d}s}$$

$$= x_1 - \frac{\sigma_n \int_{(a+z)^2/2}^{(a-z)^2/2} \exp\{-u\}\mathrm{d}u}{\int_{a+z}^{a-z} \exp\left\{-\dfrac{u^2}{2}\right\}\mathrm{d}u}$$

其中：$a = S_M/\sigma_n$；$z = x_1/\sigma_n$。继续对上式进行计算，得

$$\hat{s}_{ms} = x_1 - \frac{\sigma_n[\mathrm{e}^{-(a-z)^2/2} + \mathrm{e}^{-(a+z)^2/2}]}{\sqrt{2\pi}[\varPhi(a-z) - \varPhi(a+z)]}$$

其中：$\varPhi(v) = \dfrac{1}{\sqrt{2\pi}}\int_0^v \exp\left\{-\dfrac{u}{2}\right\}\mathrm{d}u$ 称为正态概率积分。

图 4.2 中 $\hat{s}_{ms}$ 与观测值 x_1 之间的关系如实线曲线所示，可见 $\hat{s}_{ms}$ 也是非线性估计，且 $\hat{s}_{map}$ 与 $\hat{s}_{ms}$ 并不完全相等。

4.4　信号的幅值与相位估计

　　生活和生产实际中有很多需要对信号的幅值和相位进行测量的问题，如电力系统中当绝缘子劣化时会伴有微弱的泄漏电流，在劣化的初期电流极其微弱，信噪比很低，且信号处于强电磁干扰环境，传统方法很难对其进行准确测量。由于信号的频率已知（工频），这时只需要对信号的幅值和相位进行估计。下面基于前面所述估计理论，介绍噪声中信号的幅值和相位估计方法。由于正弦信号是最常见、最重要的信号，主要讨论正弦信号的幅值和相位估计。

4.4.1 幅值估计

1. 连续时间信号幅值估计

设观测信号为连续时间信号，且具有如下形式：

$$x(t) = as(t) + n(t) \quad (0 \leqslant t \leqslant T) \tag{4.30}$$

其中：信号 $s(t)$ 具有已知形式，通常为正弦信号；参量 a 为信号的幅值，为未知量；$n(t)$ 为噪声，假设为幅值按正态分布的白噪声，其双边功率谱密度为 $N_0/2$。下面对幅值 a 进行估计。

假设 a 的取值服从均匀分布，即 $p(a)$ 为常数，采用最大似然概率估计对参量 a 进行估计。

当被测信号 $s_k(t) = as(t)$ 时，由式（4.11），$x(t)$ 的似然概率密度为

$$p(x|a) = \left(\frac{1}{2\pi\sigma_n^2}\right)^{N/2} \exp\left\{-\frac{1}{N_0}\int_0^T [x(t) - as(t)]^2 \,\mathrm{d}t\right\}$$

将上式两边求自然对数，并对 a 求导数，并令其等于 0，得

$$\int_0^T \left[x(t) - \hat{a}s(t)\right]s(t)\mathrm{d}t = 0$$

故信号幅值的最大似然估计为

$$\hat{a}_{\mathrm{ml}} = \frac{\int_0^T x(t)s(t)\mathrm{d}t}{\int_0^T s^2(t)\mathrm{d}t} = c\int_0^T x(t)s(t)\mathrm{d}t \tag{4.31}$$

其中：$c = 1\big/\int_0^T s^2(t)\mathrm{d}t$。由式（4.31）可见，$\hat{a}_{\mathrm{ml}}$ 可由相关运算来实现。

2. 离散时间信号幅值估计

设观测信号为离散时间信号，且具有如下形式：

$$x(k) = as(k) + n(k) \quad (k = 1, 2, \cdots, N) \tag{4.32}$$

已知 N 个时刻的观测值分别为 $x(1), x(2), \cdots, x(N)$，简记为 $x_1, x_2, \cdots, x_N$，$n(k)$ 为高斯白噪声值，其均值为 0，方差为 σ_n^2。现对信号幅值 a 作出估计。

假定被估计参量 a 为一个随机变量，其概率密度 $p(a)$ 为非常数，且服从正态分布，即

$$p(a) = \frac{1}{\sqrt{2\pi}\sigma_a} \exp\left\{-\frac{(a - a_0)^2}{2\sigma_a^2}\right\}$$

这时要采用最大后验概率估计，而不能采用最大似然估计。

由 $p(a|x) = \dfrac{p(x|a)p(a)}{p(x)}$，令 $\dfrac{\partial \ln p(a|x)}{\partial a} = 0$，则有

$$\frac{\partial \ln\left[p(x|a)\,p(a)\big/p(x)\right]}{\partial a} = 0 \tag{4.33}$$

所以

$$p(a)\frac{\partial}{\partial a}\ln p(x|a) + \ln p(x|a)\frac{\partial}{\partial a}\ln p(a)\Big|_{a=\hat{a}_{\text{map}}} = 0$$

其中：$p(x|a) = \left(\dfrac{1}{2\pi\sigma_n^2}\right)^{N/2}\exp\left\{-\sum_{k=1}^{N}\dfrac{(x_k - as_k)^2}{2\sigma_n^2}\right\}$。

求得最大后验概率估计为

$$\hat{a}_{\text{map}} = \frac{a_0 + \dfrac{\sigma_a^2}{\sigma_n^2}\displaystyle\sum_{k=1}^{N} x_k s_k}{1 + \dfrac{\sigma_a^2}{\sigma_n^2}\displaystyle\sum_{k=1}^{N} s_k^2} \tag{4.34}$$

上式表明：当 $p(a)$ 为正态分布时，$\hat{a}_{\text{map}}$ 与 x_k 之间为线性关系，是一种线性估计；但当 $p(a)$ 为其他分布时，$\hat{a}_{\text{map}}$ 与 x_k 之间为非线性关系，是一种非线性估计。

当信噪比很高时，有 $\sigma_a^2 \gg \sigma_n^2$，式（4.34）可以写成

$$\hat{a}_{\text{map}} \approx \frac{\displaystyle\sum_{k=1}^{N} x_k s_k}{\displaystyle\sum_{k=1}^{N} s_k^2} = c\sum_{k=1}^{N} x_k s_k \tag{4.35}$$

其中：$c = 1\Big/\displaystyle\sum_{k=1}^{N} s_k^2$。上述估计可由图 4.3 所示相关器来实现。

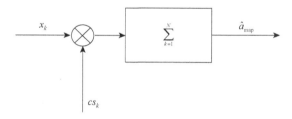

图 4.3　正态分布信号参量 $\hat{a}_{\text{map}}$ 估计器

4.4.2　相位估计

设 $x(t) = s(t) + n(t)$，被测信号为正弦信号 $s(t) = a\sin(\omega_0 t + \theta)$，其中，幅值 a 和角频率 ω_0 已知，相位 θ 为被估计参量，$n(t)$ 为高斯白噪声。假设 $p(\theta)$ 服从均匀分布，现对 θ 作最大似然估计。

由式（4.11），θ 的似然概率密度为

$$p(x|\theta) = \left(\frac{1}{2\pi\sigma_n^2}\right)^{N/2}\exp\left\{-\frac{1}{N_0}\int_0^T [x(t) - a\sin(\omega_0 t + \theta)]^2\,\mathrm{d}t\right\}$$

令

$$\frac{\partial \ln p(x|\theta)}{\partial \theta} = \frac{-a}{N_0}\int_0^T [x(t) - a\sin(\omega_0 t + \theta)]\cos(\omega_0 t + \theta)\mathrm{d}t = 0$$

即

$$\int_0^T \left[x(t) \cos(\omega_0 t + \theta) - \frac{1}{2} a \sin(2\omega_0 t + 2\theta) \right] dt = 0$$

假设信号的观测时间足够长，即 $\omega_0 T \gg 1$，此时第二项积分可忽略不计，有

$$\int_0^T x(t) \cos(\omega_0 t + \hat{\theta}_{ml}) dt = 0 \tag{4.36}$$

即

$$\cos \hat{\theta}_{ml} \int_0^T x(t) \cos \omega_0 t dt = \sin \hat{\theta}_{ml} \int_0^T x(t) \sin \omega_0 t dt$$

故

$$\hat{\theta}_{ml} = \arctan \frac{\int_0^T x(t) \cos \omega_0 t dt}{\int_0^T x(t) \sin \omega_0 t dt} \tag{4.37}$$

上述 $\hat{\theta}_{ml}$ 的估计可用相关器来实现，也可用图 4.4 所示的锁相环来实现。

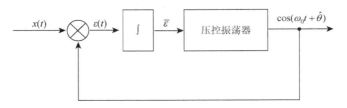

图 4.4　正弦信号相位估计的锁相环实现方法

下面对锁相环电路的工作原理加以简要说明。

假定信号不含噪声，则

$$x(t) = a \sin(\omega_0 t + \theta)$$

由图 4.4 可知，乘法器的输出为

$$\varepsilon(t) = a \sin(\omega_0 t + \theta) \cos(\omega_0 t + \hat{\theta}) = \frac{a}{2} \sin(\theta - \hat{\theta}) + \frac{a}{2} \sin(2\omega_0 t + \theta + \hat{\theta})$$

经积分电路，滤除 $\varepsilon(t)$ 的高频项，得

$$\bar{\varepsilon} \propto \sin(\theta - \hat{\theta})$$

若相位的真值与估计值十分接近，即 $\theta - \hat{\theta}$ 十分小，有

$$\theta - \hat{\theta} \approx \sin(\theta - \hat{\theta})$$

因此

$$\bar{\varepsilon} \propto \theta - \hat{\theta}$$

锁相环能使 $\bar{\varepsilon} \to 0$，使 $\hat{\theta} \to \theta$，从而满足式（4.36）。若 $x(t)$ 中含有噪声，积分器对噪声起平滑作用，仍能使 $\hat{\theta} \approx \theta$。由此可见，上述振荡器输出波形的相位即为最大似然估计。

4.5　线性最小方差估计

前面所述最大后验概率估计、最大似然估计、贝叶斯估计等都需要知道有关观测数据和被估计量的先验概率密度信息，这往往很困难。而且，上述估计量 $\hat{\theta}(x)$ 与观测数据 x 之间往往是非线性函数关系。

线性最小方差估计（linear minimum variance estimation）不需要知道它们的概率信息，且规定估计量 $\hat{\theta}(x)$ 与 x 之间为线性关系。线性最小方差估计计算简单，易于实现，有着广泛的应用。

4.5.1　线性最小均方估计

设观测信号

$$x(t) = s(t, \theta) + n(t)$$

其中：θ 为被测信号的参量；$n(t)$ 为噪声。将上述信号离散化，并表示为

$$x_k = s(k, \theta) + n_k \quad (k = 1, 2, \cdots, N)$$

假设估计量 $\hat{\theta}_{\text{lms}}$ 与观测值 x_k 之间具有线性关系，即

$$\hat{\theta}_{\text{lms}} = \sum_{k=1}^{N} h_k x_k + b \tag{4.38}$$

选择适当的权系数 h_k 和 b，使估计的均方误差最小，即为线性最小均方估计，亦称线性最小方差估计。欲使均方误差最小，即有

$$E[\tilde{\theta}^2] = E[(\theta - \hat{\theta}_{\text{lms}})^2] = \min \tag{4.39}$$

其中：$\tilde{\theta} = \theta - \hat{\theta}_{\text{lms}}$ 为估计误差。将式（4.38）代入式（4.39），分别对 b 和 h_k 求导，并令导数等于 0，有

$$\begin{cases} \dfrac{\partial E[\tilde{\theta}^2]}{\partial b} = E\left[2\left(\theta - \sum_{k=1}^{N} h_k x_k - b \right)(-1) \right] = 0 \\ \dfrac{\partial E[\tilde{\theta}^2]}{\partial h_j} = E\left[2\left(\theta - \sum_{k=1}^{N} h_k x_k - b \right)(-x_j) \right] = 0 \quad (j = 1, 2, \cdots, N) \end{cases} \tag{4.40}$$

整理得

$$b = E[\theta] - \sum_{k=1}^{N} h_k E[x_k] \tag{4.41}$$

$$E[\theta x_j] - \sum_{k=1}^{N} h_k E[x_k x_j] - b E[x_j] = 0 \quad (j = 1, 2, \cdots, N) \tag{4.42}$$

其中：$x_k = s(k, \theta) + n(k)$。解式（4.41）和式（4.42），可求得 b 和 h_k 的值，从而得到对参量 θ 的线性最小均方估计。

由式（4.41）和式（4-42）可见，要得到线性最小均方估计，只需要知道 $s(k, \theta)$ 和 x_k 的一、二阶矩（一阶矩就是随机变量的期望，如 $E[x_j]$；二阶矩就是随机变量平方的期望，如 $E[x_k^2]$ 或 $E[x_k x_j]$），而不需要知道它们的概率分布，这使问题大为简化。

式（4.40）可写成

$$E(\tilde{\theta} x_j) = 0 \qquad (4.43)$$

其中：$\tilde{\theta} = \theta - \hat{\theta}_{\text{lms}} = \theta - \left(\sum_{k=1}^{N} h_k x_k + b \right)$。式（4.43）为离散形式的线性最小均方估计的正交表达。

一般地，若观测信号为 $x(k) = s(k) + n(k)$，其中，$s(k)$ 为被测信号（真值），$\hat{s}(k)$ 为其估计，$n(k)$ 为噪声，则有如下正交关系：

$$E[e(k)x(k)] = 0 \qquad (4.44)$$

其中：$e(k) = s(k) - \hat{s}(k)$。

估计的最小均方误差正交表达形式为

$$J_{\min} = \overline{\varepsilon}_{\min}^2(k) = E[e(k)s(k)] = E\big[[s(k) - \hat{s}(k)]s(k)\big] \qquad (4.45)$$

正交原理为：若估计误差与观测值正交，则此估计值就是基于最小均方误差准则所得的估计值。其意义解释为：信号的真值 $s(k)$ 和估计值 $\hat{s}(k)$ 分别用向量表示（实际为标量），如图 4.5 所示，二者之间的均方误差为 J，如图中的虚线所示。当均方误差向量与 $\hat{s}(k)$ 向量垂直（即正交）时，均方误差最小，即 $|J| = |J_{\min}|$，此值即为最小均方误差。均方误差正交表达形式具有广泛应用，尤其是在维纳滤波器和卡尔曼滤波器（Kalman filter）中具有重要应用。

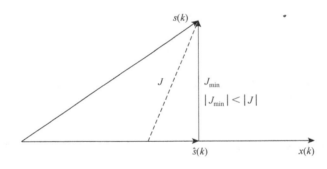

图 4.5   均方误差正交形式解释说明

类似地，基于最小均方估计准则，可推出用连续时间信号表示的线性最小均方估计的正交形式为

$$E[\varepsilon(t)x(t_1)] = 0 \quad (0 \leqslant t_1 \leqslant t) \qquad (4.46)$$

其中：$\varepsilon(t) = y_0(t) - y(t)$，$y_0(t)$ 为真值，$y(t)$ 为估计值。若把该估计用于波形恢复，如滤波，则 $y_0(t)$ 为理想输出，$y(t)$ 为实际输出，即波形的估计。

估计的最小均方误差为

$$J_{\min} = \overline{\varepsilon}_{\min}^2(t) = E[\varepsilon(t)y_0(t)] \qquad (4.47)$$

连续时间信号的均方误差正交形式也可用类似图 4.5 进行解释说明，这里不再赘述。

例 4.4   设观测数据为 $x_k = a + n_k$，其中，n_k 为高斯白噪声，试对参量 a 作最小均方估计。已知 $E[a^2] = A$，$E[a] = 0$，信号幅值 a 与噪声不相关。

解   由 $x_k = a + n_k$ 可知，估计值与观测数据之间具有线性关系，符合最小均方估计模型。已知 $E[a] = 0$，$E[n_k] = 0$，由式（4.41），得 $b = 0$。因此

$$E[ax_k] = E[a(a + n_k)] = E[a^2] + E[an_k] = A$$

$$E[x_k x_j] = E[(a+n_k)(a+x_j)] = E[a^2] + E[n_k n_j] = A + \sigma_n^2 \delta_{kj}$$

由式（4.42），有

$$A - A\sum_{k=1}^{N} h_k - \sum_{k=1}^{N} h_k \sigma_n^2 \delta_{ij} = 0 \quad (j=1,2,\cdots,N)$$

即

$$A - A\sum_{k=1}^{N} h_k - h_j \sigma_n^2 = 0 \quad (j=1,2,\cdots,N)$$

解 N 个联立方程，得

$$h_1 = h_2 = \cdots = h_N = \frac{A}{NA + \sigma_n^2}$$

将 $h_1, h_2, \cdots, h_N$ 各值和 b 代入式（4.38），得线性最小均方估计为

$$\hat{a}_{\text{lms}} = \frac{1}{N + \dfrac{A}{\sigma_n^2}} \sum_{k=1}^{N} x_k \tag{4.48}$$

估计的最小均方误差为

$$J_{\min} = E[e(k)s(k)]$$

其中：$e(k) = s(k) - \hat{s}(k) = a - \hat{a}_{\text{lms}}$，$s(k) = a$ 为真值，$\hat{s}(k)$ 为估计值。故

$$J_{\min} = E[e(k)s(k)] = E\left[\left(a - \frac{1}{N + \dfrac{\sigma_n^2}{A}} \sum_{k=1}^{N} x_k\right) a\right] = A - \frac{NA}{N + \dfrac{\sigma_n^2}{A}} = \frac{\sigma_n^2}{N + \dfrac{\sigma_n^2}{A}} \tag{4.49}$$

需要指出，线性最小均方估计既适用于白噪声情况的参量估计，也适用于非白噪声情况的参量估计。

4.5.2 线性递推估计

上述线性最小方差估计需要求解与观测次数相同的多元联立代数方程组，而且由于观测数据是逐次得到的，每一次估计都需要用到全部数据重新计算，当观测数据很多时，计算量很大，计算速度慢，且占据很大的数据存储空间。

线性递推估计（linear recursive estimation）为最小均方估计的递推算法，每次计算不必重新用过去的全部数据，只需利用前一次的估计值，再考虑新数据带来的信息即可作出当前的估计。这种递推算法显著减少了运算量和数据存储量，提高了估计速度。

线性递推估计表示为

$$\hat{a}_{k+1} = \alpha_{k+1}\hat{a}_k + \beta_{k+1}x_{k+1} \tag{4.50}$$

其中：$\hat{a}_{k+1}$ 为第 $k+1$ 次估计（即 $k+1$ 时刻的估计）；$\hat{a}_k$ 为第 k 次估计；x_{k+1} 为第 $k+1$ 次观测数据；α_{k+1} 和 β_{k+1} 为递推系数。

现在的问题是如何确定递推系数。下面举例说明。

例 4.5 设观测数据 $x_k = a + n_k$，$E[a^2] = A$，n_k 是均值为 0 的白噪声，试用递推法确定 a 的线性最小均方估计。

解   由式（4.48）有，a 的线性最小均方估计为

$$\hat{a}_{\text{lms}} = \frac{1}{N + \dfrac{\sigma_n^2}{A}} \sum_{k=1}^{N} x_k$$

用一般形式表示为

$$\hat{a}_k = \sum_{i=1}^{k} h_{i,k} x_i$$

其中：$\hat{a}_k$ 为第 k 次估计，它应用了从 x_1 到 x_k 的全部观测数据；第 k 次估计的权系数为

$$h_{i,k} = \frac{1}{k + \dfrac{\sigma_n^2}{A}} = \frac{1}{k+d}, \quad E[a^2] = A, \quad d = \frac{\sigma_n^2}{A}$$

由式（4.49），第 k 次估计的均方误差为

$$e_k = E[\tilde{a}_k^2] = \frac{\sigma_n^2}{k+d}$$

其中：$\tilde{a}_k = a - \hat{a}_k$。

同理，a 的第 $k+1$ 次估计值为

$$\hat{a}_{k+1} = \sum_{i=1}^{k+1} h_{i,k+1} x_i \tag{4.51}$$

其中：第 $k+1$ 次估计的权系数 $h_{i,k+1} = \dfrac{1}{k+1+d}$。

第 $k+1$ 次估计的均方误差为

$$e_{k+1} = E[\tilde{a}_{k+1}^2] = E[(a - \hat{a}_{k+1})^2] = \frac{\sigma_n^2}{k+1+d} \tag{4.52}$$

显然可得下列关系：

$$\frac{h_{i,k+1}}{h_{i,k}} = \frac{k+d}{k+1+d} = \frac{1}{1 + \dfrac{1}{k+d}} = \frac{e_{k+1}}{e_k} \tag{4.53}$$

$$\frac{e_{k+1}}{e_k} = \frac{1}{1 + \dfrac{e_k}{\sigma_n^2}} \tag{4.54}$$

现在用第 k 次估计结果 $\hat{a}_k$ 和第 $k+1$ 次观测数据 x_{k+1} 来作第 $k+1$ 次估计，即线性递推估计为

$$\hat{a}_{k+1} = \alpha_{k+1} \hat{a}_k + \beta_{k+1} x_{k+1}$$

由式（4.51）可得

$$\hat{a}_{k+1} = \sum_{i=1}^{k+1} h_{i,k+1} x_i = \frac{1}{k+1+d} \sum_{i=1}^{k} x_i + \frac{1}{k+1+d} x_{k+1} = \frac{k+d}{k+1+d} \hat{a}_k + \frac{1}{k+1+d} x_{k+1} \tag{4.55}$$

故有

$$\alpha_{k+1} = \frac{k+d}{k+1+d} = \frac{e_{k+1}}{e_k} = \frac{1}{1 + \dfrac{e_k}{\sigma_n^2}} \tag{4.56}$$

$$\beta_{k+1} = \frac{1}{k+1+d} = \frac{e_{k+1}}{\sigma_n^2} = \frac{\dfrac{e_k}{\sigma_n^2}}{1 + \dfrac{e_k}{\sigma_n^2}} \tag{4.57}$$

其中：β_{k+1} 为可变增益系数。

　　显然，有

$$\alpha_{k+1} = 1 - \beta_{k+1} \tag{4.58}$$

因此，得线性递推公式

$$\hat{a}_{k+1} = \hat{a}_k + \beta_{k+1}(x_{k+1} - \hat{a}_k) \tag{4.59}$$

线性递推估计框图如图 4.6 所示。

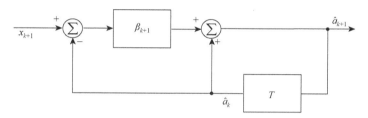

图 4.6　线性递推估计框图

　　e_{k+1} 为第 $k+1$ 次估计的均方误差，它们也可分别用递推方式求得：

$$\beta_{k+1} = \frac{e_k}{e_k + \sigma_n^2} = e_{k+1}\sigma_n^2 \tag{4.60}$$

$$e_{k+1} = \frac{e_k \sigma_n^2}{e_k + \sigma_n^2} \tag{4.61}$$

4.5.3　独立最佳组合估计

　　若已知参量的两个独立无偏估计（满足 $E[\hat{\theta}] = \theta$ 或 $E[\hat{\theta}] = E[\theta]$）分别为 $\hat{s}_1$ 和 $\hat{s}_2$，且估计误差的方差分别为 σ_1^2 和 σ_2^2，则可根据该已知两估计构造一新估计 $\hat{s}$，使得新估计误差的方差最小，且小于原两估计误差的方差，此即独立最佳组合估计（independent best combination estimation）。

　　设新估计为两已知独立估计的线性组合，即

$$\hat{s} = (1-w)\hat{s}_1 + w\hat{s}_2 \tag{4.62}$$

其中：w 为加权因子。现要确定最佳权系数 w，使新估计误差的方差最小。

　　由式（4.62）可得新估计 $\hat{s}$ 的方差为

$$\sigma^2 = E[(s-\hat{s})^2] = E[[(1-w)(s-\hat{s}_1) + w(s-\hat{s}_2)]^2]$$
$$= E[(1-w)^2(s-\hat{s}_1)^2 + w^2(s-\hat{s}_2)^2 + 2w(1-w)(s-\hat{s}_1)(s-\hat{s}_2)]$$

由于

$$E[(s-\hat{s}_1)^2] = \sigma_1^2, \quad E[(s-\hat{s}_2)^2] = \sigma_2^2, \quad E[(s-\hat{s}_1)(s-\hat{s}_2)] = 0$$

有

$$\sigma^2 = (1-w)^2 \sigma_1^2 + w^2 \sigma_2^2$$

令 $\dfrac{\mathrm{d}}{\mathrm{d}w}\sigma^2 = 0$，求得最佳权系数为

$$\hat{w} = \frac{\sigma_1^2}{\sigma_1^2 + \sigma_2^2} \tag{4.63}$$

将式（4.63）代入式（4.62），得最佳组合估计为

$$\hat{s} = \frac{\sigma_2^2 \hat{s}_1 + \sigma_1^2 \hat{s}_2}{\sigma_1^2 + \sigma_2^2} = \hat{s}_1 + \hat{w}(\hat{s}_2 - \hat{s}_1) \tag{4.64}$$

显然它也是一种线性估计。

最佳组合估计误差的方差为

$$\sigma^2 = (1-\hat{w})\sigma_1^2 = \hat{w}\sigma_2^2 \tag{4.65}$$

由于 $\hat{w} \le 1$，新估计比原估计误差方差 σ_1^2 或 σ_2^2 都小，提高了估计质量。

例 4.6　对同一电压用准确度不同的两个电压表分别测量，已知第一个表的测量结果为 1 V，误差的方差为 0.1；第二个表测量结果为 1.1 V，误差的方差为 0.2。试根据独立最佳组合估计得到更为准确的测量电压值。

解　用两个不同电压表分别测量可认为是两次独立估计，依此两估计构造新估计

$$\hat{s} = (1-w)\hat{s}_1 + w\hat{s}_2$$

由式（4.63），得最佳权系数为

$$\hat{w} = \frac{\sigma_1^2}{\sigma_1^2 + \sigma_2^2} = 0.2$$

故得电压的独立最佳组合估计为

$$\hat{s} = \hat{s}_1 + \hat{w}(\hat{s}_2 - \hat{s}_1) = 1.02 \text{ V}$$

新估计误差的方差为

$$\sigma^2 = (1-\hat{w})\sigma_1^2 = 0.08$$

可见，新估计误差的方差比原两次测量误差的方差都小，提高了测量准确度。

4.6　最小二乘估计

最小二乘估计（least squares estimation）相较于其他估计，其最大的优点是无需知道信号的统计特性，而且估计质量较好，因此，在实际中得到广泛应用。

对单一参量的估计称为数量情况的最小二乘估计，同时对多个参量的估计称为矢量情况的最小二乘估计，下面分别介绍。

4.6.1　数量情况的最小二乘估计

最小二乘估计适用于被估计参量与观测量之间具有线性关系的情况，即

$$x_k = h_k s + n_k \quad (k = 1, 2, \cdots, n) \tag{4.66}$$

其中：s 为被估计参量；n_k 为观测噪声，下标 k 表示信号 k 时刻的值。最小二乘估计就是希望所求的估计 $\hat{s}$ 能使观测值 x_k 与其相应的估计值 $h_k\hat{s}$ 之间的误差平方和达到最小，即

$$J(\hat{s}) = \sum_{k=1}^{n}\left(x_k - h_k\hat{s}\right)^2 = \min \tag{4.67}$$

它不要求估计值 $\hat{s}$ 与真值 s 之间的误差最小，因此不需要知道信号本身的统计信息。

令 $\dfrac{\mathrm{d}}{\mathrm{d}\hat{s}}J(\hat{s}) = 0$，即

$$\frac{\mathrm{d}J(\hat{s})}{\mathrm{d}\hat{s}} = -2\sum_{k=1}^{n}\left(x_k - h_k\hat{s}\right)h_k = 0$$

得最小二乘估计为

$$\hat{s}_{\mathrm{ls}} = \frac{\displaystyle\sum_{k=1}^{n}h_k x_k}{\displaystyle\sum_{k=1}^{n}h_k^2} \tag{4.68}$$

上式表明，最小二乘估计是一种线性估计。

下面计算估计误差的方差。

将式（4.66）和式（4.67）分别用矩阵表示为

$$\boldsymbol{X} = \boldsymbol{H}s + \boldsymbol{N} \tag{4.69}$$

$$J(\hat{s}) = (\boldsymbol{X} - \boldsymbol{H}\hat{s})^{\mathrm{T}}(\boldsymbol{X} - \boldsymbol{H}\hat{s}) \tag{4.70}$$

其中：$\boldsymbol{X} = [x_1, x_2, \cdots, x_n]^{\mathrm{T}}$，$\boldsymbol{H} = [h_1, h_2, \cdots, h_n]^{\mathrm{T}}$，$\boldsymbol{N} = [n_1, n_2, \cdots, n_n]^{\mathrm{T}}$。

令 $\dfrac{\mathrm{d}}{\mathrm{d}\hat{s}}\boldsymbol{J}(\hat{s}) = 0$，求得最小二乘估计为

$$\hat{s}_{\mathrm{ls}} = (\boldsymbol{H}^{\mathrm{T}}\boldsymbol{H})^{-1}\boldsymbol{H}^{\mathrm{T}}\boldsymbol{X} \tag{4.71}$$

最小二乘估计误差为

$$\tilde{s}_{\mathrm{ls}} = s - \hat{s}_{\mathrm{ls}} = (\boldsymbol{H}^{\mathrm{T}}\boldsymbol{H})^{-1}\boldsymbol{H}^{\mathrm{T}}(\boldsymbol{H}s - \boldsymbol{X}) = -(\boldsymbol{H}^{\mathrm{T}}\boldsymbol{H})^{-1}\boldsymbol{H}^{\mathrm{T}}\boldsymbol{N} \tag{4.72}$$

设噪声 $E[\boldsymbol{N}] = 0$，$E[n_i n_j] = \begin{cases} \sigma_{ni}^2, & i = j, \\ 0, & i \neq j, \end{cases}$ 则估计误差的方差为

$$\begin{aligned}
\sigma^2 &= E\left[(s - \hat{s}_{\mathrm{ls}})(s - \hat{s}_{\mathrm{ls}})^{\mathrm{T}}\right] = (\boldsymbol{H}^{\mathrm{T}}\boldsymbol{H})^{-1}\boldsymbol{H}^{\mathrm{T}}E\left[\boldsymbol{N}\boldsymbol{N}^{\mathrm{T}}\right]\boldsymbol{H}(\boldsymbol{H}^{\mathrm{T}}\boldsymbol{H})^{-1} \\
&= (\boldsymbol{H}^{\mathrm{T}}\boldsymbol{H})^{-1}\boldsymbol{H}^{\mathrm{T}}\boldsymbol{R}_n\boldsymbol{H}(\boldsymbol{H}^{\mathrm{T}}\boldsymbol{H})^{-1}
\end{aligned} \tag{4.73}$$

其中：$\boldsymbol{R}_n$ 为观测噪声的方差阵，即

$$\boldsymbol{R}_n = E[\boldsymbol{N}\boldsymbol{N}^{\mathrm{T}}] = \begin{bmatrix} \sigma_{n1}^2 & & & 0 \\ & \sigma_{n2}^2 & & \\ & & \ddots & \\ 0 & & & \sigma_{nn}^2 \end{bmatrix}$$

当 $h_1 = h_2 = \cdots = h_n = h$，$\sigma_{n1}^2 = \sigma_{n2}^2 = \cdots = \sigma_{nn}^2 = \sigma_n^2$ 时，由式（4.73）可得

$$\sigma^2 = \frac{\sigma_n^2}{nh^2} \tag{4.74}$$

通常观测次数 $n \gg 1$，故 $\sigma^2 \ll \sigma_n^2$。观测次数 n 越多，估计误差越小，均方误差也越小。

例 4.7 对某物理量 a 用同样的方法、同一测量仪器测量 N 次，所得数据分别为 $x_k = a + n_k$（$k = 1, 2, \cdots, N$），试利用最小二乘估计求 a 的估计 $\hat{a}_{ls}$。

解 已知观测信号模型 $x_k = a + n_k$，与标准信号模型 $x_k = h_k s + n_k$ 比较，可知 $h_k = 1$。由式（4.68）得最小二乘估计为

$$\hat{a}_{ls} = \frac{1}{N} \sum_{k=1}^{N} x_k$$

即最小二乘估计为 N 次测量结果的平均值，其与最大似然概率估计结果相同。这又一次证明将多次测量结果求平均值能提高测量准确度。

4.6.2 矢量情况的最小二乘估计

现实生活中可能需要同时估计多个参量，例如，在电压测量中需要同时估计正弦电压的幅值和相位，在雷达跟踪系统中需要同时测量飞机的速度、方向、位置信息等。下面阐述同时对多参量进行估计的最小二乘估计，即矢量情况的最小二乘估计。

若同时有多个参量被估计，则最小二乘估计要用矢量表示，即矩阵表示。

信号观测模型：

$$\boldsymbol{X} = \boldsymbol{H}\boldsymbol{s} + \boldsymbol{N} \tag{4.75}$$

最小二乘估计：

$$\hat{\boldsymbol{s}}_{ls} = (\boldsymbol{H}^T \boldsymbol{H})^{-1} \boldsymbol{H}^T \boldsymbol{X} \tag{4.76}$$

估计误差：

$$\tilde{\boldsymbol{s}}_{ls} = \boldsymbol{s} - \hat{\boldsymbol{s}}_{ls} = (\boldsymbol{H}^T \boldsymbol{H})^{-1} \boldsymbol{H}^T (\boldsymbol{H}\boldsymbol{s} - \boldsymbol{X}) = -(\boldsymbol{H}^T \boldsymbol{H})^{-1} \boldsymbol{H}^T \boldsymbol{N} \tag{4.77}$$

其中：观测数据 $\boldsymbol{X}_{n \times 1} = [x_1 \quad x_2 \quad \cdots \quad x_n]^T$ 为列向量，其行数为观测数据的个数；待估计量 $\boldsymbol{s}_{k \times 1} = [s_1 \quad s_2 \quad \cdots \quad s_k]^T$ 为列向量，其行数为估计参量的个数；$\boldsymbol{H}_{k \times n}$ 为系数矩阵；观测噪声 $\boldsymbol{N}_{n \times 1} = [n_1 \quad n_2 \quad \cdots \quad n_n]^T$ 为列向量，其行数同观测数据的个数。

下面举例说明多参量的估计。

例 4.8 设某物体做匀速直线运动，观测距离

$$x_k = s + v t_k + n_k \quad (k = 1, 2, \cdots, N)$$

其中：x_k 为物体在 t_k 时刻的距离；s 为 $t = 0$ 时刻的初始距离；v 为运动物体的速度；n_k 为观测噪声。试通过对距离 x 的测量作出对 s 和 v 的估计。

解 对 s 和 v 两参量同时作估计，观测模型为

$$\boldsymbol{X} = \boldsymbol{H}\boldsymbol{\theta} + \boldsymbol{N}$$

其中：$\boldsymbol{X} = [x_1 \quad x_2 \quad \cdots \quad x_n]^T$，$\boldsymbol{N} = [n_1 \quad n_2 \quad \cdots \quad n_n]^T$，$\boldsymbol{\theta} = \begin{bmatrix} s \\ v \end{bmatrix}$，$\boldsymbol{H} = \begin{bmatrix} 1 & t_1 \\ 1 & t_2 \\ \vdots & \vdots \\ 1 & t_N \end{bmatrix}$。

由式（4.76），得最小二乘估计为

$$\hat{\boldsymbol{\theta}}_{\text{ls}} = (\boldsymbol{H}^{\text{T}}\boldsymbol{H})^{-1}\boldsymbol{H}^{\text{T}}\boldsymbol{X}$$

求得

$$\hat{\boldsymbol{\theta}}_{\text{ls}} = \begin{bmatrix} \hat{s}_{\text{ls}} \\ \hat{v}_{\text{ls}} \end{bmatrix} = \frac{1}{N\sum_{k=1}^{N}(t_k - \overline{t})^2} \begin{bmatrix} N\overline{x}\sum_{k=1}^{N}t_k^2 - N\overline{t}\sum_{k=1}^{N}t_k x_k \\ N\sum_{k=1}^{N}t_k x_k - N^2\overline{t}\cdot\overline{x} \end{bmatrix}$$

其中：$\boldsymbol{H}^{\text{T}}\boldsymbol{H} = \begin{bmatrix} N & N\overline{t} \\ N\overline{t} & \sum_{k=1}^{N}t_k^2 \end{bmatrix}$，$\overline{t} = \frac{1}{N}\sum_{k=1}^{N}t_k$，$\overline{x} = \frac{1}{N}\sum_{k=1}^{N}x_k$。故参量估计为

$$\hat{s}_{\text{ls}} = \frac{N\overline{x}\sum_{k=1}^{N}t_k^2 - N\overline{t}\sum_{k=1}^{N}t_k x_k}{N\sum_{k=1}^{N}(t_k - \overline{t})^2}$$

$$\hat{v}_{\text{ls}} = \frac{N\sum_{k=1}^{N}t_k x_k - N^2\sum_{k=1}^{N}\overline{t}\cdot\overline{x}}{N\sum_{k=1}^{N}(t_k - \overline{t})^2}$$

设 $\sigma_{n_1}^2 = \sigma_{n_2}^2 = \cdots = \sigma_{n_N}^2 = \sigma_n^2$，估计方差矩阵为

$$\sigma^2 = \left(\boldsymbol{H}^{\text{T}}\boldsymbol{H}\right)^{-1}\boldsymbol{H}^{\text{T}}\boldsymbol{R}_n\boldsymbol{H}\left(\boldsymbol{H}^{\text{T}}\boldsymbol{H}\right)^{-1} = \frac{\sigma_n^2}{N\sum_{k=1}^{N}(t_k - \overline{t})^2} \begin{bmatrix} \sum_{k=1}^{N}t_k^2 & -N\overline{t} \\ -N\overline{t} & N \end{bmatrix}$$

参量 s 和 v 的估计方差分别为

$$\text{Var}\,\hat{s}_{\text{ls}} = \frac{\sigma_n^2\sum_{k=1}^{N}t_k^2}{N\sum_{k=1}^{N}(t_k - \overline{t})^2}$$

$$\text{Var}\,\hat{v}_{\text{ls}} = \frac{\sigma_n^2}{\sum_{k=1}^{N}(t_k - \overline{t})^2}$$

4.7　估计质量评估

　　以上讨论了多种不同的估计方法，不同的估计方法所得的估计结果可能不同。无论采用哪种估计，根据有限观测数据或有限长时间的观测数据对被测量作出的估计与真值之间肯定是存在一定误差的，特别是在噪声存在的情况下，估计结果可能随测量数据的多少、测量时间的长短有所波动。因此，必须给出衡量估计结果好坏的标准，对各种估计的优劣作出评价。

4.7.1 估计量的性能

1. 无偏性

对于非随机参量 θ，若估计量的均值恒等于非随机参量的真值，即

$$E[\hat\theta] = \theta \tag{4.78}$$

或者对于随机参量 θ，若估计量的均值等于随机参量的均值，即

$$E[\hat\theta] = E[\theta] \tag{4.79}$$

则称该估计具有无偏性，亦称无偏估计（unbiased estimation）；否则，称为有偏估计（biased estimation）。

定义差值

$$B = E[\hat\theta] - \theta$$

或

$$B = E[\hat\theta] - E[\theta] \tag{4.80}$$

为偏倚（bias）。若观测数据，当 $N \to \infty$ 时，有 $B \to 0$，则称估计为渐近无偏估计（asymptotic unbiased estimation）。

当观测重复进行时，希望算出的估计结果都分布在真值附近。

2. 有效性

在样本数量相同的情况下，比较两个无偏估计量的优劣，看哪一个无偏估计值在真值附近的起伏更小，即看哪一个估计值的方差更小：

$$\mathrm{Var}\,\hat\theta = E[(\theta - E[\hat\theta])^2] \tag{4.81}$$

方差越小越好。能达到最小方差的估计量称为有效估计（efficient estimation）。这个最小方差可以由克拉默-拉奥（Cramer-Rao）不等式给出，称为克拉默-拉奥限（Cramer-Rao bound），后面将详述。

3. 一致性

当观测数据增多或观测时间加长时，估计值趋近于真值或均值，即对于任意小的正数 ε，若有

$$\lim_{N \to \infty} P\left\{\left|\theta - \hat\theta(x_1, x_2, \cdots, x_N)\right| < \varepsilon\right\} = 1 \tag{4.82}$$

则称估计量 $\hat\theta$ 是一致估计量。显然，$\hat\theta$ 是一致估计量的充分必要条件是：随着 N 的增大，偏倚 B 与方差 $\mathrm{Var}\,\hat\theta$ 都应趋于 0。

例 4.9 已知观测数据

$$x_k = a + n_k \quad (k = 1, 2, \cdots, n)$$

其中：a 为被估计量；n_k 是均值为 0 的高斯白噪声。对 a 的最大似然估计为

$$\hat a = \frac{1}{n}\sum_{k=1}^{n} x_k \tag{4.83}$$

试判断该估计是否为无偏估计。

解　由式（4.83），有

$$E[\hat{a}] = \frac{1}{n}\sum_{k=1}^{n} E[x_k]$$

由 $x_k = a + n_k$，有 $E[x_k] = E[a] + E[n_k] = a$，故 $E[\hat{a}] = a$，所以该估计为无偏估计。

由式（4.74），估计的方差为

$$\mathrm{Var}\,\hat{a} = \sigma^2 = \frac{\sigma_n^2}{n}$$

当 $n \to \infty$ 时，$\mathrm{Var}\,\hat{a} \to 0$。因此，式（4.83）是一个一致估计。

然而，要判断一个估计是否为有效估计，必须先求出被估计量的克拉默-拉奥限。下面介绍克拉默-拉奥限。

4.7.2　克拉默-拉奥限

任何无偏估计量的估计方差均不能低于某个界限，此界限称为克拉默-拉奥限。

可以证明，正规无偏估计才有克拉默-拉奥限。正规估计，是指所有有关的概率密度函数都满足一般的可微和可积条件的估计。根据估计 $\hat{\theta}$ 是无偏估计，有

$$E[\hat{\theta} - \theta] = \int_{\{x\}} (\hat{\theta} - \theta) p(x|\theta)\mathrm{d}x = 0$$

上式对 θ 求导，得

$$\frac{\partial}{\partial \theta}\int_{\{x\}} (\hat{\theta} - \theta) p(x|\theta)\mathrm{d}x = -1 + \int_{\{x\}} \frac{\partial p(x|\theta)}{\partial \theta}(\hat{\theta} - \theta)\mathrm{d}x = 0$$

对于任意函数 $f(y)$，有 $\dfrac{\mathrm{d}f(y)}{\mathrm{d}y} = \dfrac{\mathrm{d}\ln f(y)}{\mathrm{d}y}f(y)$，故上式可写成

$$\int_{\{x\}} \frac{\partial \ln p(x|\theta)}{\partial \theta} p(x|\theta)(\hat{\theta} - \theta)\mathrm{d}x = 1 \tag{4.84}$$

将上式做如下变化：

$$\int_{\{x\}} \frac{\partial \ln p(x|\theta)}{\partial \theta} \sqrt{p(x|\theta)} \cdot \sqrt{p(x|\theta)}(\hat{\theta} - \theta)\mathrm{d}x = 1 \tag{4.85}$$

应用施瓦兹（Schwartz）不等式

$$\int_{-\infty}^{\infty} |P(x)|^2 \mathrm{d}x \int_{-\infty}^{\infty} |Q(x)|^2 \mathrm{d}x \geq \left| \int_{-\infty}^{\infty} P^*(x)Q(x)\mathrm{d}x \right|^2$$

其中：$P(x)$ 和 $Q(x)$ 均为实变量 x 的复函数；"*"表示共轭。得

$$\int_{\{x\}} \left[\frac{\partial \ln p(x|\theta)}{\partial \theta} \right]^2 p(x|\theta)\mathrm{d}x \cdot \int_{\{x\}} (\hat{\theta} - \theta)^2 p(x|\theta)\mathrm{d}x$$

$$\geq \left\{ \int_{\{x\}} \left[\frac{\partial \ln p(x|\theta)}{\partial \theta} \sqrt{p(x|\theta)} \right] \left[\sqrt{p(x|\theta)}(\hat{\theta} - \theta) \right]\mathrm{d}x \right\}^2 = 1$$

由上式得估计方差为

$$E[(\hat{\theta} - \theta)^2] \geqslant \frac{1}{\int_{-\infty}^{\infty}\left[\dfrac{\partial \ln p(x|\theta)}{\partial \theta}\right]^2 p(x|\theta)\mathrm{d}x} = \frac{1}{E\left[\left(\dfrac{\partial}{\partial \theta}\ln p(x|\theta)\right)^2\right]} \tag{4.86}$$

式（4.86）右边就是任何正规无偏估计方差的下限，即克拉默-拉奥限。

克拉默-拉奥限也可写成另外一种表达式。已知

$$\int_{\{x\}} p(x|\theta)\mathrm{d}x = 1$$

将上式两边对 θ 求导，得

$$\int_{\{x\}}\frac{\partial p(x|\theta)}{\partial \theta}\mathrm{d}x = \int_{\{x\}}\frac{\partial \ln p(x|\theta)}{\partial \theta}p(x|\theta)\mathrm{d}x = 0$$

再对 θ 求导，得

$$\int_{\{x\}}\frac{\partial^2 \ln p(x|\theta)}{\partial \theta^2}p(x|\theta)\mathrm{d}x + \int_{\{x\}}\left[\frac{\partial \ln p(x|\theta)}{\partial \theta}\right]^2 p(x|\theta)\mathrm{d}x = 0 \tag{4.87}$$

由式（4.87），式（4.86）可写成

$$E[(\hat{\theta} - \theta)^2] \geqslant -\frac{1}{E\left[\dfrac{\partial^2 \ln p(x|\theta)}{\partial \theta^2}\right]} \tag{4.88}$$

根据给定的似然概率密度 $p(x|\theta)$，就可计算克拉默-拉奥限。一个正规无偏估计，如果方差达为此值，即为具有最小估计方差的有效估计。

例 4.10 已知观测信号

$$x(t) = a\sin(\omega t + \theta) + n(t)$$

其中：正弦信号的频率和相位已知；$n(t)$ 是均值为 0 的白噪声。试对正弦信号的幅值 a 作最大似然估计，并判断估计的有偏性及有效性。

解 由式（4.31），信号幅值的最大似然估计为

$$\hat{a}_{\mathrm{ml}} = \frac{\int_0^T x(t)s(t)\mathrm{d}t}{\int_0^T s^2(t)\mathrm{d}t} = \frac{\int_0^T [a\sin(\omega t + \theta) + n(t)]a\sin(\omega t + \theta)\mathrm{d}t}{\int_0^T [a\sin(\omega t + \theta)]^2 \mathrm{d}t}$$

（1）估计的无偏性。

对上式两边求均值，有

$$E[\hat{a}_{\mathrm{ml}}] = \frac{1}{\int_0^T [a\sin(\omega t + \theta)]^2 \mathrm{d}t}E\left[\int_0^T [a\sin(\omega t + \theta) + n(t)]a\sin(\omega t + \theta)\mathrm{d}t\right]$$

考虑到信号与噪声不相关，有 $E[n(t)\cdot a\sin(\omega t + \theta)] = 0$，故

$$E[\hat{a}_{\mathrm{ml}}] = a$$

可见，幅值的最大似然估计是一种无偏估计。

（2）估计的有效性。

已知似然概率密度

$$p(x|a) = \left(\frac{1}{2\pi\sigma_n^2}\right)^{N/2}\exp\left\{-\frac{1}{N_0}\int_0^T [x(t) - as(t)]^2 \mathrm{d}t\right\}$$

对其求对数，有

$$\ln p(x|a) = \ln\left(\frac{1}{2\pi\sigma_n^2}\right)^{N/2} - \frac{1}{N_0}\int_0^T [x(t) - as(t)]^2 \mathrm{d}t$$

由式（4.88），得克拉默-拉奥限为

$$-\frac{1}{E\left[\dfrac{\partial^2 \ln p(x|a)}{\partial a^2}\right]} = \frac{1}{\dfrac{2}{N_0}\displaystyle\int_0^T s^2(t)\mathrm{d}t} = \frac{N_0}{2E_s}$$

其中：$E_s = \displaystyle\int_0^T s^2(t)\mathrm{d}t$。

估计的方差为

$$E[(\hat{a}_{ml} - a)^2] = \frac{1}{\displaystyle\int_0^T s^2(t)\mathrm{d}t} E\left[\int_0^T \int_0^T n(t)n(t')s(t)s(t')\mathrm{d}t\mathrm{d}t'\right]$$

已知白噪声的相关函数 $E[n(t)n(t')] = \dfrac{N_0}{2}\delta(t - t')$，代入上式，得

$$E[(\hat{a}_{ml} - a)^2] = \frac{1}{E_s^2}\int_0^T \int_0^T \frac{N_0}{2}\delta(t - t')s(t)s(t')\mathrm{d}t\mathrm{d}t' = \frac{N_0 E_s / 2}{E_s^2} = \frac{N_0}{2E_s}$$

上述最大似然估计的方差达到克拉默-拉奥限，因此属于有效估计。

第 5 章

最小均方误差线性滤波器

信号与噪声往往是混合在一起的，噪声的存在会影响波形的恢复。如果信号与噪声的功率谱具有重叠，如图 5.1 所示，那么无论采用何种方式滤波，无论滤波器具有什么样的频率响应，都不可能完全滤除噪声，实现信号的无失真恢复。因此，希望研究基于一定准则下的最佳滤波方法，实现信号波形的最佳恢复。图 5.1 中，$|S(\omega)|$、$|S_n(\omega)|$ 分别为信号和噪声的功率谱密度，$|H(\omega)|$ 为滤波器的幅频特性。

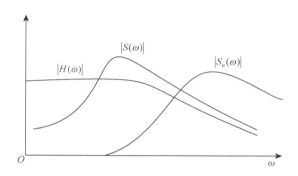

图 5.1　信号和噪声的功率谱及系统的幅频响应

滤波实际上是一种估计，只是它估计的是整个波形而不是波形的个别参数，因此前面章节所述估计理论可用于最佳滤波器的设计。

本章将阐述常用的三种滤波器，即维纳滤波器、卡尔曼滤波器、自适应滤波器。

维纳线性滤波是一种在最小均方误差准则下的最佳线性滤波方法。

卡尔曼滤波是由维纳滤波发展而来的一种基于状态空间方法的最佳线性递推滤波方法，是一种数字滤波器，适用于离散时间信号的滤波，适合于计算机处理。

自适应滤波能够根据输出的反馈信息自动调节滤波器的参数，实现噪声自动抵消，在设计时只需很少或根本不需要任何关于信号和噪声的先验统计知识。因此，在生物医学信号处理、周期干扰抑制等方面具有广泛应用。

5.1　维纳滤波理论

早在 20 世纪 40 年代第二次世界大战期间，为了解决防空火炮自动瞄准和射击控制系统问题，维纳提出了一种滤波算法——维纳滤波算法，并于 1949 年发表在刊物上。维纳滤波算法的离散时间模型由柯尔莫哥洛夫（Kolmogorov）于 1941 年独立推导并发表。二者的区别在于柯尔莫哥洛夫的研究是基于时域的，而维纳利用了频域方法。这一理论通常也被称为维纳-柯尔莫哥洛夫滤波理论。该算法将数理统计理论与线性系统理论有机地结合在一起，利用有用信号和干扰信号的功率谱确定线性滤波器的频率特性。维纳滤波算法基于最小均方误差准则。

5.1.1　最小均方误差准则

维纳滤波器基于最小均方误差准则。设滤波器为线性时不变系统，其频率响应函数为

$H(\omega)$，信号 $s(t)$ 与噪声 $n(t)$ 一起混合作为滤波器的输入，系统的输出为 $y(t)$，如图 5.2 所示。

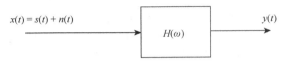

图 5.2   维纳滤波器

设 $y_0(t)$ 为滤波器的期望输出信号，表示为

$$y_0(t) = s(t + \eta) \tag{5.1}$$

根据 η 取值的不同，有下列三种情况。

（1）当 $\eta = 0$ 时，$y_0(t) = s(t)$，表示信号波形得到完全恢复，噪声得到完全抑制；

（2）当 $\eta < 0$ 时，为信号平滑；

（3）当 $\eta > 0$ 时，为信号预测。

同样，离散时间信号 $x_k = s_k + n_k$ 也有平滑、滤波、预测问题。

平滑、滤波、预测都属于估计问题，如图 5.3 所示。已知过去的量测值，计算过去的信号值，称为平滑（smoothing）或内插；已知过去和当前的量测值，计算当前的信号值，称为滤波（filtering）；已知过去和当前的量测值，计算信号的未来值，称为预测（prediction）或外推。简而言之，平滑、滤波、预测即是对真实值过去、现在、将来的估计。从滤波算法的角度而言，平滑、滤波、预测是滤波算法的三种不同计算形式。

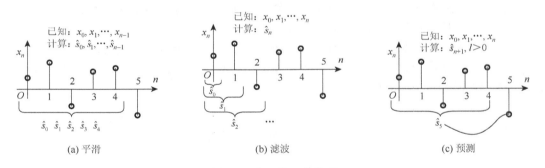

(a) 平滑   (b) 滤波   (c) 预测

图 5.3   估计的三种类型

设期望输出 $y_0(t)$ 与实际输出 $y(t)$ 之间存在偏差，则偏差为

$$\varepsilon(t) = y(t) - y_0(t) \tag{5.2}$$

其中：$\varepsilon(t)$ 为随机函数，可用均方误差来衡量滤波质量。

对于各态遍历的平稳随机过程，均方误差为

$$E[\varepsilon^2(t)] = E\left[[y(t) - y_0(t)]^2\right] = \lim_{T \to \infty} \frac{1}{2T} \int_{-T}^{T} [y(t) - y_0(t)]^2 \mathrm{d}t \tag{5.3}$$

所设计的滤波器希望能使均方误差 $E[\varepsilon^2(t)]$ 越小越好。这种能使 $E[\varepsilon^2(t)]$ 最小的滤波器，称为最小均方误差准则下的线性滤波器，亦称维纳滤波器。

5.1.2　维纳滤波解的积分形式

求最佳滤波器就是要求滤波器的最佳频率响应函数 $H(\omega)$ 或单位冲激响应 $h(t)$，使滤波器具有最小均方误差。滤波器的频率响应函数与单位冲激响应互为傅里叶变换对，即

$$H(\omega) = \int_{-\infty}^{\infty} h(t)e^{-j\omega t}dt$$

知其一便可求得其二。这里先求滤波器的单位冲激响应。

设输入信号为 $x(t)$，系统的单位冲激响应为 $h(t)$，则系统的输出为

$$y(t) = x(t) * h(t) = \int_{-\infty}^{\infty} x(t-\tau)h(\tau)d\tau \tag{5.4}$$

将式（5.4）代入式（5.3），得

$$E[\varepsilon^2(t)] = E\left[\left[\int_{-\infty}^{\infty} x(t-\tau)h(\tau)d\tau - y_0(t)\right]^2\right] \tag{5.5}$$

$$= E[y_0^2(t)] - 2\int_{-\infty}^{\infty} E[y_0(t)x(t-\tau)]h(\tau)d\tau + \int_{-\infty}^{\infty}\int_{-\infty}^{\infty} E[x(t-\tau)x(t-\xi)]h(\tau)h(\xi)d\tau d\xi$$

其中：$E[x(t-\tau)x(t-\xi)] = R_x(\tau-\xi)$ 为输入 $x(t)$ 的自相关函数；$E[y_0^2(t)] = R_{y_0}(0)$ 为 $y_0(t)$ 的均方值；$E[y_0(t)x(t-\tau)] = R_{y_0x}(\tau)$ 为 $y_0(t)$ 与 $x(t)$ 的互相关函数。故均方误差为

$$J = E[\varepsilon^2(t)] = E\left[\left[\int_{-\infty}^{\infty} x(t-\tau)h(\tau)d\tau - y_0(t)\right]^2\right] \tag{5.6}$$

$$= R_{y_0}(0) - 2\int_{-\infty}^{\infty} R_{y_0x}(\tau)h(\tau)d\tau + \int_{-\infty}^{\infty}\int_{-\infty}^{\infty} R_x(t-\xi)h(\tau)h(\xi)d\tau d\xi$$

欲使 J 达到极小，即

$$J = E[\varepsilon^2(t)] = \min$$

据此求出的 $h(t)$ 即为维纳滤波器的单位冲激响应 $h_\Delta(t)$，可得下列关系：

$$\int_{-\infty}^{\infty} h_\Delta(\tau)R_x(\tau-\xi)d\tau = R_{y_0x}(\xi) \tag{5.7}$$

式（5.7）称为维纳-霍普夫积分方程（Wiener-Hopf integral equation）。满足该方程的 $h_\Delta(t)$ 能使均方误差达到极小，且

$$J_{\min} = R_{y_0}(0) - \int_{-\infty}^{\infty} R_{y_0x}(\tau)h_\Delta(\tau)d\tau \tag{5.8}$$

对于可实现的因果维纳滤波器（当 $t < 0$ 时，$h(t) = 0$），有

$$\int_0^{\infty} h_\Delta(\tau)R_x(\tau-\xi)d\tau = R_{y_0x}(\xi) \tag{5.9}$$

$$J_{\min} = R_{y_0}(0) - \int_0^{\infty} R_{y_0x}(\tau)h_\Delta(\tau)d\tau \tag{5.10}$$

上式说明，最佳维纳滤波器的单位冲激响应 $h_\Delta(t)$ 取决于输入自相关函数 $R_x(\tau)$ 以及输入与期望输出的互相关函数 $R_{y_0x}(\tau)$。然而，由此积分方程直接求出 $h_\Delta(t)$ 是困难的。

下面讨论维纳滤波解的正交形式，它特别适合于离散时间信号滤波，是卡尔曼滤波的基础。

5.1.3 维纳滤波解的正交形式

从估计角度来看，维纳滤波属于线性最小均方估计，可由正交原理求得 $h_\Delta(t)$。正交原理是说，若估计误差与观测值正交，则此估计值就是基于最小均方误差准则所得的估计值。这里先利用此结论，后面将给予证明。

维纳滤波器解的正交形式表示为

$$E[\varepsilon(t)x(t_1)] = 0 \qquad (0 \leqslant t_1 \leqslant t) \tag{5.11}$$

或

$$E[[y(t) - y_0(t)]x(t_1)] = 0 \tag{5.12}$$

其中：$x(t_1)$ 为观测值；$y(t)$ 为估计值；$y_0(t)$ 为期望输出；$\varepsilon(t) = y(t) - y_0(t)$ 为估计误差。

滤波器的最小均方误差为

$$J_{\min} = E[\varepsilon(t)y_0(t)] \tag{5.13}$$

根据式（5.11）或式（5.12）可直接得到维纳滤波器的输出，无需先求 $h_\Delta(t)$。

由维纳滤波器正交公式（5.11）可导出维纳-霍普夫方程及最小均方误差。

下面首先证明由维纳-霍普夫积分方程一定可导出维纳滤波器的正交形式。证明如下。

$$E[\varepsilon(t)x(t_1)] = E[[y(t) - y_0(t)]x(t_1)]$$

其中：

$$E[x(t_1)y_0(t)] = R_{xy_0}(t_1 - t), \qquad y(t) = \int_{-\infty}^{\infty} x(t-\tau)h_\Delta(\tau)\mathrm{d}\tau$$

则有

$$E[\varepsilon(t)x(t_1)] = \int_{-\infty}^{\infty} h_\Delta(\tau)R_x(t_1 - t + \tau)\mathrm{d}\tau - R_{xy_0}(t_1 - t)$$

由维纳-霍普夫积分方程

$$\int_{-\infty}^{\infty} h_\Delta(\tau)R_x(\tau - \xi)\mathrm{d}\tau = R_{y_0x}(\xi)$$

令 $\xi = t - t_1$，将其代入上式，则有

$$\int_{-\infty}^{\infty} h_\Delta(\tau)R_x(\tau - t + t_1)\mathrm{d}\tau = R_{y_0x}(t - t_1)$$

故有

$$E[\varepsilon(t)x(t_1)] = R_{y_0x}(t - t_1) - R_{xy_0}(t_1 - t) = 0$$

再证明满足维纳滤波正交形式一定可得维纳-霍普夫积分方程。

已知

$$E[\varepsilon(t)x(t_1)] = E[[y(t) - y_0(t)]x(t_1)] = E\left[x(t_1)\int_{-\infty}^{\infty} x(t-\tau)h(\tau)\mathrm{d}\tau - x(t_1)y_0(t)\right] = 0$$

则有

$$\int_{-\infty}^{\infty} h(\tau)R_x(t - t_1 - \tau)\mathrm{d}\tau - R_{xy_0}(t_1 - t) = 0$$

令 $\xi = t - t_1$，考虑到 $R_{xy_0}(-\xi) = R_{y_0x}(\xi)$，则有

$$\int_{-\infty}^{\infty} h(\tau) R_x(\tau - \xi) \mathrm{d}\tau = R_{y_0x}(\xi)$$

上式即为维纳-霍普夫积分方程。

同理可证,最小均方误差

$$J_{\min} = E\left[\varepsilon(t) y_0(t)\right]$$

正交形式是线性最小方差估计的一般形式,具有普遍性,其意义是最佳估计误差 $\varepsilon(t) = y(t) - y_0(t)$ 与输入观测信号 $x(t)$ 的相关为 0,因此称为正交形式。

上述分析中观测信号 $x(t)$ 是连续时间信号,对于离散时间信号同样有正交形式,正交形式的维纳滤波递推解即为卡尔曼滤波。

采用正交形式的优点如下。

(1)可直接由正交公式(5.11)得到滤波器的输出,而无需先求 $h_{\Delta}(t)$ 再求输出;

(2)特别适合于离散时间信号滤波。

5.1.4　数字维纳滤波器

维纳滤波器可以由算法来实现,即数字维纳滤波器,它基于最小均方误差准则确定滤波器的单位脉冲响应 $h[n]$ 或系统函数。

将离散时间信号 $x(n)$ 作用于线性时不变系统离散时间系统,则系统的输出为

$$y(n) = \sum_{i=-\infty}^{\infty} x(i) h(n-i)$$

其中: $h[n]$ 为系统的单位脉冲响应。

若 $x(n)$ 为有限长时间内的 $N+1$ 个离散值,则滤波器的输出为

$$y(n) = \sum_{i=0}^{N} x(i) h(n-i)$$

或表示为

$$y(n) = \sum_{i=0}^{N} h(n,i) x(i) \qquad (5.14)$$

其中: $h(n,i)$ 为权系数。

要构造维纳滤波器,就是要依据最小均方误差准则确定最佳权系数 $h_{\Delta}(n,i)$ 。

欲使估计的均方误差最小,根据正交原理应满足

$$E\left[\left[y_0(n) - \sum_{i=0}^{N} h(n,i) x(i)\right] x(l)\right] = 0, \quad l \in [0, N] \qquad (5.15)$$

由此可得

$$R_{y_0x}(n,l) = \sum_{i=0}^{N} h(n,i) R_x(i,l), \quad l \in [0, N] \qquad (5.16)$$

由上式,根据输入信号的自相关 $R_x(i,l)$ 以及输入与输出之间的互相关 $R_{y_0x}(n,l)$,解方程组即可求出维纳滤波器的离散解 $h(n,i)$ 。

5.1.5 维纳滤波器的实现

1. 理想维纳滤波器

将维纳-霍普夫积分方程重写如下：

$$\int_{-\infty}^{\infty} h_\Delta(\tau) R_x(\tau - \xi) \mathrm{d}\tau = R_{y_0 x}(\xi) \tag{5.17}$$

上式用卷积表示为

$$h_\Delta(\tau) * R_x(\tau) = R_{y_0 x}(\xi)$$

欲直接从上述时域方程求 $h_\Delta(t)$ 是困难的，可将时域方程变成频域方程求解。

对上述卷积表达式两边求傅里叶变换，结合卷积定理及关系 $\mathscr{F}[h_\Delta(t)] = H_\Delta(\omega)$，得

$$H_\Delta(\omega) S_x(\omega) = S_{y_0 x}(\omega) \tag{5.18}$$

由 $R_{y_0 x}(\tau) = E[y_0(t) x(t - \tau)]$，$y_0(t) = s(t + \eta)$，有

$$R_{y_0 x}(\tau) = E[s(t + \eta) x(t - \tau)] = R_{sx}(\eta + \tau) \tag{5.19}$$

对上式两边求傅里叶变换，得

$$S_{y_0 x}(\omega) = \mathrm{e}^{\mathrm{j}\omega\eta} S_{sx}(\omega) \tag{5.20}$$

将上式代入式（5.18），得维纳滤波器的解为

$$H_\Delta(\omega) = \frac{S_{sx}(\omega)}{S_x(\omega)} \mathrm{e}^{\mathrm{j}\omega\eta} \tag{5.21}$$

求 $H_\Delta(\omega)$ 的反变换即得滤波器的单位冲激响应 $h_\Delta(t)$。

需要指出，由 $H_\Delta(\omega)$ 求得的维纳滤波器单位脉冲响应 $h_\Delta(t)$ 在 $t < 0$ 时 $h_\Delta(t) \neq 0$，故它是一种非因果滤波器，也是理想滤波器，物理上不可实现。因此，要构造物理上可实现的维纳滤波器需要做某些近似，这种近似维纳滤波器所得到的均方误差大于最小均方误差。

由 $x(t) = s(t) + n(t)$，得信号的自相关和功率谱

$$R_x(\tau) = R_s(\tau) + R_n(\tau)$$
$$S_x(\omega) = S(\omega) + S_n(\omega)$$

其中：$S(\omega)$ 为被测信号的功率谱密度；$S_n(\omega)$ 为噪声的功率谱密度。因信号与噪声不相关，故有

$$R_{sx}(\tau) = E[s(t) x(t - \tau)] = E[s(t)[s(t - \tau) + n(t - \tau)]] = E[s(t)s(t - \tau)] \tag{5.22}$$

因此 $S_{sx}(\omega) = S(\omega)$，将其代入式（5.21），得维纳滤波器的非因果解为

$$H_\Delta(\omega) = \frac{S(\omega)}{S(\omega) + S_n(\omega)} \mathrm{e}^{\mathrm{j}\omega\eta} \tag{5.23}$$

令维纳滤波器非因果解的均方误差为 $J_{\min}$，可得

$$J_{\min} = R_{y_0}(0) - \int_{-\infty}^{\infty} R_{y_0 x}(\tau) h_\Delta(\tau) \mathrm{d}\tau$$

因为 $R_{y_0 x}(\tau) = R_{xy_0}(-\tau)$，所以

$$J_{\min} = R_{y_0}(0) - \int_{-\infty}^{\infty} R_{xy_0}(-\tau)h_\Delta(\tau)\mathrm{d}\tau$$

为便于计算，令

$$z(\eta) = R_{y_0}(\eta) - \int_{-\infty}^{\infty} R_{xy_0}(\eta-\tau)h_\Delta(\tau)\mathrm{d}\tau$$

对上式两边作傅里叶变换，得

$$Z(\omega) = S_{y_0}(\omega) - H_\Delta(\omega)S_{xy_0}(\omega)$$

因为 $z(\eta) = \dfrac{1}{2\pi}\int_{-\infty}^{\infty} Z(\omega)\mathrm{e}^{j\omega\eta}\mathrm{d}\omega$，所以

$$J_{\min} = z(\eta)\big|_{\eta=0} = \frac{1}{2\pi}\int_{-\infty}^{\infty}[S_{y_0}(\omega) - H_\Delta(\omega)S_{xy_0}(\omega)]\mathrm{d}\omega \tag{5.24}$$

将 $H_\Delta(\omega)S_x(\omega) = S_{y_0 x}(\omega)$ 代入上式，得

$$J_{\min} = \frac{1}{2\pi}\int_{-\infty}^{\infty} \frac{S_x(\omega)S_{y_0}(\omega) - \left|S_{y_0 x}(\omega)\right|^2}{S_x(\omega)}\mathrm{d}\omega \tag{5.25}$$

若波形完全恢复，即 $y_0(t) = s(t)$，上式简化为

$$J_{\min} = \frac{1}{2\pi}\int_{-\infty}^{\infty} \frac{S(\omega)S_n(\omega)}{S(\omega) + S_n(\omega)}\mathrm{d}\omega \tag{5.26}$$

上述有关公式中，$\mathrm{e}^{j\omega\eta}$ 为移相因子，为了使输出信号 $y(t)$ 尽量接近期望输出 $s(t+\eta)$，可通过移相器调节相位。

2. 可实现维纳滤波器

上述维纳滤波器之所以为物理上不可实现的非因果滤波器，是因为滤波器的系统函数 $H_\Delta(s)$ 存在右半平面极点，要得到物理可实现的维纳滤波器，即因果滤波器，必须去掉系统函数右半平面极点。由式（5.21）可得滤波器的系统函数（system function），亦称传递函数（transfer function）：

$$H_\Delta(s) = \frac{S(s)}{S_x(s)}\mathrm{e}^{s\eta} \tag{5.27}$$

其中：$S_x(\omega)$ 为观测信号 $x(t)$ 的功率谱，一定为正实数，将其分解为 $S_x(\omega) = \Phi(\omega)\Phi^*(\omega)$（$\Phi^*(\omega)$ 为 $\Phi(\omega)$ 的共轭(conjugate)）。相应地有

$$S_x(s) = \Phi(s)\Phi^*(s) \tag{5.28}$$

其中：$\Phi(s)$、$\Phi^*(s)$ 分别为零极点在左、右半平面的因式。将 $S_x(s)$ 代入式（5.27），得

$$H_\Delta(s)\Phi(s) = \frac{S(s)}{\Phi^*(s)}\mathrm{e}^{s\eta} \tag{5.29}$$

要构造物理上可实现的维纳滤波器，必须使滤波器的系统函数极点全部位于左半平面，对于右半平面极点加以舍去。若舍去右半平面极点，则维纳滤波器的系统函数为

$$H_\Delta(s) = \frac{1}{\Phi(s)} \left[\frac{S(s)}{\Phi^*(s)} e^{s\eta} \right]^+ \tag{5.30}$$

其中：符号"+"表示保留左半平面极点、舍去右半平面极点的操作。由上述操作所得的滤波器为非严格意义的维纳滤波器，称为准维纳滤波器。它不具有最小均方误差，但是物理上是可实现的。

例 5.1 已知观测信号 $x(t) = s(t) + n(t)$ ，其中， $s(t)$ 为被测信号， $n(t)$ 为白噪声，它们的功率谱密度分别为 $S(\omega) = \dfrac{2}{1+\omega^2}$ 和 $S_n(\omega) = 1$ 。现要求波形从噪声中恢复，试求：

（1）理想维纳滤波器及最小均方误差 $J_{\min}$ ；

（2）物理可实现的维纳滤波器及均方误差 J ；

（3）比较上述两滤波器的均方误差。

解　（1）由于 $S_x(\omega) = S(\omega) + S_n(\omega) = \dfrac{3+\omega^2}{1+\omega^2}$ ，由式（5.23）， $\eta = 0$ （波形完全恢复， $y_0(t) = s(t)$ ），得维纳滤波器的频率响应函数

$$H_\Delta(\omega) = \frac{S(\omega)}{S(\omega) + S_n(\omega)} = \frac{2}{3+\omega^2}$$

由式（5.26），得理想维纳滤波器的最小均方误差为

$$J_{\min} = \frac{1}{2\pi} \int_{-\infty}^{\infty} \frac{S(\omega)S_n(\omega)}{S(\omega)+S_n(\omega)} d\omega = \frac{1}{2\pi} \int_{-\infty}^{\infty} \frac{2}{3+\omega^2} d\omega = \frac{1}{\sqrt{3}} = 0.577$$

再由 $H_\Delta(\omega)$ 求得滤波器的单位冲激响应为

$$h_\Delta(t) = \mathscr{F}^{-1}[H_\Delta(\omega)] = \begin{cases} \dfrac{1}{\sqrt{3}} e^{-\sqrt{3}t}, & t > 0 \\ -\dfrac{1}{\sqrt{3}} e^{\sqrt{3}t}, & t < 0 \end{cases}$$

由上可见，当 $t < 0$ 时，单位冲激响应 $h_\Delta(t) \neq 0$ ，故系统为非因果系统，滤波器为非因果滤波器，物理上是不可实现的。

（2）已知 $S_x(\omega) = \dfrac{3+\omega^2}{1+\omega^2}$ ，将其分解为左半平面和右半平面零极点因式，有

$$S_x(\omega) = \frac{3+\omega^2}{1+\omega^2} = \frac{j\omega + \sqrt{3}}{j\omega + 1} \cdot \frac{-j\omega + \sqrt{3}}{-j\omega + 1}$$

写成拉普拉斯变换形式：

$$S_x(s) = \frac{s+\sqrt{3}}{s+1} \cdot \frac{-s+\sqrt{3}}{-s+1}$$

其中： $\Phi(s) = \dfrac{s+\sqrt{3}}{s+1}$ ， $\Phi^*(s) = \dfrac{-s+\sqrt{3}}{-s+1}$ 。

由 $S(\omega) = \dfrac{2}{1+\omega^2} = \dfrac{2}{(1+j\omega)(1-j\omega)}$ ，有 $S(s) = \dfrac{2}{(1+s)(1-s)}$ 。

由式（5.30），保留左半平面极点，舍去右半平面极点，得

$$H_\Delta(s)=\frac{1}{\Phi(s)}\left[\frac{S(s)}{\Phi^*(s)}e^{s\eta}\right]^+=\frac{1}{\dfrac{s+\sqrt3}{s+1}}\left[\frac{\dfrac{2}{(1+s)(1-s)}}{\dfrac{-s+\sqrt3}{-s+1}}\right]^+$$

$$=\frac{1}{\dfrac{s+\sqrt3}{s+1}}\left[\frac{2}{(1+s)(-s+\sqrt3)}\right]^+=\frac{1}{\dfrac{s+\sqrt3}{s+1}}\cdot\frac{2}{1+\sqrt3}\left[\frac{1}{s+1}+\frac{1}{s-\sqrt3}\right]^+$$

上式括号中 $s=\sqrt3$ 为右半平面极点，予以舍弃，得

$$H_\Delta(s)=\frac{1}{\dfrac{s+\sqrt3}{s+1}}\cdot\frac{2}{1+\sqrt3}\cdot\frac{1}{s+1}=\frac{2}{1+\sqrt3}\cdot\frac{1}{s+\sqrt3}=\frac{\sqrt3-1}{s+\sqrt3}$$

求其反变换，得滤波器的单位脉冲响应为

$$h_\Delta(t)=(\sqrt3-1)e^{-\sqrt3 t}u(t)$$

由上式可见，当 $t<0$ 时，$h_\Delta(t)=0$，故系统为因果系统，滤波器为因果滤波器，物理上是可实现的。

（3）已知信号的功率谱密度 $S(\omega)=\dfrac{2}{1+\omega^2}$，可得信号的相关为

$$R_{y_0}(\tau)=R_s(\tau)=e^{-|\tau|},\qquad R_{y_0}(0)=1,\qquad R_{y_0x}(\tau)=R_s(\tau)=e^{-|\tau|}$$

由式（5.10），得可实现维纳滤波器的均方误差为

$$J=R_{y_0}(0)-\int_0^\infty R_{y_0x}(\tau)h_\Delta(\tau)\mathrm d\tau=1-\int_0^\infty(\sqrt3-1)e^{-\sqrt3\tau}e^{-\tau}\mathrm d\tau=0.732>J_{\min}=0.577$$

显然，可实现维纳滤波器的均方误差大于理想维纳滤波器的均方误差，这是因为该滤波器被人为舍去了系统函数的右半平面极点，为近似维纳滤波器。

3. 具有已知结构的维纳滤波器

在滤波器的设计与应用中，往往已知滤波器的电路结构，希望确定最佳的电路参数。这种基于最小均方误差准则来确定滤波器参数所得的滤波器，就是维纳滤波器，不过它是一种准维纳滤波器，或近似维纳滤波器。

设 $x(t)=s(t)+n(t)$，系统的频率响应函数为 $H(\omega)$，则滤波器的输出噪声功率谱为 $|H(\omega)|^2 S_n(\omega)$，由此可计算出滤波器的误差。

滤波器的误差是指滤波器的实际输出与理想输出（或期望输出）的差，即

$$\varepsilon(t)=y(t)-y_0(t)$$

均方误差 $E[\varepsilon^2(t)]=E[[y(t)-y_0(t)]^2]$ 由两部分组成，一部分由噪声引起，为 $\int_{-\infty}^\infty S_n(\omega)|H(\omega)|^2\mathrm d\omega$，另一部分由滤波器的输出与期望输出的差引起。设 $\eta=0$，则 $y_0(t)=s(t)$，该部分的功率谱密度可写成 $|1-H(\omega)|^2 S(\omega)$。由此，得滤波器的总均方误差为

$$J=\frac{1}{2\pi}\left[\int_{-\infty}^\infty S(\omega)|1-H(\omega)|^2\mathrm d\omega+\int_{-\infty}^\infty S_n(\omega)|H(\omega)|^2\mathrm d\omega\right]\tag{5.31}$$

对 J 求极小值，所得解即为维纳滤波器解。

需要指出，式（5.31）适合于已知网络结构的情况下滤波器的最佳参数计算。下面举例说明。

例 5.2   设滤波器为 RC 无源低通滤波器，信号和白噪声的功率谱密度分别为 $S(\omega) = \dfrac{2}{\omega^2 + 1}$ 和 $S_n(\omega) = 1$，试根据维纳滤波原理确定具有最小均方误差的滤波器参数。

解   RC 低通滤波器如图 5.4 所示，其频率响应函数为

$$H(\omega) = \frac{\dfrac{1}{\mathrm{j}\omega C}}{R + \dfrac{1}{\mathrm{j}\omega C}} = \frac{1}{1 + \mathrm{j}\omega RC} = \frac{1}{1 + \mathrm{j}\omega T}$$

其中：$T = RC$ 为滤波器的时间常数。由式（5.31）求得滤波器的均方误差为

$$J = \frac{T}{1 + T} + \frac{1}{2T} \tag{5.32}$$

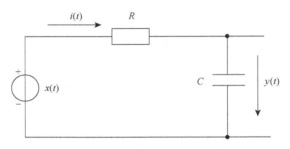

图 5.4   RC 低通滤波器

令 $\dfrac{\mathrm{d}J}{\mathrm{d}T} = 0$，解得最佳时间常数 $T = 1 + \sqrt{2} = 2.414$。若给定电阻值 R，由 T 便可求出电容值 C，或者由 C 确定 R。

由式（5.31）求得均方误差 $J = 0.914$。显然，此值大于维纳滤波器的最小均方误差 $J_{\min} = 0.577$，这说明上述可实现的滤波器为准维纳滤波器。

5.1.6   离散随机过程的时间序列模型

维纳滤波器实际应用时主要存在如下两个缺点。

（1）只适合于平稳随机过程，不适于非平稳随机信号滤波；

（2）很难实现连续时间信号的维纳滤波解。

为了实现数字维纳滤波，首先规定离散平稳随机过程的三种时间序列信号模型，即自回归模型（auto-regressive，AR），记为 AR(p)；滑动平均模型（moving-average，MA），记为 MA(q)；自回归滑动平均模型（auto-regressive and moving-average，ARMA），记为 ARMA(p, q)。

上述模型具有如下两大优点。

（1）滤波解具有线性递推形式；

（2）适合于计算机实时处理。

1. 随机过程的 ARMA(p, q)模型

许多平稳随机过程可看成由典型的噪声激励一个线性时不变系统所产生的，这种噪声通常是离散白噪声序列，其时间序列模型表示为

$$x(n) + a_1 x(n-1) + \cdots + a_p x(n-p) = w(n) + b_1 w(n-1) + \cdots + b_q w(n-q) \tag{5.33}$$

其中：$w(n)$ 是具有零均值且方差为 σ_w^2 的白噪声序列；$x(n)$ 为平稳随机过程的时间序列。该模型称为自回归滑动平均模型 ARMA(p, q)。

当系数 b_1, b_2, $\cdots$, b_q 均为 0 时，有

$$x(n) + a_1 x(n-1) + \cdots + a_p x(n-p) = w(n) \tag{5.34}$$

该模型称为自回归模型 AR(p)，若令模型的特征多项式

$$A(z) = 1 + a_1 z^{-1} + a_2 z^{-2} + \cdots + a_p z^{-p} = 0 \tag{5.35}$$

其根全在单位圆内，则 AR(p) 模型是稳定的。

若式（5.33）中系数 a_1, a_2, $\cdots$, a_p 均为 0，则

$$x(n) = w(n) + b_1 w(n-1) + \cdots + b_q w(n-q) \tag{5.36}$$

该模型称为滑动平均模型 MA(q)。

为导出维纳滤波器的递推形式，一般对信号时间序列模型采用 AR(1) 形式，即

$$s(k) = \rho s(k-1) + w(k) \tag{5.37}$$

其中：ρ 为常数。

该一阶 AR 信号模型称为一阶广义平稳的马尔可夫信号序列，表示当前时刻的信号值只与前一时刻的信号值有关，它符合很多实际情况。

2. 时间序列信号的自相关函数

根据上述平稳离散随机信号的时间序列模型，以及信号与噪声不相关，可得

$$R_s(0) = \sigma_s^2 = E[s(k)s(k)] = E\left[[\rho s(k-1) + w(k)]^2 \right] = \rho^2 R_s(0) + R_w(0)$$

其中：$R_w(0) = \sigma_w^2$ 为白噪声 $w(k)$ 的功率。故有

$$R_s(0) = \frac{\sigma_w^2}{1 - \rho^2} = \sigma_s^2$$

同理，有

$$R_s(1) = E[s(k)s(k-1)] = E\left[[\rho s(k-1) + w(k)]s(k-1) \right] = \rho \sigma_s^2$$

$$R_s(2) = E[s(k)s(k-2)] = \rho^2 \sigma_s^2$$

递推可得

$$R_s(j) = E[s(k)s(k-j)] = \rho^{|j|} \sigma_s^2 = \frac{\rho^{|j|}}{1 - \rho^2} \sigma_w^2$$

对于平稳离散随机信号 $x(n)$，其功率谱密度与相关满足维纳-欣钦定理，即

$$S_x(\Omega) = \sum_{n=-\infty}^{\infty} R_x(n) e^{-j\Omega n} \tag{5.38}$$

$$R_x(n) = \frac{1}{2\pi}\int_{-\pi}^{\pi} S_x(\Omega)\mathrm{e}^{\mathrm{j}\Omega n}\mathrm{d}\Omega \tag{5.39}$$

因此，由上述相关结果可算得信号的功率谱密度为

$$S_s(\Omega) = \sum_{n=-\infty}^{\infty} R_s(n)\mathrm{e}^{-\mathrm{j}\Omega n} = \sum_{n=-\infty}^{\infty}\rho^{|n|}\sigma_s^2\mathrm{e}^{-\mathrm{j}\Omega n} = \sum_{n=-\infty}^{0}\rho^{-n}\sigma_s^2\mathrm{e}^{-\mathrm{j}\Omega n} + \sum_{n=1}^{\infty}\rho^n\sigma_s^2\mathrm{e}^{-\mathrm{j}\Omega n}$$

$$= \sigma_s^2\left(\frac{1}{1-\rho\mathrm{e}^{-\mathrm{j}\Omega}} + \frac{\rho\mathrm{e}^{-\mathrm{j}\Omega}}{1-\rho\mathrm{e}^{-\mathrm{j}\Omega}}\right) = \sigma_s^2\frac{1+\rho\mathrm{e}^{-\mathrm{j}\Omega}}{1-\rho\mathrm{e}^{-\mathrm{j}\Omega}}$$

5.2　卡尔曼滤波及预测

维纳滤波算法需要解维纳-霍普夫方程，求解起来很麻烦，且不易实现所需的滤波电路，这在很大程度上限制了其广泛应用。卡尔曼于 1960 年发表了一篇利用递推方法解决离散数据线性滤波问题的著名论文，标志着现代滤波理论的建立。与维纳滤波算法类似的是：卡尔曼滤波算法同样是基于最小均方误差准则的滤波算法。二者的不同点在于：维纳滤波算法利用了全部过去和当前的量测值来估计当前的信号值，作为一种频域方法，其解的形式为传递函数或单位冲激响应；与之不同的是，卡尔曼滤波算法利用当前时刻的量测值和上一次的估计值来估计当前的信号值，作为一种时域方法，其解的形式是状态变量值。维纳滤波算法需要求解滤波器的单位冲激响应，不适合数值计算；而卡尔曼滤波算法回避了这一问题，适合于数值计算。

卡尔曼滤波是建立在信号时间序列模型基础之上的线性递推滤波及预测，它是在对系统模型及其统计特性作了某些合理假设之后给出的一套最佳线性滤波的递推算法，不仅可应用于平稳随机信号滤波，而且也可应用于非平稳随机信号滤波，并能用于多参量（矢量信号）波形的最佳线性滤波，因此应用极其广泛。

5.2.1　状态方程

状态方程是一种描述系统的方法，通过选择系统内独立的变量作为分析变量（称为状态变量），利用状态变量与输入变量之间的关系描述系统特性。它既可用于 SISO 系统，也可用于多输入多输出系统；既可描述连续时间系统，也可描述离散时间系统；既适用于线性时不变系统，也适用于时变系统。

离散时间系统状态方程的一般形式用矩阵表示为

$$\boldsymbol{\lambda}(k+1) = \boldsymbol{A}\boldsymbol{\lambda}(k) + \boldsymbol{B}\boldsymbol{x}(k) \tag{5.40}$$

$$\boldsymbol{y}(k) = \boldsymbol{C}\boldsymbol{\lambda}(k) + \boldsymbol{D}\boldsymbol{x}(k) \tag{5.41}$$

其中：$\boldsymbol{\lambda}(k)$ 为状态变量 k 时刻的值；$\boldsymbol{x}(k)$ 为输入信号；$\boldsymbol{y}(k)$ 为输出信号。式（5.40）为状态方程，它实际上是一系列一阶差分方程组，方程组的个数等于状态变量的个数。高阶系统可以变成与系统阶数相同的多个一阶差分方程。式（5.41）为输出方程。$\boldsymbol{A}$、$\boldsymbol{B}$、$\boldsymbol{C}$、$\boldsymbol{D}$ 为系数矩阵，对于线性时不变系统，它们均为常数矩阵。

若已知系统的激励 $x(k)$ 和 $k=k_0$ 时刻的初始状态 $\lambda(k_0)$，则可以唯一地确定系统在 $k \geqslant k_0$ 后任意时刻的状态 $\lambda(k)$ 和输出 $y(k)$。

若系统为一阶系统，则状态方程就是一阶差分方程，即

$$\lambda(k+1)=A\lambda(k)+Bx(k) \tag{5.42}$$

5.2.2　信号模型与观测模型

被估计的信号模型为一阶状态方程，亦称一阶差分方程，表示为

$$s(k)=as(k-1)+w(k) \tag{5.43}$$

其中：$s(k)$ 为状态变量；$w(k)$ 为白噪声。显然，被估计的信号模型为白噪声激励下的 AR(1) 过程。信号模型框图如图 5.5 所示。

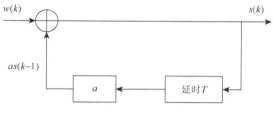

图 5.5　随机信号模型

采用上述信号模型基于下列几点考虑。

（1）符合马尔可夫状态转移理论，即系统在状态转换过程中第 n 时刻的状态取决于第 $n-1$ 时刻的状态，而与其他时刻的状态无关。具体来说就是：对于一个系统，由一个状态转至另一个状态的转换过程中，存在着转移概率，并且这种转移概率可以依据其紧接的前一种状态推算出来，与该系统的原始状态和此次转移前的马尔可夫过程无关。

（2）很多实际信号符合这种一阶自回归模型。例如，飞机的飞行速度受外界因素影响会有随机波动，可以用 $s(k)$ 表示 k 时刻的飞行速度，用 $w(k)$ 表示影响飞机速度的各种外在因素，如云层、阵风等。

（3）一阶模型是基本模型，任何高阶差分方程均可转化为一阶状态方程组。

观测信号由被测信号和观测噪声混合组成，即

$$x(k)=s(k)+n(k) \tag{5.44}$$

其中：观测噪声 $n(k)$ 也是白噪声，它与 $w(k)$ 不相关，则有

$$E[w(k)]=0,\quad E[w(k)w(j)]=\begin{cases}\sigma_w^2, & k=j\\ 0, & k\neq j\end{cases}$$

$$E[n(k)]=0,\quad E[n(k)n(j)]=\begin{cases}\sigma_n^2, & k=j\\ 0, & k\neq j\end{cases}$$

$$E[w(k)n(j)]=0$$

5.2.3 标量信号卡尔曼滤波

标量信号是指一个信号或一个参量，而矢量信号是指多个信号或多个参量。下面首先阐述标量信号的卡尔曼滤波。

$s(k)$ 的线性递推输出用符号 $\hat{s}(k)$ 表示，则递推方程

$$\hat{s}(k) = a(k)\hat{s}(k-1) + b(k)x(k) \tag{5.45}$$

等式右边第一项表示对参数前一时刻的估计加权，第二项表示当前观测值对当前估计的影响。现在要基于最小均方误差准则确定系数 $a(k)$ 和 $b(k)$ 的值。一般来说，$a(k)$ 和 $b(k)$ 并非常数，而是随时间变化的。下面推导 $a(k)$ 和 $b(k)$ 的计算公式。

估计的均方误差为

$$J(k) = E[e^2(k)] = E\left[[(s(k) - \hat{s}(k)]^2\right] \tag{5.46}$$

其中：$e(k) = s(k) - \hat{s}(k)$。

欲使均方误差最小，有

$$\begin{cases} \dfrac{\partial J(k)}{\partial a(k)} = -2E\left[[s(k) - a(k)\hat{s}(k-1) - b(k)x(k)]\hat{s}(k-1)\right] = 0 \\ \dfrac{\partial J(k)}{\partial b(k)} = -2E\left[[s(k) - a(k)\hat{s}(k-1) - b(k)x(k)]x(k)\right] = 0 \end{cases}$$

由以上两式可得

$$E[e(k)\hat{s}(k-1)] = 0 \tag{5.47}$$

$$E[e(k)x(k)] = 0 \tag{5.48}$$

上述两式即为线性递推滤波器的正交条件。

前已述及维纳滤波器解的正交形式为

$$E[e(k)x(j)] = E[[s(k) - \hat{s}(k)]x(j)] = 0 \quad (j = 1, 2, \cdots, k) \tag{5.49}$$

显然，由式（5.49）可得式（5.48）。

由

$$E[e^2(k)] = E\left[e(k)[s(k) - \hat{s}(k)]\right] = E\left[e(k)[s(k) - a(k)\hat{s}(k-1) - b(k)x(k)]\right]$$
$$= E[e(k)s(k)] - a(k)E[e(k)\hat{s}(k-1)] - b(k)E[e(k)x(k)] = E[e(k)s(k)]$$

可得

$$E[e(k)\hat{s}(k)] = 0 \tag{5.50}$$

即

$$E[[s(k) - \hat{s}(k)]\hat{s}(k)] = 0$$

故有

$$E[(s(k)\hat{s}(k)] = E[\hat{s}(k)\hat{s}(k)] \tag{5.51}$$

由式（5.47），有

$$E[e(k)\hat{s}(k-1)] = E\left[[s(k) - \hat{s}(k)]\hat{s}(k-1)\right] = E\left[[s(k) - a(k)\hat{s}(k-1) - b(k)x(k)]\hat{s}(k-1)\right]$$
$$= E\left[[s(k) - b(k)x(k)]\hat{s}(k-1)\right] - a(k)E\left[\hat{s}(k-1)\hat{s}(k-1)\right] = 0$$

将 $s(k) = as(k-1) + w(k)$ ， $x(k) = s(k) + n(k)$ 代入上式，并注意到信号与噪声不相关，得

$$a[1-b(k)]E[s(k-1)\hat{s}(k-1)] = a(k)E[\hat{s}(k-1)\hat{s}(k-1)]$$

由 $E[s(k)\hat{s}(k)] = E[\hat{s}(k)\hat{s}(k)]$ ，有

$$E[s(k-1)\hat{s}(k-1)] = E[\hat{s}(k-1)\hat{s}(k-1)]$$

故得

$$a(k) = a[1-b(k)] \tag{5.52}$$

将上述关系代入递推公式（5.45），得

$$\hat{s}(k) = a\hat{s}(k-1) + b(k)[x(k) - a\hat{s}(k-1)] \tag{5.53}$$

其中：第一项为前一次的估计（即由过去的 $k-1$ 个数据所得估计）；第二项为修正项，取决于新数据 $x(k)$ 与前一次估计的差以及系数 $b(k)$ 。 $b(k)$ 为待定的随时间变化的系数，称为卡尔曼增益（Kalman gain）。式（5.53）即为卡尔曼滤波递推公式，其运算框图如图 5.6 所示。

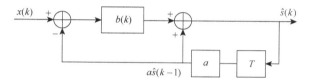

图 5.6　卡尔曼滤波运算方框图

下面来推导卡尔曼增益 $b(k)$ 的计算公式。

已知 $E[e(k)x(k)] = 0$ ，即

$$E\big[[s(k)-\hat{s}(k)]x(k)\big] = 0$$

将

$$\hat{s}(k) = a(k)\hat{s}(k-1) + b(k)x(k) ， \quad x(k) = s(k) + n(k)$$

代入上式，并考虑信号与噪声不相关，即 $E[s(k)n(k)] = 0$ ， $E[\hat{s}(k-1)n(k)] = 0$ ，有

$$E\big[[s(k)-a(k)\hat{s}(k-1)-b(k)x(k)][s(k)+n(k)]\big]$$

$$= E\big[s(k)s(k) - a(k)\hat{s}(k-1)s(k) - b(k)x(k)s(k) + s(k)n(k) - a(k)\hat{s}(k-1)n(k) - b(k)x(k)n(k)\big]$$

$$= E[s(k)s(k)] - a(k)E[\hat{s}(k-1)s(k)] - b(k)E[x(k)s(k)] - b(k)E[x(k)n(k)] = 0$$

由于 $x(k) = s(k) + n(k)$ ，上式可写成

$$E[s(k)s(k)] - a(k)E[\hat{s}(k-1)s(k)] - b(k)E[x(k)x(k)] = 0 \tag{5.54}$$

其中：

$$E[s(k)s(k)] = \sigma_s^2$$

$$E[x(k)x(k)] = \sigma_s^2 + \sigma_n^2$$

$$E[\hat{s}(k-1)s(k)] = E\big[\hat{s}(k-1)[as(k-1) + w(k)]\big] = aE[\hat{s}(k-1)s(k-1)] + E[\hat{s}(k-1)w(k)]$$

$$= aE[\hat{s}(k-1)s(k-1)]$$

而

$$E[\hat{s}(k-1)s(k-1)] = E\left[\hat{s}(k-1)[x(k-1)-n(k-1)]\right] = E[\hat{s}(k-1)x(k-1)] - E[\hat{s}(k-1)n(k-1)]$$

$$= E[[s(k-1)-e(k-1)]x(k-1)] - E[\hat{s}(k-1)n(k-1)]$$

$$= E[s(k-1)x(k-1)] - E[e(k-1)x(k-1)] - E[\hat{s}(k-1)n(k-1)]$$

$$= E[s(k-1)[s(k-1)+n(k-1)]] - E[e(k-1)x(k-1)] - E[\hat{s}(k-1)n(k-1)]$$

$$= \sigma_s^2 - b(k-1)\sigma_n^2$$

将上述各项代入式（5.54），并结合 $(1-a^2)\sigma_s^2 = \sigma_w^2$，$a(k) = a[1-b(k)]$，推得

$$b(k) = \frac{A + a^2 b(k-1)}{1 + A + a^2 b(k-1)} \tag{5.55}$$

其中：$A = \sigma_w^2/\sigma_n^2$。式（5.55）为卡尔曼增益 $b(k)$ 的递推公式。

由 $E[\hat{s}(k-1)s(k-1)] = \sigma_s^2 - b(k-1)\sigma_n^2$，有

$$E[\hat{s}(k)s(k)] = \sigma_s^2 - b(k)\sigma_n^2$$

进一步可推得最小均方误差为

$$J_{\min} = E[e(k)s(k)] = E\left[[s(k)-\hat{s}(k)]s(k)\right] = E[s(k)s(k)] - E[\hat{s}(k)s(k)] \tag{5.56}$$

$$= \sigma_s^2 - \left[\sigma_s^2 - b(k)\sigma_n^2\right] = b(k)\sigma_n^2$$

式（5.53）和式（5.55）是卡尔曼滤波的基本公式，当给定了起始值之后，依据上述两个递推公式便可持续地给出各个时刻的滤波值。式（5.56）为滤波的均方误差。

可根据使

$$e(0) = E\left[[s(0)-\hat{s}(0)]^2\right] = \min$$

求出初值估计 $\hat{s}(0)$。令 $\partial e(0)/\partial \hat{s}(0) = 0$，得

$$\hat{s}(0) = E[s(0)]$$

卡尔曼滤波在给定观测信号 $x(1), x(2), \cdots$ 后，选择合适的起始值，可根据上述递推公式持续算出滤波器的输出 $\hat{s}(1), \hat{s}(2), \cdots, \hat{s}(n)$ 及均方误差。

例 5.3 设随机信号 $s(k) = as(k-1)+w(k)$ 为一阶 AR(1) 过程，测量方程 $x(k) = s(k) + n(k)$。已知 $E[s(k)] = 0$，$\sigma_w^2 = \sigma_n^2 = 1$，$a = 1/2$，试对信号进行卡尔曼滤波，给出在不同信噪比情况下的滤波结果，并求出时变增益 $b(k)$ 及均方误差 $e(k)$。设信噪比 $\mathrm{SNR} = \sigma_s^2/\sigma_w^2$ 分别为（1）0.1；（2）1。观测信号 $x(1) = 2, x(2) = 3, x(3) = 1, \cdots$。

解 设 $\hat{s}(0) = 0$。由递推公式 $\hat{s}(k) = a\hat{s}(k-1) + b(k)[x(k)-a\hat{s}(k-1)]$，得

$$\hat{s}(1) = a\hat{s}(0) + b(1)[x(1)-a\hat{s}(0)] = b(1)x(1)$$

由正交条件 $E\left[[s(k)-\hat{s}(k)]x(k)\right] = 0$，有

$$E\left[[s(1)-b(1)x(1)]x(1)\right] = 0$$

$$E[s(1)x(1) - b(1)x^2(1)] = 0$$

得

$$b(1) = \frac{E[s(1)x(1)]}{E[x^2(1)]} = \frac{E[s(1)[s(1)+w(1)]]}{E[[s(1)+w(1)]^2]} = \frac{E[s^2(1)]}{E[s^2(1)]+E[w^2(1)]} = \frac{\sigma_s^2}{\sigma_s^2+\sigma_w^2} = \frac{\dfrac{\sigma_s^2}{\sigma_w^2}}{\dfrac{\sigma_s^2}{\sigma_w^2}+1} = \frac{\mathrm{SNR}}{\mathrm{SNR}+1}$$

（1）信噪比 $\text{SNR} = \sigma_s^2 / \sigma_w^2 = 0.1$，故

$$b(1) = \frac{\sigma_s^2}{\sigma_s^2 + \sigma_w^2} = \frac{\dfrac{\sigma_s^2}{\sigma_w^2}}{\dfrac{\sigma_s^2}{\sigma_w^2} + 1} = \frac{0.1}{0.1+1} = 0.09$$

$$\hat{s}(1) = a\hat{s}(0) + b(1)[x(1) - a\hat{s}(0)] = b(1)x(1) = 0.09 \times 2 = 0.18$$

由 $e(k) = b(k)\sigma_n^2$，得

$$e(1) = b(1)\sigma_n^2 = 0.09 \times 1 = 0.09$$

由 $b(k) = \dfrac{A + a^2 b(k-1)}{1 + A + a^2 b(k-1)}$，$A = \dfrac{\sigma_w^2}{\sigma_n^2} = 1$，得

$$b(2) = \frac{1 + 0.5^2 b(1)}{1 + 1 + 0.5^2 b(1)} = \frac{1 + 0.5^2 \times 0.09}{1 + 1 + 0.5^2 \times 0.09} = 0.51$$

$$b(3) = \frac{1 + 0.5^2 b(2)}{1 + 1 + 0.5^2 b(2)} = \frac{1 + 0.5^2 \times 0.51}{1 + 1 + 0.5^2 \times 0.51} = 0.53$$

$$b(4) = \frac{1 + 0.5^2 b(3)}{1 + 1 + 0.5^2 b(3)} = \frac{1 + 0.5^2 \times 0.53}{1 + 1 + 0.5^2 \times 0.53} = 0.53$$

$$\cdots\cdots$$

由 $\hat{s}(k) = a\hat{s}(k-1) + b(k)[x(k) - a\hat{s}(k-1)]$，得

$$\hat{s}(2) = a\hat{s}(1) + b(2)[x(2) - a\hat{s}(1)] = 0.5 \times 0.18 + 0.51(3 - 0.5 \times 0.18) = 1.57$$

$$\hat{s}(3) = a\hat{s}(2) + b(3)[x(3) - a\hat{s}(2)] = 0.5 \times 1.57 + 0.53(1 - 0.5 \times 1.57) = 0.90$$

$$\hat{s}(4) = a\hat{s}(3) + b(4)[x(4) - a\hat{s}(3)] = 0.5 \times 0.9 + 0.53(1 - 0.5 \times 0.9) = 0.74$$

$$\cdots\cdots$$

由 $e(k) = b(k)\sigma_n^2$，得

$$e(2) = b(2)\sigma_n^2 = 0.51 \times 1 = 0.51$$

$$e(3) = b(3)\sigma_n^2 = 0.53 \times 1 = 0.53$$

$$e(4) = b(4)\sigma_n^2 = 0.53 \times 1 = 0.53$$

$$\cdots\cdots$$

（2）信噪比 $\text{SNR} = \sigma_s^2 / \sigma_w^2 = 1$，故

$$b(1) = \frac{\sigma_s^2}{\sigma_s^2 + \sigma_w^2} = \frac{\dfrac{\sigma_s^2}{\sigma_w^2}}{\dfrac{\sigma_s^2}{\sigma_w^2} + 1} = \frac{1}{1+1} = 0.5$$

$$\hat{s}(1) = a\hat{s}(0) + b(1)[x(1) - a\hat{s}(0)] = b(1)x(1) = 0.5 \times 2 = 1$$

由 $e(k) = b(k)\sigma_n^2$，得

$$e(1) = b(1)\sigma_n^2 = 0.5 \times 1 = 0.5$$

由 $b(k) = \dfrac{A + a^2 b(k-1)}{1 + A + a^2 b(k-1)}$，$A = \dfrac{\sigma_w^2}{\sigma_n^2} = 1$，得

$$b(2) = \frac{1 + 0.5^2 b(1)}{1 + 1 + 0.5^2 b(1)} = \frac{1 + 0.5^2 \times 0.5}{1 + 1 + 0.5^2 \times 0.5} = 0.53$$

$$b(3) = \frac{1 + 0.5^2 b(2)}{1 + 1 + 0.5^2 b(2)} = \frac{1 + 0.5^2 \times 0.53}{1 + 1 + 0.5^2 \times 0.53} = 0.53$$

$$b(4) = \frac{1 + 0.5^2 b(3)}{1 + 1 + 0.5^2 b(3)} = \frac{1 + 0.5^2 \times 0.53}{1 + 1 + 0.5^2 \times 0.53} = 0.53$$

......

由 $\hat{s}(k) = a\hat{s}(k-1) + b(k)[x(k) - a\hat{s}(k-1)]$，得

$$\hat{s}(2) = a\hat{s}(1) + b(2)[x(2) - a\hat{s}(1)] = 0.5 \times 1 + 0.53(3 - 0.5 \times 1) = 1.83$$

$$\hat{s}(3) = a\hat{s}(2) + b(3)[x(3) - a\hat{s}(2)] = 0.5 \times 1.83 + 0.53(1 - 0.5 \times 1.83) = 0.96$$

$$\hat{s}(4) = a\hat{s}(3) + b(4)[x(4) - a\hat{s}(3)] = 0.5 \times 0.96 + 0.53(1 - 0.5 \times 0.96) = 0.76$$

......

由 $e(k) = b(k)\sigma_n^2$，得

$$e(2) = b(2)\sigma_n^2 = 0.53 \times 1 = 0.53$$

$$e(3) = b(3)\sigma_n^2 = 0.53 \times 1 = 0.53$$

$$e(4) = b(4)\sigma_n^2 = 0.53 \times 1 = 0.53$$

......

由上述计算可见，随着 k 的增大，$b(k)$ 逐渐趋于稳定。由增益递推公式

$$b(k) = \frac{A + a^2 b(k-1)}{1 + A + a^2 b(k-1)}$$

当 k 足够大时，有 $b(k) = b(k-1)$，故

$$b(k) = \frac{A + a^2 b(k)}{1 + A + a^2 b(k)}$$

即

$$a^2 b(k) + (1 + A + a^2)b(k) - A = 0$$

由上述给定条件，$a = 1/2$，$A = 1$，解得 $b(k) = 0.53$。

5.2.4　标量信号卡尔曼预测

预测，就是根据信号当前的估计 $\hat{s}(k)$ 对将来时刻的信号输出作出估计。预测分为一步预测和多步预测，一步预测用符号 $\hat{s}(k+1|k)$ 表示，它表示由信号 k 时刻（现在）的估计对 $k+1$ 时刻（将来）的信号进行估计。

同卡尔曼滤波一样，卡尔曼预测也要对信号模型和观测模型规定如下。

信号模型仍然是一阶状态方程或差分方程，表示为

$$s(k) = as(k-1) + w(k) \tag{5.57}$$

观测模型为被测信号与噪声混合，即

$$x(k) = s(k) + n(k) \tag{5.58}$$

其中：$w(k)$ 和 $n(k)$ 为互不相关的白噪声。

信号波形的一步线性递推预测具有如下形式：

$$\hat{s}(k+1|k) = \alpha(k)\hat{s}(k|k-1) + \beta(k)x(k) \tag{5.59}$$

最佳线性预测就是要选择最合适的权重系数 $\alpha(k)$ 和 $\beta(k)$，使预测均方误差最小，即

$$e(k+1|k) = E\left[[s(k+1) - \hat{s}(k+1|k)]^2\right] = \min \tag{5.60}$$

由正交条件

$$E\left[[s(k+1) - \hat{s}(k+1|k)]x(k)\right] = 0 \tag{5.61}$$

$$E\left[[s(k+1) - \hat{s}(k+1|k)]\hat{s}(k|k-1)\right] = 0 \tag{5.62}$$

可导出

$$\alpha(k) = a - \beta(k) \tag{5.63}$$

及递推公式

$$\hat{s}(k+1|k) = a\hat{s}(k|k-1) + \beta(k)[x(k) - \hat{s}(k|k-1)] \tag{5.64}$$

其中：$\hat{s}(k+1|k)$ 为一步预测值；$\hat{s}(k|k-1)$ 为上一次的预测值；第二项为修正项；$x(k)$ 为当前的观测数据，它包含新的信息；$\beta(k)$ 为时变预测增益。

卡尔曼一步预测运算框图如图 5.7 所示。

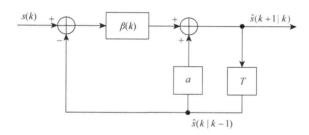

图 5.7 卡尔曼一步预测方框图

进一步可推得预测增益为

$$\beta(k) = \frac{ae(k|k-1)}{e(k|k-1) + \sigma_n^2} \tag{5.65}$$

估计方差为

$$e(k+1|k) = a^2 e(k|k-1) - a\beta(k)e(k|k-1) + \sigma_w^2 \tag{5.66}$$

选择合适的起始值便可持续得到信号的预测结果。

5.2.5 矢量信号卡尔曼滤波及预测

现实生活中往往存在多个信号同时估计的问题，例如：雷达获取某时刻含有噪声的距离 $r(k)$ 和方位 $\theta(k)$ 的测量数据，需要对距离和方位进行估计；在匀速直线运动中，需要同时对速度和位移进行估计。同时对多个信号或参数进行卡尔曼滤波及预测，称为矢量信号的卡尔曼滤波及预测。显然，矢量信号的卡尔曼滤波及预测包含标量信号的滤波及预测，更具有一般性。

同样，矢量信号的卡尔曼滤波及预测也要规定信号模型和测量模型。

信号模型用矩阵表示为

$$S_K = \boldsymbol{\Phi}_{K,K-1} S_{K-1} + \boldsymbol{\Gamma}_K W_K \tag{5.67}$$

观测模型用矩阵表示为

$$X_K = H_K S_K + N_K \tag{5.68}$$

其中：W_K 和 N_K 为互不相关的白噪声矩阵，且有下列关系：

$$E[W_K] = 0, \quad E[N_K] = 0, \quad E[W_K N_J^{\mathrm{T}}] = 0$$

$$E[W_K W_J^{\mathrm{T}}] = Q_K \delta_{KJ}, \quad E[N_K N_J^{\mathrm{T}}] = R_K \delta_{KJ}$$

其中：$\boldsymbol{\Phi}_{K,K-1}$ 为状态转移矩阵；H_K 为观测系数矩阵；Q_K、R_K 的下标 K 表示时间信息；$\boldsymbol{\Phi}_{K,K-1}$、$H_K$、$\boldsymbol{\Gamma}_K$ 也与时间 K 有关，对于平稳随机过程则与时间 K 无关。

矢量信号的卡尔曼滤波及预测公式归纳如下。

（1）最优滤波估计 $\hat{S}_K$ 和最优预测估计 $\hat{S}_{K|K-1}$ 分别为

$$\hat{S}_K = \boldsymbol{\Phi}_{K,K-1}\hat{S}_{K-1} + K_K(X_K - H_K\boldsymbol{\Phi}_{K,K-1}\hat{S}_{K-1}) \tag{5.69}$$

$$\hat{S}_{K|K-1} = \boldsymbol{\Phi}_{K,K-1}\hat{S}_{K-1} \tag{5.70}$$

（2）卡尔曼增益矩阵 K_K 为

$$K_K = P_{K|K-1}H_K^{\mathrm{T}}(K_K P_{K|K-1}H_K^{\mathrm{T}} + R_K)^{-1} \tag{5.71}$$

（3）滤波最小均方误差 P_K 和预测最小均方误差 $P_{K|K-1}$ 分别为

$$P_K = E[(S_K - \hat{S}_K)(S_K - \hat{S}_K)^{\mathrm{T}}] = (I - K_K H_K)P_{K|K-1} \tag{5.72}$$

$$P_{K|K-1} = E[(S_K - \hat{S}_{K|K-1})(S_K - \hat{S}_{K|K-1})^{\mathrm{T}}] = \boldsymbol{\Phi}_{K,K-1}P_{K-1}\boldsymbol{\Phi}_{K,K-1}^{\mathrm{T}} + \boldsymbol{\Gamma}_{K-1}Q_{K-1}\boldsymbol{\Gamma}_{K-1}^{\mathrm{T}} \tag{5.73}$$

计算流程如图 5.8 所示。

例 5.4　雷达用于探测飞机的距离和方位，但由于噪声的影响，测量结果存在误差，现在希望通过卡尔曼滤波获得更为准确的测量结果。试构造系统的测量方程和信号方程。

解　（1）测量方程。

$$x_1(k) = s(k) + n_1(k)$$
$$x_2(k) = \theta(k) + n_2(k)$$

其中：$s(k)$ 和 $\theta(k)$ 分别为飞机的径向距离和方位；$n_1(k)$、$n_2(k)$ 为观测噪声。

上述方程用矩阵表示为

$$\begin{bmatrix} x_1(k) \\ x_2(k) \end{bmatrix} = \begin{bmatrix} 1 & 0 \\ 0 & 1 \end{bmatrix}\begin{bmatrix} s(k) \\ \theta(k) \end{bmatrix} + \begin{bmatrix} n_1(k) \\ n_2(k) \end{bmatrix}$$

用向量表示为

$$X_K = H_K S_K + N_K$$

其中：

$$X_K = \begin{bmatrix} x_1(k) \\ x_2(k) \end{bmatrix}, \quad H_K = \begin{bmatrix} 1 & 0 \\ 0 & 1 \end{bmatrix}, \quad S_K = \begin{bmatrix} s(k) \\ \theta(k) \end{bmatrix}, \quad N_K = \begin{bmatrix} n_1(k) \\ n_2(k) \end{bmatrix}$$

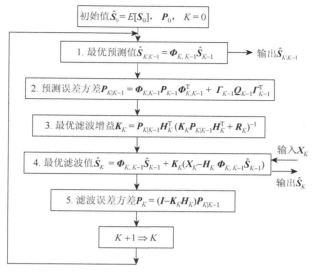

图 5.8　计算流程框图

（2）信号模型。

设飞机的径向飞行速度为 $\dot{s}(k)$，方位角的变化率为 $\dot{\theta}(k)$，则有

$$s(k+1) = s(k) + T\dot{s}(k)$$

$$\dot{s}(k+1) = \dot{s}(k) + w_1(k)$$

$$\theta(k+1) = \theta(k) + T\dot{\theta}(k)$$

$$\dot{\theta}(k+1) = \dot{\theta}(k) + w_2(k)$$

其中：T 为从 k 到 $k+1$ 的时间间隔，即连续时间信号的抽样间隔。

上述信号模型写成矩阵为

$$\begin{bmatrix} s(k+1) \\ \dot{s}(k+1) \\ \theta(k+1) \\ \dot{\theta}(k+1) \end{bmatrix} = \begin{bmatrix} 1 & T & 0 & 0 \\ 0 & 1 & 0 & 0 \\ 0 & 0 & 1 & T \\ 0 & 0 & 0 & 1 \end{bmatrix} \begin{bmatrix} s(k) \\ \dot{s}(k) \\ \theta(k) \\ \dot{\theta}(k) \end{bmatrix} + \begin{bmatrix} 0 & 0 & 0 & 0 \\ 0 & 1 & 0 & 0 \\ 0 & 0 & 0 & 0 \\ 0 & 0 & 0 & 1 \end{bmatrix} \begin{bmatrix} 0 \\ w_1(k) \\ 0 \\ w_2(k) \end{bmatrix}$$

或用向量表示为

$$S_K = \boldsymbol{\Phi}_{K,K-1} S_{K-1} + \boldsymbol{\Gamma}_K W_K$$

其中：

$$S_K = \begin{bmatrix} s(k) \\ \dot{s}(k) \\ \theta(k) \\ \dot{\theta}(k) \end{bmatrix}, \quad \boldsymbol{\Phi}_{K,K-1} = \begin{bmatrix} 1 & T & 0 & 0 \\ 0 & 1 & 0 & 0 \\ 0 & 0 & 1 & T \\ 0 & 0 & 0 & 1 \end{bmatrix}, \quad \boldsymbol{\Gamma}_K = \begin{bmatrix} 0 & 0 & 0 & 0 \\ 0 & 1 & 0 & 0 \\ 0 & 0 & 0 & 0 \\ 0 & 0 & 0 & 1 \end{bmatrix}, \quad W_K = \begin{bmatrix} 0 \\ w_1(k) \\ 0 \\ w_2(k) \end{bmatrix}$$

上述矩阵中：$\boldsymbol{\Phi}_{K,K-1}$ 为状态转移矩阵；H_K 为观测系数矩阵；N_K 和 W_K 为白噪声矩阵，二者互不相关。

给定初始条件，根据上述递推算法即可由计算机求出距离和方位信息。

5.2.6　卡尔曼滤波在电能质量分析中的应用

电能质量扰动是一种电磁现象,表现为电压偏离理想的正弦波,出现各种稳态和暂态的电能质量问题。电能质量(power quality,PQ)单一的扰动类型主要有骤降(sag)、中断(interruption)、骤升(swell)、脉冲暂态(impulsive transient state)、振荡暂态(oscillatory transient state)、谐波(harmonic)、缺口(notch)、闪变(flicker)等。为了对电能质量进行控制与治理,必须对电能质量信号进行准确检测。

信号的幅值和相位是电能质量信号的两个基本量,是复杂信号分析的基础,为此,这里举例说明利用卡尔曼滤波对信号幅值和相位进行估计。

假设电力系统某电压信号 $v(t)$ 由 n 个不同频率的正弦分量组成,不同频率分量的幅值和相位随时间而变化,即

$$v(t) = \sum_{i=1}^{n} A_i(t)\cos(2\pi i f_0 t + \varphi_{0i})$$

其中：f_0 为基波频率；$A_i(t)$ 为第 i 次谐波的幅值；φ_{0i} 为第 i 次谐波的初相位。

现希望利用卡尔曼滤波方法确定各次谐波的幅值和相位。

将上述电压信号离散化,离散时间间隔为 Δt,则有

$$v(k) = \sum_{i=1}^{n} A_i(k\Delta t)\cos(2\pi i f_0 k\Delta t + \phi_{0i})$$

其中：$A_i(k\Delta t)$ 为第 i 次谐波随时间变化的幅值；基波频率 f_0 和各次谐波的初相角 ϕ_{0i} 都是未知量。

由三角公式,上述信号可表示为

$$v(k) = \sum_{i=1}^{n} [A_i(k\Delta t)\cos\phi_{0i}\cos(2\pi i f_0 k\Delta t) - A_i(k\Delta t)\sin\phi_{0i}\sin(2\pi i f_0 k\Delta t)]$$

电力系统基波频率 f_0 在正常情况下偏移较小(我国电力系统允许的频率偏差为 ±0.2 Hz),这里假设 $f_0 = 50$ Hz 恒定不变。为了获得电压信号的包络线及相位信息,线性卡尔曼滤波算法的状态变量可以设为

$$\boldsymbol{x} = [x_{11} \quad x_{12} \quad \cdots \quad x_{i1} \quad x_{i2} \quad \cdots \quad x_{n1} \quad x_{n2}]^{\mathrm{T}}$$

其中：x_{i1} 为第 i 次谐波电压向量的平行分量；x_{i2} 为正交分量(in-phase and quadrature components of the voltage phasor)。取

$$\begin{cases} x_{11} = A_1(k\Delta t)\cos\phi_{01} \\ x_{12} = -A_1(k\Delta t)\sin\phi_{01} \\ \cdots\cdots \\ x_{n1} = A_n(k\Delta t)\cos\phi_{0n} \\ x_{n2} = -A_n(k\Delta t)\sin\phi_{0n} \end{cases}$$

则 $v(k)$ 可以表示为

$$v(k) = \sum_{i=1}^{n} [x_{i1}\cos(2\pi f_{\mathrm{Track}} k\Delta t) + x_{i2}\sin(2\pi f_{\mathrm{Track}} k\Delta t)]$$

式中若基波频率不变，则 $f_{\text{Track}} = f_0$。

将信号方程和观测方程表示成矩阵形式，即

$$x_{k+1} = \boldsymbol{\Phi}_k x_k + w_k$$

$$z_k = H_k x_k + v_k$$

其中：w_k 和 v_k 为两互不相关的白噪声序列；

$$\boldsymbol{\Phi}_k = \begin{bmatrix} 1 & 0 & \cdots & 0 \\ 0 & 1 & 0 & \vdots \\ \vdots & 0 & \ddots & 0 \\ 0 & \cdots & 0 & 1 \end{bmatrix}_{2n \times 2n}, \quad H_k = \begin{bmatrix} \cos(2\pi f_{\text{Track}} k \Delta t) & \sin(2\pi f_{\text{Track}} k \Delta t) \\ \vdots & \vdots \\ \cos(2\pi i f_{\text{Track}} k \Delta t) & \sin(2\pi i f_{\text{Track}} k \Delta t) \\ \vdots & \vdots \\ \cos(2\pi n f_{\text{Track}} k \Delta t) & \sin(2\pi n f_{\text{Track}} k \Delta t) \end{bmatrix}_{2n \times 2}$$

$$x_k = \begin{bmatrix} x_{11} & x_{12} & x_{21} & x_{22} & \cdots & x_{n1} & x_{n2} \end{bmatrix}^{\text{T}}_{2n \times 1}$$

由卡尔曼滤波递推公式，求得状态变量 x，再由下列公式便可计算得到各次谐波的幅值和相位估计：

$$A_i(k) = \sqrt{x_{i1}^2(k) + x_{i2}^2(k)}$$

$$\theta_i(k) = \arctan \frac{-x_{i2}(k)}{x_{i1}(k)}$$

由此可得到各次谐波信号的幅值曲线和相位曲线。

上述计算假定基波频率 f_0 固定不变，而实际电网中 f_0 是在小范围波动的，此时通过跟踪基波频率可提高估计的准确性，限于篇幅这里不做介绍。

5.3　自适应滤波

维纳滤波是适用于平稳随机信号的最优滤波，其滤波参数是固定的；卡尔曼滤波既适用于平稳随机信号的最优滤波，也适用于非平稳随机信号的最优滤波，其滤波参数是时变的。这两种滤波器的设计都必须对信号和噪声的统计特性有先验知识。在实际应用中，往往无法预先知道这些统计特性，因此难以实现最优滤波。

自适应滤波器只需要很少或根本不需要任何关于信号和噪声的先验统计知识，可以自动调节滤波器的参数，通过噪声自动抵消来消除混入信号中的观测噪声，达到滤波的目的。该滤波器适用于平稳或非平稳随机信号的滤波，在通信、控制、雷达、导航、声呐、遥感、生物医学工程、测量等诸多领域和学科中具有广泛应用。例如，对混入信号中的周期干扰的抑制（自适应陷波滤波器）、工频（50 Hz）干扰抑制、胎儿心电监测中母亲心电干扰抑制等均可用自适应滤波器来实现。

5.3.1　噪声抵消原理

自适应滤波器基于噪声自动抵消原理，由参考通道、信号通道、滤波器、减法器组成。图 5.9 为最基本的噪声抵消原理框图。

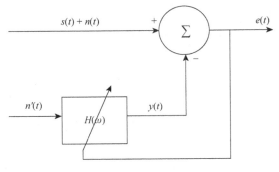

图 5.9　噪声抵消电路

设输入信号为 $x(t) = s(t) + n(t)$ ，其中， $s(t)$ 为被测信号（即待估计信号）， $n(t)$ 为混入的噪声。参考通道的输入 $n'(t)$ 为与 $n(t)$ 相关的另一噪声。现要构造频率响应函数为 $H(\omega)$ 的滤波器，使滤波器的输出 $y(t)$ 充分抵消 $n(t)$ ，从而使噪声得到最佳抑制。能实现噪声自动抵消的原因是：将输出信号作为反馈信号来控制滤波器的参数，实现参数自动调节，实现自适应滤波，达到噪声自动抵消的目标。

由图 5.9 可知，经噪声抵消后的输出为

$$e(t) = s(t) + n(t) - y(t) \tag{5.74}$$

均方误差为

$$
\begin{aligned}
E[e^2(t)] &= E\left[[s(t) + n(t) - y(t)]^2 \right] \\
&= E[s^2(t)] + E[[n(t) - y(t)]^2] + 2E[s(t)[n(t) - y(t)]]
\end{aligned}
\tag{5.75}
$$

因为 $s(t)$ 与 $n(t)$ 、 $y(t)$ 不相关，所以

$$E[e^2(t)] = E[s^2(t)] + E[[n(t) - y(t)]^2] \tag{5.76}$$

因此，要使输出信号中噪声尽量小，就是使上式中的第二项尽量小（趋近于零最好）。自适应滤波器就是要自动调节滤波器的参数，使均方误差最小，实现噪声最大程度的抵消，使系统输出十分接近被测信号 $s(t)$ 。

自适应滤波器也可通过算法，即自适应数字滤波器来实现。图 5.10 所示系统为自适应噪声（干扰）抵消原理。图中， $s(k) + n(k)$ 为输入， $s(k)$ 为待估计信号， $n(k)$ 为观测噪声。自适应滤波器的输入 $n'(k)$ 是与 $n(k)$ 相关的噪声，滤波器的输出 $y(k)$ 要尽可能地逼近 $n(k)$ ，使噪声得到抵消，从而使系统的输出 $e(k) = s(k) + n(k) - y(k)$ 尽可能地逼近 $s(k)$ 。

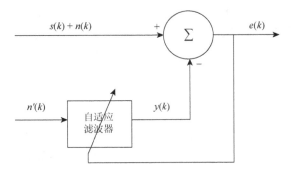

图 5.10　自适应数字滤波器消噪原理图

5.3.2　自适应滤波器的应用举例

自适应滤波器应用十分广泛，下面举例说明其在生物医学信号处理中的应用。

例 5.5　心电信号中工频干扰的自适应消除。

心电仪的工作电源来自于墙壁上的工频交流电源，在心电信号测量过程中可能会串入工频干扰（即电源频率的信号干扰），图 5.11 所示为消除心电信号中工频干扰的原理图。主输入通道由电极和信号放大电路组成，所获得的信号包含心电信号和工频干扰信号；参考通道输入工频干扰信号，与主通道中干扰信号相关，均来自同一电源，信号由电压传感器（如电压互感器等）从工频电源获取。因为需要调整幅值和相位两个参量，所以自适应滤波器含有两个可变的加权系数，一个系数直接对应工频干扰，另一系数对应相移了 90° 的工频干扰。加权系数根据输入参考信号（互差 90° 的两路信号）和反馈信号由自适应算法自动调节。权系数加权求和后的工频干扰信号输入减法器，以抵消主通道中的工频干扰。图 5.12 给出了用计算机进行实时工频干扰消除的结果，图中可清楚地看到工频干扰的消除过程。

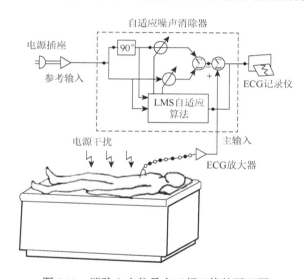

图 5.11　消除心电信号中工频干扰的原理图

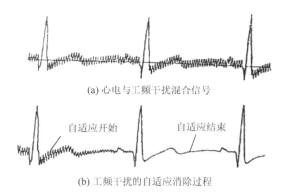

(a) 心电与工频干扰混合信号

(b) 工频干扰的自适应消除过程

图 5.12　心电信号中工频干扰的自适应消除过程

例 5.6   胎儿心电信号中母亲心电干扰的自适应消除。

胎儿位于母亲的腹部，胎儿有心电信号，母亲也有心电信号，通常母亲的心电信号较胎儿的心电信号强约 2～10 倍。

如图 5.13 所示，母亲的心电信号由母亲的胸部导联获得（图中显示有四个胸部导联），而胎儿的心电信号由置于母亲腹部的腹部导联获得。显然，腹部导联获得的信号除胎儿的心电信号外还混合有母亲的心电信号。由于母亲与胎儿同处一体，在提取胎儿心电信号时，母亲的心电信号就为干扰信号，应设法消除。威德罗（Widrow）等人利用自适应滤波器，通过消除母亲的心电信号来达到增强胎儿心电的目的。图 5.13 给出了心电信号测量时导联的摆放位置。

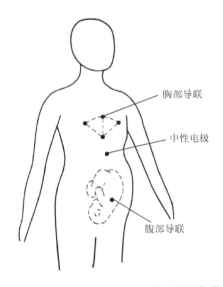

图 5.13   心电信号测量时导联的摆放位置

自适应干扰消除原理图如图 5.14 所示，其中主通道输入为腹部导联信号，它包含胎儿和母亲的心电信号，即 $s(k) + n(k)$ ；参考通道的输入为胸部导联信号，是母亲的心电信号 $n'(k)$ 。通过输出端的反馈信号来调节滤波器的输出，使干扰得到最大程度的抵消，均方误差达到最小。

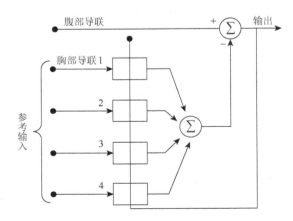

图 5.14   多通道参考输入自适应噪声消除

图 5.15 所示为胎儿心电自适应检测结果。由图可见，尽管母亲的心电信号强度是胎儿的 2 倍以上，但经过自适应干扰抑制，母亲的心电信号几乎被完全消除，从而获得胎儿清晰的心电信号。

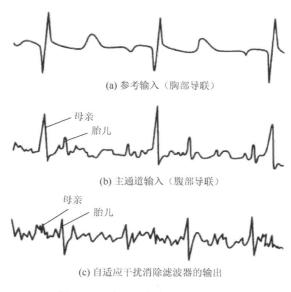

(a) 参考输入（胸部导联）

(b) 主通道输入（腹部导联）

(c) 自适应干扰消除滤波器的输出

图 5.15　胎儿心电自适应检测结果

自动噪声抵消系统的关键是参考通道中滤波器的实现。为了实现噪声抵消，必须对滤波器的频率响应函数进行反馈调节，根据输出信号的均方误差是否达到最小来自动调节滤波参数。

自适应滤波器实现方式有模拟式和数字式两种。前者可以用于某些单频干扰的抑制，如前述工频干扰抑制、胎儿心电信号检测中母亲心电信号的抑制等；而后者通常用软件来实现，亦称 DLMS 算法。下面分别加以介绍。

5.3.3　模拟式自适应滤波器

自适应滤波器是一个参数可调的滤波电路，用常规的 LC 或 RC 电路无法实现。目前，最基本的电路是一种横向滤波器，下面对其加以阐述。

设滤波器为物理上可实现的因果线性时不变系统，滤波器的输入为 $n(t)$，则其输出为

$$y(t) = \int_0^t h(\tau)n(t-\tau)\mathrm{d}\tau \tag{5.77}$$

其中：$h(t)$ 为滤波器的单位冲激响应。式（5.77）可近似写成

$$y(t) = \sum_{k=1}^{l} h(k\Delta t)n(t-k\Delta t)\Delta t = \sum_{k=1}^{l} \sigma_k n(t-k\Delta t)\Delta t = \sum_{k=1}^{l} \sigma_k n_k(t) \tag{5.78}$$

其中：$\sigma_k = h(k\Delta t)$ 为滤波器的权系数。由式（5.78）可见，要改变滤波器的频率响应 $H(\omega)$（对应于单位冲激响应 $h(t)$ 的傅里叶变换），就是要改变权系数 σ_k。

图 5.16 为滤波器的实现方式，称为横向滤波器。这种滤波器由延时电路和权系数调节电路构成，权系数调节电路实际上是一种可变增益放大器。使输出的均方误差最小时的权系数为最佳权系数。下面分析如何获得最佳权系数。

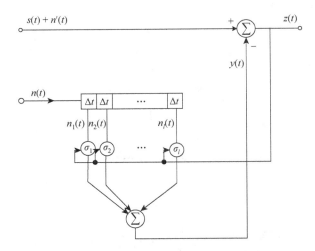

图 5.16   由横向滤波器构成的自适应滤波器

横向滤波器的输出用矩阵表示为

$$y(t) = \sum_{k=1}^{l} \sigma_k n_k(t) = \boldsymbol{n}^{\mathrm{T}} \boldsymbol{\sigma} \tag{5.79}$$

其中：$\boldsymbol{n}^{\mathrm{T}} = [n_1(t) \quad n_2(t) \quad \cdots \quad n_l(t)]$，$\boldsymbol{\sigma}^{\mathrm{T}} = [\sigma_1 \quad \sigma_2 \quad \cdots \quad \sigma_l]$。

系统的输出

$$z(t) = s(t) + n'(t) - \boldsymbol{n}^{\mathrm{T}} \boldsymbol{\sigma} \tag{5.80}$$

故均方误差为

$$E[z^2] = E[s^2] + E[{n'}^2] - 2\boldsymbol{P}^{\mathrm{T}} \boldsymbol{\sigma} + \boldsymbol{\sigma}^{\mathrm{T}} \boldsymbol{G} \boldsymbol{\sigma} \tag{5.81}$$

其中：$\boldsymbol{P} = E[\boldsymbol{n'n}]$ 为观察噪声 $n'(t)$ 与参考通道噪声 $n(t)$ 的相关函数；$\boldsymbol{G} = E[\boldsymbol{nn}^{\mathrm{T}}]$ 为参考通道噪声的自相关矩阵。它们可分别表示为

$$\boldsymbol{P} = E\begin{bmatrix} n'(t)n_1(t) \\ n'(t)n_2(t) \\ \vdots \\ n'(t)n_l(t) \end{bmatrix}, \quad \boldsymbol{G} = E\begin{bmatrix} n_1(t)n_1(t) & n_1(t)n_2(t) & \cdots & n_1(t)n_l(t) \\ n_2(t)n_1(t) & n_2(t)n_2(t) & \cdots & n_2(t)n_l(t) \\ \vdots & \vdots & & \vdots \\ n_l(t)n_1(t) & n_l(t)n_2(t) & \cdots & n_l(t)n_l(t) \end{bmatrix}$$

均方误差 $E[z^2]$ 是权系数的二次函数，它是一个中间上凹的超抛物形曲面，具有唯一最小值。调节权系数使均方误差最小（相当于应用维纳滤波准则），可以求出最佳权系数值。为此，令

$$\left[\frac{\partial E[z^2(t)]}{\partial \sigma_1} \quad \cdots \quad \frac{\partial E[z^2(t)]}{\partial \sigma_l} \right]^{\mathrm{T}} = \boldsymbol{0}$$

可以求出最佳权系数矩阵满足

$$2\boldsymbol{G}\boldsymbol{\sigma}_\Delta - 2\boldsymbol{P} = 0 \tag{5.82}$$

得最佳权系数矩阵

$$\boldsymbol{\sigma}_\Delta = \boldsymbol{G}^{-1}\boldsymbol{P} \tag{5.83}$$

式（5.83）就是维纳滤波器的维纳-霍普夫方程的矩阵形式。所以，最佳权系数矩阵通常亦称维纳权系数矩阵。

图 5.16 所示自适应滤波器的权系数调节电路由 $z(t)$ 自动调节 σ 值，最终达到最优 $\boldsymbol{\sigma}_\Delta$。

已知 $\boldsymbol{P} = E[\boldsymbol{n}'\boldsymbol{n}]$ ，$\boldsymbol{G} = E[\boldsymbol{n}\boldsymbol{n}^{\mathrm{T}}]$，由式（5.83）可得

$$\boldsymbol{P} = \boldsymbol{G}\boldsymbol{\sigma}_\Delta$$

即

$$E[\boldsymbol{n}'\boldsymbol{n}] = E[\boldsymbol{n}\boldsymbol{n}^{\mathrm{T}}]\boldsymbol{\sigma}_\Delta = E[\boldsymbol{n}\boldsymbol{n}^{\mathrm{T}}\boldsymbol{\sigma}_\Delta] \tag{5.84}$$

再根据式（5.79），$y(t) = \sum_{k=1}^{l}\sigma_k n_k(t) = \boldsymbol{n}^{\mathrm{T}}\boldsymbol{\sigma}$，有

$$E[\boldsymbol{n}'\boldsymbol{n}] = E[y\boldsymbol{n}] \tag{5.85}$$

或

$$E[(\boldsymbol{n}' - y)\boldsymbol{n}] = 0 \tag{5.86}$$

已知信号与噪声不相关，有 $E[s\boldsymbol{n}] = 0$。再根据式 $z(t) = s(t) + n'(t) - \boldsymbol{n}^{\mathrm{T}}\boldsymbol{\sigma}$，式（5.86）可写成

$$E[[(\boldsymbol{s} + \boldsymbol{n}') - y]\boldsymbol{n}] = 0 \tag{5.87}$$

即

$$E[z\boldsymbol{n}] = 0 \tag{5.88}$$

式（5.88）可以写成横向滤波器输出各分量的形式，即

$$\lim_{T \to \infty} \frac{1}{T} \int_0^T z(t) n_k(t) \mathrm{d}t = 0 \quad (k = 1, 2, \cdots, l) \tag{5.89}$$

根据式（5.89），模拟式自适应滤波器可以用 $z(t)$ 与 $n_k(t)(k = 1, 2, \cdots, l)$ 的互相关运算电路实现，图 5.17 是其中一种具体电路。只要互相关运算电路输出不为 0，其输出就对可变增益放大器进行调节，使权系数 $\sigma_k(k = 1, 2, \cdots, l)$ 发生变化，直至上式的积分为 0，自适应滤波器达到稳定，实现最佳噪声抑制。

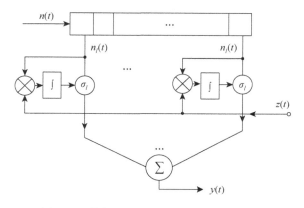

图 5.17　模拟式自适应滤波器的运算电路

这种滤波器电路复杂，目前主要用于构成自适应带阻滤波器（陷波滤波器），用于单频率干扰信号的抑制。

5.3.4 数字式自适应滤波器

由于模拟式自适应滤波器电路实现复杂，目前自适应滤波器主要为算法，由计算机来实现，这种算法通常称为最小均分算法（least mean square algorithm，LMS），它依据最小均方误差准则，使权系数递推修正达到最佳 $\boldsymbol{\sigma}_{\scriptscriptstyle \Delta}$。由于是数字计算，亦称数字最小均方算法（digital least mean square algorithm，DLMS）。

LMS 算法的根据是最优化方法中的最速下降法（steepest descent method），即下一时刻权系数矢量 $\boldsymbol{\sigma}(j+1)$ 应该等于"现时刻"权系数矢量 $\boldsymbol{\sigma}(j)$ 加上一项比例为负的均方误差函数的梯度 $\boldsymbol{\nabla}(j)$，即

$$\boldsymbol{\sigma}(j+1) = \boldsymbol{\sigma}(j) - \mu\boldsymbol{\nabla}(j) \tag{5.90}$$

其中：

$$\boldsymbol{\nabla}(j) = \begin{bmatrix} \dfrac{\partial E[z^2]}{\partial \sigma_1} \\ \vdots \\ \dfrac{\partial E[z^2]}{\partial \sigma_l} \end{bmatrix} = 2\boldsymbol{G}\boldsymbol{\sigma}(j) - 2\boldsymbol{P} \tag{5.91}$$

μ 为常数，称为收敛因子或自适应常数，用于控制收敛速度及稳定性。式（5.90）中第二项前的负号表示当梯度值为正时，权系数应该减小，以使均方误差 $E[z^2]$ 下降。根据式（5.90）的递推算法，当权系数达到稳定时，一定有 $\boldsymbol{\nabla}(j) = \boldsymbol{0}$，即均方误差达到极小，这时权系数达到最佳权系数 $\boldsymbol{\sigma}_{\scriptscriptstyle \Delta}$。

按式（5.91）计算 $\boldsymbol{\nabla}(j)$ 时要用到统计量，这使得计算困难，故通常采用近似计算，取单个误差样本的平方 z^2 作为均方误差 $E[z^2]$ 的估计值，从而使计算量大大减少。用 $\hat{\boldsymbol{\nabla}}(j)$ 代替 $\boldsymbol{\nabla}(j)$，这里

$$\hat{\boldsymbol{\nabla}}(j) = \begin{bmatrix} \dfrac{\partial z^2}{\partial \sigma_1} \\ \vdots \\ \dfrac{\partial z^2}{\partial \sigma_1} \end{bmatrix} = 2z\begin{bmatrix} \dfrac{\partial z}{\partial \sigma_1} \\ \vdots \\ \dfrac{\partial z}{\partial \sigma_1} \end{bmatrix} \tag{5.92}$$

由卷积计算公式，系统在 $n(t)$ 激励下的响应为

$$y(t) = \sum_{k=1}^{l} h(k\Delta t)n(t-k\Delta t)\Delta t = \sum_{k=1}^{l} \sigma_k n(t-k\Delta t)\Delta t = \sum_{k=1}^{l} \sigma_k n_k(t) = \boldsymbol{n}^{\mathrm{T}}\boldsymbol{\sigma}$$

由式（5.80），可得 $z(t) = s(t) + n'(t) - \boldsymbol{n}^{\mathrm{T}}\boldsymbol{\sigma}$ 的离散形式，求导可得

$$\frac{\partial z(j)}{\partial \sigma_i(j)} = -n_i(j)$$

于是

$$\hat{V}(j) = -2z(j)n(j) \tag{5.93}$$

将式（5.93）代入式（5.90），得 LMS 算法权系数迭代公式为

$$\sigma(j+1) = \sigma(j) + 2\mu z(j)n(j) \tag{5.94}$$

图 5.18 给出了权系数迭代过程的程序框图。只要给定权系数迭代的初值 $\sigma(0)$，根据上述迭代公式，即可以逐步递推得到最佳权系数 σ_Δ，并计算出滤波输出 $z(j)$。

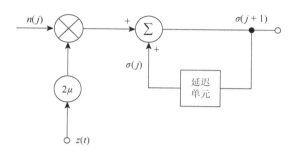

图 5.18　权系数迭代程序框图

LMS 算法是一种递推过程，要经过足够的迭代次数后权系数才会逐步逼近最佳权系数，从而使计算得到的 $z(j)$ 为最佳滤波输出，即噪声得到最佳抑制。显然，这种迭代过程存在迭代的收敛性及收敛速度等问题。

设自适应滤波器的含噪声的输入样本间互不相关，则权系数矢量数学期望值收敛到最佳权系数的唯一条件是参数 μ 必须限制在某一界限，即

$$0 < \mu < \frac{1}{\lambda_{\max}} \tag{5.95}$$

其中：$\lambda_{\max}$ 为自相关矩阵 $\boldsymbol{G} = E[\boldsymbol{n}\boldsymbol{n}^{\mathrm{T}}]$ 的最大特征值。

式（5.95）所规定的收敛条件可与总输入参考通道噪声功率联系起来，即

$$\lambda_{\max} \leqslant T_{\mathrm{r}}[\boldsymbol{G}] = \sum_{i=1}^{n} E[n_i^2] = P_{\mathrm{in}}$$

故

$$0 < \mu < \frac{1}{P_{\mathrm{in}}}$$

其中：$T_{\mathrm{r}}[\boldsymbol{G}]$ 称为矩阵 $\boldsymbol{G}$ 的迹；P_{in} 为输入总噪声功率。应用表明，即使输入样本间有较大的相关性，权系数矢量数学期望值也能收敛到最佳权系数。

随着自适应滤波器的应用越来越广泛，自适应数字滤波器结构及算法得到不断改进与发展，存在不同的改进算法和不同的适应数字滤波器结构。关于这方面的研究请读者参阅有关文献。

5.3.5　磁阵列传感器电流测量自适应滤波算法

磁阻效应传感器如 TMR、AMR 等可用于测量电流或磁场，其原理是基于某些磁敏材料

在一定方向受到磁场作用时其阻值会发生变化，且在一定磁场强度区间阻值与磁通密度具有线性关系。当电阻接入电路，会引起输出电压的变化，检测电压信号即可测到测量电流。为了提高测量准确度，克服外电流或外磁场的干扰，可以利用安培环路定理（Ampère's circuital theorem）对电流进行测量。

根据安培环路定理，磁场强度沿闭合回路的线积分等于回路所包含的电流，与积分回路之外的电流无关，即

$$\oint_l \boldsymbol{H} \cdot \mathrm{d}\boldsymbol{l} = i$$

或

$$\oint_l \boldsymbol{B} \cdot \mathrm{d}\boldsymbol{l} = \mu_0 i$$

其中：$\boldsymbol{H}$ 为磁场强度；$\boldsymbol{B}$ 为磁通密度；μ_0 为空气的磁导率；l 为积分路径；i 为积分回路所包含的电流，即被测电流。求此积分所需的磁场强度（或磁通密度）信息只能由分布在积分回路的有限个磁敏传感器获得（实际中不可能安装无穷多个传感器），无法知道磁场强度（或磁通密度）沿积分路径的连续函数，因此积分不严格满足安培环路定理，积分结果与积分回路之外的电流或磁场有关。为了提高测量精度，减小测量误差，可在被测电流导体周围沿圆周（积分路径）分布若干磁敏传感器，如图 5.19 所示，根据这些传感器所获得的磁场信息，结合改进的数值积分算法可以获得较高的电流测量精度。

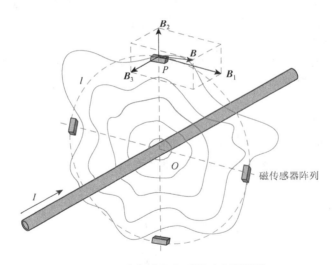

图 5.19 磁传感器阵列用于电流测量

此外，也可采用 DLMS 算法实现数字自适应滤波，克服回路之外的电流或磁场的干扰，提高测量准确度。

1. LMS 算法的基本原理

图 5.20 所示为 LMS 滤波器的基本结构。图中：x_k 和 w_k（$k = 1, 2, \cdots, n$）分别为样本的输入信号和权重系数；y 为输出信号；d 为期望的响应即参考值（在给测量仪器校准时，电流源输出的标准电流即为给定或参考值）；e 为输出信号与参考值的误差。

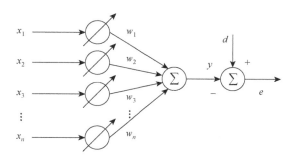

图 5.20　LMS 滤波器基本结构

滤波器的输出信号 y 可表示为

$$y = \sum_{k=1}^{n} w_k x_k = \boldsymbol{w}^{\mathrm{T}} \boldsymbol{x}$$

滤波器的误差为

$$e = d - y = d - \boldsymbol{w}^{\mathrm{T}} \boldsymbol{x}$$

估计的均方误差为

$$J = E[e^2]$$

为了简化计算，将单次测量数据的平方误差 e^2 代替均方误差 $E[e^2]$，由式（5.93），则梯度向量的估计可表示为

$$\hat{V}_k = -2ex$$

现在利用 $\hat{V}_k$ 来搜索权向量 w_k 使其达到维纳解 w_Δ，此即最速下降法，亦称自适应 LMS 算法。迭代方程为

$$w(k+1) = w(k) - \mu \hat{V}_k = w(k) + 2\mu xe$$

其中：μ 为自适应增益常数。

自适应 LMS 算法的迭代步骤如下。

（1）初始化。$w(0) = 0$，选取自适应常数 μ（$0 < \mu < 1$）。

（2）迭代计算。根据上述公式，有

$$\begin{cases} y(t) = \boldsymbol{w}^{\mathrm{T}}(t)\boldsymbol{x}(t) \\ e(t) = d(t) - y(t) \\ w(t+1) = w(t) - \mu \nabla_k = w(k) + 2\mu ex \end{cases}$$

（3）收敛条件。

$$\frac{|w(t+1) - w(t)|}{|w(t+1)|} \leqslant a$$

其中：a 为用于判断收敛的常数，一般取 0.05。

2. 基于 LMS 算法的磁场滤波方法

磁传感器阵列在测量环型阵列处的磁场时，采用自适应 LMS 算法，以减小外磁场干扰。当磁感应强度作为输入时，LMS 算法的表达式为

$$\begin{cases} B(t) = \sum_{k=1}^{M} w_k(t) B_k(t) = \boldsymbol{w}^{\mathrm{T}} \boldsymbol{x} \\ e(t) = B_{\mathrm{tar}}(t) - B(t) \\ w_k(t+1) = w_k(t) + 2\mu B_k(t) e(t) \end{cases}$$

其中：$B(t)$ 为滤波器处理后的磁感应强度；$w_1(t), w_2(t), \cdots, w_M(t)$ 为 t 时刻的权重系数；M 为滤波器抽头数，即滤波器的阶数；μ 为收敛因子，为恒定值，小于输入信号相关矩阵最大特征值的倒数；$B_{\mathrm{tar}}(t)$ 为载流导体产生的磁感应强度的实际值；$B_k(t)$ 为各传感器检测的磁感应强度。

第 6 章

噪声中信号谱估计

　　傅里叶变换可用于对信号进行频谱分析，是从频域分析信号的手段之一，但有些信号不满足绝对可积的条件（$\int_{-\infty}^{\infty}|x(t)|\mathrm{d}t<\infty$），其傅里叶变换不存在，如随机信号、噪声等，因此傅里叶变换的应用受到限制。

　　功率谱是从频域描述随机过程特性的另外一种方法。有些信号的傅里叶变换虽然不存在，但功率谱却存在，如噪声、正弦信号与噪声的混合信号等。实际中经常遇到的随机过程多是平稳随机过程，而且是各态遍历的，对于各态遍历随机过程，其多个样本的统计特性与单一样本随时间变化的统计特性相同，因此可以用单一样本来研究这种随机过程。平稳随机信号虽然在时间上是不确定的，但它的相关函数却是确定的，而且其相关函数的傅里叶变换为随机信号的功率谱。因此，随机信号的自相关和功率谱是从时域和频域来描述随机信号特性的重要内容。

　　图 6.1 所示为信号及其功率谱，由时域波形很难看出信号里所含信息（图 6.1（a））。图 6.1（b）所示为通过谱估计算法得到的信号功率谱，图中的谱峰表示信号具有某些较强的频率成分。

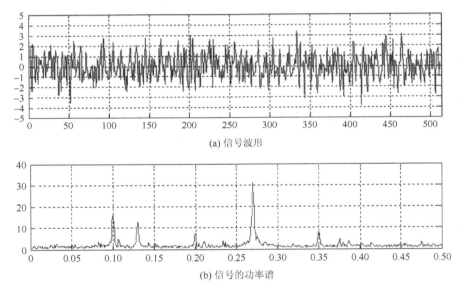

(a) 信号波形

(b) 信号的功率谱

图 6.1　信号及其功率谱

　　由于测量时间有限，观测数据长度有限，根据有限的数据计算信号的功率谱只能为估计值，即谱估计，其结果一定存在误差。分辨率和方差是谱估计最关心的问题。分辨率即功率谱上能够区分的最小相邻频率间隔，分辨率越高，能够观测到的信号频率成分越清晰。方差则反映功率谱波动的大小，方差大，表示功率谱波动大，容易造成有用的频率成分被噪声淹没。所以，希望功率谱估计结果分辨率越高越好，方差越小越好。

　　如何减小谱估计的误差，提高估计质量，克服噪声对估计的影响，提高谱分辨率，减小估计方差，揭示在强背景噪声下信号所含的频率成分、谱峰、频谱强度等重要信息，是谱估计要解决的问题。

　　现已提出许多不同的谱估计方法，分为线性谱估计和非线性谱估计。线性估计方法有周期图估计法、相关法、协方差法；非线性估计方法有最大熵谱估计、自回归（AR）模型法、滑动平均（MA）模型法、自回归滑动平均（ARMA）模型法、最大似然法等。线性估计方法大多是有偏的谱估计方法，谱分辨率随数据长度的增加而提高；非线性谱估计方法大多是无偏的谱估计方法，可以获得高的谱分辨率。

1930 年，维纳引进了自相关函数和功率谱的定义，并证明这两个函数互为傅里叶变换对。1958 年，布莱克曼（Blackman）和图基（Tukey）用维纳相关法从抽样数据序列得到功率谱的实现方法。这种方法简称 BT 法，其性能与窗函数的选择密切相关。1965 年，库利（Cooley）和图基提出快速傅里叶变换（FFT），使得功率谱估计的周期图估计成为最流行的功率谱估计算法。BT 法和周期图法为线性谱估计法，其主要缺点是频率分辨率有限，谱分辨率的极限受抽样数据长度的限制，数据长度越短，谱分辨率越低。为了克服此缺点，1967 年，伯格（Burg）提出了最大熵谱分析法；1968 年，帕曾（Parzen）提出了 AR 谱估计法。1971 年，范登-博斯（Van-Bos）证明了最大熵谱分析与 AR 谱估计等效。自此构成了现代谱估计的模型参量法，如 AR 模型、MA 模型、ARMA 模型、普罗尼（Prony）复指数模型等。同时，还出现了现代谱估计的非参量法。1969 年，卡彭（Capon）提出了最大似然谱估计法；1971 年，洛卡斯（Locass）将其推广到时间序列的功率谱估计中。现代谱估计的参量法和非参量法，都是基于非线性运算的，故称为非线性谱估计法。这些非线性谱估计方法具有分辨率高的优点，特别适用于短数据序列的谱估计，因此亦称高分辨率的谱估计方法。20 世纪 80 年代初，又出现了现代谱估计方法的一些新分支，主要有应用信息论的熵谱估计法、奇异值/特征值分解处理法谱估计、多谱（高阶谱）估计、多维谱估计等。

然而，现代谱估计也存在一些问题：①仅包含被测信号的振幅估计，不包含相位信息；②假定噪声为正态白噪声，而实际中存在其他噪声；③假定系统是线性的，而实际中存在非线性系统。因此提出了多谱（高阶谱）问题，它含有比功率谱更多的信息，是现代谱估计发展的新分支。多谱中的双谱，阶数最低，处理方法简单，且含有相位信息，是多谱中的热点。而且，人们期望二维谱估计能与一维谱估计一样具有高分辨性能。

谱估计理论和技术广泛应用于通信、自动控制、雷达、声呐、仪器仪表、测试技术、遥测、遥控、地球物理学、天文学、海洋学、生物学、生物医学、计算机视觉、机器人、全息技术、信号恢复、模式识别、语音和图像处理、振动分析、探矿、检测、估计和预测预报等。

本章将介绍周期图法谱估计及其一些改进算法，BT 估计，涉及随机正弦信号、AR 信号，以及纯连续谱（如热噪声、$1/f$ 噪声等）估计。为克服噪声的影响，对不同信号采用不同的谱估计方法，其中有皮萨伦科（Pisarenko）分解法、高阶尤尔-沃克（Yule-Walker）方法、互谱估计等。

6.1 周期图法谱估计

6.1.1 周期图法

对于平稳随机信号，可用周期图法对功率谱进行估计。

对于连续时间信号 $x(t)$，其傅里叶变换为

$$X(\omega) = \int_{-\infty}^{\infty} x(t) e^{-j\omega t} dt$$

若信号不满足 $\int_{-\infty}^{\infty} |x(t)| dt < \infty$ 绝对可积条件，则其傅里叶变换不存在。但若将信号截断，

则有限长时间内的积分一定绝对可积。

设有连续时间信号 $x(t)$，将其在时间区间 $t \in [0, T]$ 截断，得截断信号 $x_T(t)$，表示为

$$x_T(t) = \begin{cases} x(t), & 0 \leqslant t \leqslant T \\ 0, & \text{其他} \end{cases}$$

或

$$x_T(t) = x(t)[u(t) - u(t - T)]$$

其中：$u(t)$ 为单位阶跃函数。

截断信号的连续时间傅里叶变换（CTFT）为

$$X_T(\omega) = \int_0^T x(t) \mathrm{e}^{-\mathrm{j}\omega t} \mathrm{d}t \tag{6.1}$$

截断信号 $x_T(t)$ 的功率谱密度为

$$S_x(\omega, T) = \frac{1}{T} \left| X_T(\omega) \right|^2 \tag{6.2}$$

因为 $\left| \int_0^T x(t) \mathrm{e}^{-\mathrm{j}\omega t} \mathrm{d}t \right| < \infty$，所以截断信号的功率谱存在。

对连续时间信号进行抽样，得离散时间信号 $x(n)$，其在 $t \in [0, T]$ 时间内的 $0 \sim N{-}1$ 个离散值的傅里叶变换（DTFT）为

$$X_T(\Omega) = \sum_{n=0}^{N-1} x(n) \mathrm{e}^{-\mathrm{j}\Omega n} \tag{6.3}$$

则功率谱定义为

$$S_x(\Omega, N) = \frac{1}{N} \left| X_T(\Omega) \right|^2 \tag{6.4}$$

上述各式中，有关系 $\Omega = \omega T_s$，ω 为连续时间信号的角频率，T_s 为抽样间隔。

因为 $X_T(\Omega)$ 是以 2π 为周期的函数，所以 $S_x(\Omega, N)$ 也是以 2π 为周期的函数。

为了表达更简洁，常用 $S(\omega)$、$S(\Omega)$ 表示有限长连续时间信号或有限个离散时间信号所作的功率谱估计。

例 6.1　设某个随机信号由三个不同频率的正弦信号和噪声混合组成，即

$$x(t) = A_1 \cos(\omega_1 t + \varphi_1) + A_2 \cos(\omega_2 t + \varphi_2) + A_3 \cos(\omega_3 t + \varphi_3) + 1.5w(t)$$

其中：$w(t)$ 是均值为 0、方差为 1 的高斯白噪声；正弦信号的频率分别为 $f_1 = 50\,\mathrm{Hz}$，$f_2 = 125\,\mathrm{Hz}$，$f_3 = 135\,\mathrm{Hz}$；幅值分别为 $A_1 = 1$，$A_2 = 1.5$，$A_3 = 1$；相位 φ_1、φ_2、φ_3 在 $[0, 2\pi]$ 区间上均匀分布，且相互独立。试对信号作谱估计。取采样频率为 $1\,000\,\mathrm{Hz}$。

解　将信号离散化，表示为

$$\begin{aligned} x(n) &= A_1 \cos(2\pi f_1 n + \varphi_1) + A_2 \cos(2\pi f_2 n + \varphi_2) + A_3 \cos(2\pi f_3 n + \varphi_3) + 1.5w(n) \\ &= \cos(2\pi \times 50 n + \varphi_1) + 1.5\cos(2\pi \times 125 n + \varphi_2) + \cos(2\pi \times 135 n + \varphi_3) + 1.5w(n) \end{aligned}$$

当数据点数 N 分别为 128、256、512、1 024 时，由周期图法（6.4）用 MATLAB 仿真得到的功率谱如图 6.2 所示。

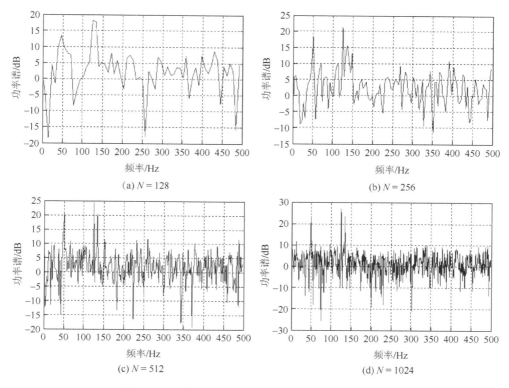

图 6.2　不同数据长度时由周期图法计算所得功率谱

表 6.1 所示为不同数据长度得到功率谱估计的方差。

表 6.1　不同 N 值得到功率谱的方差

N	128	256	512	1024
方差	92.7108	130.9109	160.9187	483.5894

　　仿真实验表明，由周期图法得到的功率谱估计分辨率随着数据点数的增加，即观测时间的延长而提高，但方差也变大。

　　取有限个数据相当于对信号进行截断，而截断相当于信号与窗函数相乘，以连续时间信号为例，即

$$x_T(t) = x(t)w(t)$$

其中：$w(t) = u(t) - u(t - T)$ 为矩形窗函数。

　　因此，加窗信号的傅里叶变换为

$$X_T(\omega) = \frac{1}{2\pi} X(\omega) * W(\omega)$$

其中：

$$W(\omega) = T \mathrm{Sa}\left(\frac{\omega T}{2}\right) \mathrm{e}^{-\mathrm{j}\frac{T}{2}\omega} = \frac{2\sin\left(\dfrac{\omega T}{2}\right)}{\omega} \mathrm{e}^{-\mathrm{j}\frac{T}{2}\omega}$$

为矩形窗函数的傅里叶变换。因此，加窗之后的信号频谱为原信号频谱与窗函数频谱之卷积，并非原信号的频谱，表明加窗势必导致频谱泄漏。

类似地，对于离散时间信号加矩形窗也可得类似结论。

矩形窗函数表示为

$$w_R(n) = \begin{cases} 1, & n = 0, 1, \cdots, N-1 \\ 0, & \text{其他} \end{cases}$$

对于长度为 $2q+1$ 且沿纵轴对称的矩形脉冲信号 $p[n]$，其 DTFT 为

$$P(\Omega) = \frac{\sin\left[\left(q + \frac{1}{2}\right)\Omega\right]}{\sin\dfrac{\Omega}{2}} \tag{6.5}$$

则其移位信号 $w_R(n) = p[n-q]$ 的 DTFT 为

$$W_R(\Omega) = \frac{\sin\left[\left(q + \frac{1}{2}\right)\Omega\right]}{\sin\dfrac{\Omega}{2}} e^{-jq\Omega}$$

令 $N = 2q + 1$，则有

$$W_R(\Omega) = e^{-j\Omega(N-1)/2} \frac{\sin\dfrac{\Omega N}{2}}{\sin\dfrac{\Omega}{2}}$$

取其模，得信号的幅度谱为

$$|W_R(\Omega)| = \left| \frac{\sin\dfrac{\Omega N}{2}}{\sin\dfrac{\Omega}{2}} \right|$$

图 6.3 所示为 $q = 5$ 或 $N=11$ 时窗函数的幅度谱，其中横坐标取值区间为 2π。

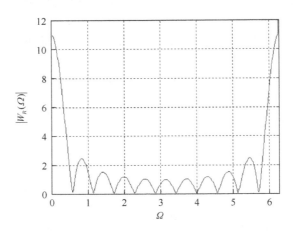

图 6.3　矩形窗信号的频谱

将信号 $x(n)$ 与窗函数相乘，即对信号进行截断，得加窗信号 $x(n)w_R(n)$ 的频谱为

$$X_T(\Omega) = \mathrm{DTFT}[x(n)w_R(n)] = \frac{1}{2\pi}\int_{-\pi}^{\pi} X(\Omega - \lambda)W_R(\lambda)\mathrm{d}\lambda$$

显然，截断信号的频谱 $X_T(\Omega)$ 不等于原信号的频谱 $X(\Omega)$，即存在频谱泄漏。

周期图法将无限长的离散时间序列经矩形加窗截断后形成长度为 N 的有限个数据序列，由此计算的结果必然产生泄漏。它不仅使谱估计产生畸变，还会使功率谱估计的分辨率下降。因此，目前采用的周期图法均做了改进，主要有平均周期图法和平滑周期图平均法。

6.1.2　平均周期图法

平均周期图法的基本思想是：把一个长度为 N 的数据序列 $x(n)$ $(0 < n < N-1)$ 分成 K 个小段，每小段有 M 个数据，即 $N = MK$。对每一段计算周期图 $S_x^i(\Omega, M)$，再将 K 个独立的周期图进行平均，即

$$S_x(\Omega, N) = \frac{1}{K}\sum_{i=1}^{K} S_x^i(\Omega, M) \tag{6.6}$$

这种平均周期图可以减小谱估计方差。但是，每段谱估计的数据长度变短，会使谱估计分辨率降低。

平均周期图法能改善方差。证明如下。

$$\mathrm{Var}(\overline{X}) = E[\overline{X}^2] - E[\overline{X}]^2 = \frac{1}{L}\mathrm{Var}(X_i) \tag{6.7}$$

其中：

$$E[\overline{X}^2] = E\left[\frac{1}{L}\sum_{i=0}^{L-1} X_i \frac{1}{L}\sum_{j=0}^{L-1} X_j\right] = \frac{1}{L^2}E\left[\sum_{i=0}^{L-1} X_i \sum_{j=0}^{L-1} X_j\right] = \frac{1}{L^2}E\left[LX_i^2 + \sum_{i=0}^{L-1} X_i \sum_{j=0, i\neq j}^{L-1} X_j\right]$$

$$= \frac{1}{L^2}E[X_i^2] + \frac{1}{L^2}L(L-1)E[X_i]^2 = \frac{1}{L^2}E[X_i^2] + \frac{L-1}{L}E[X_i]^2$$

由式（6.7）可以看出，平均周期图法将原来的方差变为原来的 $1/L$（L 为分段数），说明平均周期图法减小了估计方差。

现作仿真分析如下。

信号同例 6.1，取数据点数 N 为 1 024，分段数分别为 8、4、2 时，由平均周期图法计算所得的功率谱估计分别如图 6.4（a）、（b）、（c）所示。

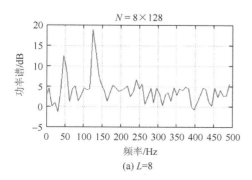

(a) L=8

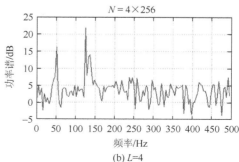

(b) L=4

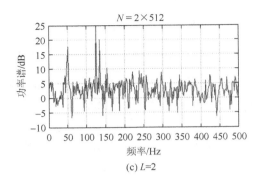

图 6.4 不同分段数平均周期图法求得的功率谱

分段数 L 取不同值时功率谱的方差如表 6.2 所示。

表 6.2 不同 L 值得到功率谱的方差值

L	8	4	2	1
方差	96.3756	190.9647	400.6464	483.5894

由仿实验结果可知，平均周期图法计算所得功率谱随着分段数 L 的增加，方差变小，但分辨率变小。当 $L=1$ 时，平均周期图法退化为周期图法。

由此可得出如下结论。

（1）当观测样本数据个数 N 固定时，欲降低方差需要增加分段数 L；

（2）当 N 不大、分段长度 M 较小时，功率谱分辨率降低到较低水平；

（3）若分段数 L 固定，增加分辨率需要增加分段长度 M，因此需要采集到更长时间的数据。

6.1.3 修正的平均周期图法

实际中，检测样本数据的长度往往是有限的，对数据长度为 N 的有限数据，如果能获得更多的段数分割，将会得到更小的方差。为了获得更多的段数，可以允许数据段间有部分重叠。对段间重叠长度的选取，最简单的方法是取为段长度 M 的一半。以上为修正方法之一。

修正方法之二是改变窗函数。数据截断的过程相当于数据加矩形窗，矩形窗的频谱幅度存在较大的旁瓣，会造成频谱泄漏。改进矩形窗，用改进的窗函数 $w(n)$ 对数据进行截断，得到修正的周期图，再将修正的周期图求平均，作功率谱估计。

常用的改进窗函数有三角窗、汉宁窗（Hanning window）、汉明窗（Hamming window）、高斯窗（Gauss window）等。下面对它们分别做简要介绍。

设数据长度为 N，频谱绘图时取 $N=64$，横坐标为归一化频率，即 Ω/π。

1. 三角窗

三角窗是最简单的频谱无负瓣的一种窗函数，时域表达式为

$$W_{Tri}(n) = \begin{cases} \dfrac{2n}{N-2}, & n = 0,1,\cdots,\dfrac{N}{2}-1 \\ \dfrac{2N-4-2n}{N-2}, & n = \dfrac{N}{2},\cdots,N-1 \end{cases} \qquad (6.8)$$

其时域波形和频谱如图 6.5 所示。

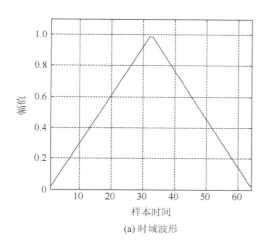

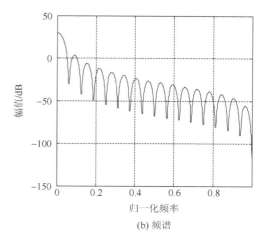

(a) 时域波形　　　　　　　　　　(b) 频谱

图 6.5　三角窗的时域波形和频谱

2. 余弦窗

余弦窗是目前应用最广的窗函数，根据组合系数的不同，有很多种类，此处列举几种具有代表性的余弦窗。

（1）汉宁窗，亦称升余弦窗，是一个两项余弦窗，其时域表达式为

$$W(n) = \frac{1}{2} - \frac{1}{2}\cos\left(\frac{2\pi}{N}n\right) \quad (n = 0,1,\cdots,N-1) \qquad (6.9)$$

（2）汉明窗，亦称改进升余弦窗，与汉宁窗相比，只是权值系数不同，但具有更小的旁瓣峰值，其时域表达式为

$$W(n) = 0.54 - 0.46\cos\left(\frac{2\pi}{N}n\right) \quad (n = 0,1,\cdots,N-1) \qquad (6.10)$$

（3）布莱克曼窗，亦称二阶升余弦窗，是一个三项余弦窗，主瓣宽旁瓣小，具有很好的幅值分辨率，其时域表达式为

$$W(n) = 0.42 - 0.5\cos\left(\frac{2\pi}{N}n\right) + 0.08\cos\left(\frac{4\pi}{N}n\right) \quad (n = 0,1,\cdots,N-1) \qquad (6.11)$$

（4）布莱克曼-哈里斯（Blackman-Harris）窗通常是指 4 项布莱克曼-哈里斯窗，其频域表达式为

$$W(n) = 0.358\,75 - 0.488\,29\cos\left(\frac{2\pi}{N}n\right) + 0.141\,28\cos\left(\frac{4\pi}{N}n\right) - 0.011\,68\cos\left(\frac{6\pi}{N}n\right) \qquad (6.12)$$
$$(n = 0,1,\cdots,N-1)$$

（5）努塔尔（Nuttall）窗具有良好旁瓣性能，4 项努塔尔窗的时域表达式为

$$W(n) = 0.363\,581\,9 - 0.489\,177\,5\cos\left(\frac{2\pi}{N}n\right) + 0.136\,599\,5\cos\left(\frac{4\pi}{N}n\right)$$
$$- 0.010\,6411\cos\left(\frac{6\pi}{N}n\right) \quad (n = 0,1,\cdots,N-1) \tag{6.13}$$

（6）平顶窗（flat top window）具有很小的通带波动性，5 项最速下降平顶窗的时域表达式为

$$W(n) = 0.215\,578\,95 - 0.416\,631\,58\cos\left(\frac{2\pi}{N}n\right) + 0.277\,263\,158\cos\left(\frac{4\pi}{N}n\right)$$
$$- 0.083\,578\,947\cos\left(\frac{6\pi}{N}n\right) + 0.006\,947\,368\cos\left(\frac{8\pi}{N}n\right) \quad (n = 0,1,\cdots,N-1) \tag{6.14}$$

常用余弦窗的时域信号波形和频谱如图 6.6 所示。

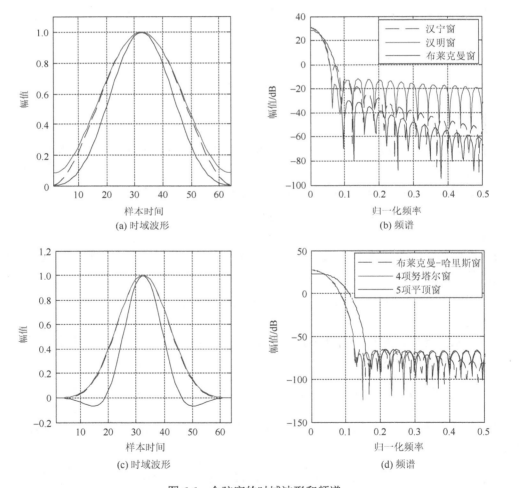

图 6.6　余弦窗的时域波形和频谱

3. 凯泽窗

凯泽窗（Kaiser window）是一种最优化窗，它由零阶贝塞尔（Bessel）函数构成，其主瓣与旁瓣能量比近乎最大，并且能够自由选择主瓣宽度和旁瓣峰值的比重。

离散化凯泽窗的时域表达式为

$$w(n) = \frac{I_0\left[\beta\sqrt{1-\left(1-\frac{2n}{n-1}\right)^2}\right]}{I_0(\beta)} \quad (n=0,1,\cdots,N-1) \tag{6.15}$$

其中：$I_0(\beta)$ 为第一类变形零阶贝塞尔函数；β 为凯泽窗的形状参数，满足

$$\beta = \begin{cases} 0.110\,2(\alpha-8.7), & \alpha > 50 \\ 0.548\,2(\alpha-21)^{0.4}+0.078\,86(\alpha-21), & 21 \leqslant \alpha \leqslant 50 \\ 0, & \alpha < 21 \end{cases}$$

其中：α 为凯泽窗的主瓣峰值与旁瓣峰值之差，它与主瓣宽度和旁瓣衰减相关，α 越大，则主瓣宽度越宽，旁瓣峰值越小。

其时域波形和频谱如图 6.7 所示。

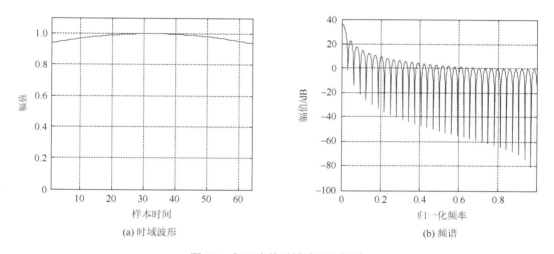

(a) 时域波形　　　　　　　　　　　　(b) 频谱

图 6.7　凯泽窗的时域波形和频谱

4. 高斯窗

高斯窗是一种指数窗，在无穷域上频谱无旁瓣，在有限时间内旁瓣无法消除，但可通过调整参数 σ 减小旁瓣。

离散化高斯窗的时域表达式为

$$W(n) = e^{-\frac{\sigma^2 n^2}{2N^2}} \quad (n=0,1,\cdots,N-1) \tag{6.16}$$

其中：常数 $\sigma \geqslant 2$，它与主瓣特性相关。对于稀频成分的主瓣，σ 只影响主瓣的宽度；而对于密频区，σ 影响到峰的位置和幅值。

其时域波形和频谱如图 6.8 所示。

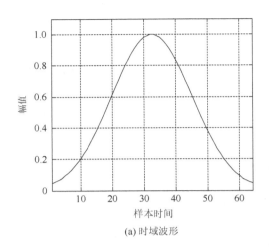

(a) 时域波形

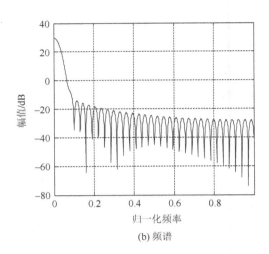

(b) 频谱

图 6.8   高斯窗的时域波形和频谱

5. 多尔夫-切比雪夫窗

多尔夫-切比雪夫窗（Dolph-Chebyshev window）是一种局部优化窗，满足最大振幅比准则，即在规定旁瓣电平的条件下，主瓣宽度最小，并且能够自由选择其主瓣峰值与旁瓣峰值的比重。

离散化多尔夫-切比雪夫窗的时域表达式为

$$W(n)=\frac{1}{N}\left[\frac{1}{r_{\mathrm{c}}}+2\sum_{k=1}^{\frac{N}{2}-1}T_{\frac{N}{2}-1}\left(\beta\cos\frac{k\pi}{N}\right)\cos\frac{2nk\pi}{N}\right]\quad(n=0,1,\cdots,N-1)\qquad(6.17)$$

其中：r_{c} 为旁瓣峰值与主瓣峰值之比；$\beta=\cosh\left(\dfrac{1}{N}\operatorname{arc}\cosh\dfrac{1}{r_{\mathrm{c}}}\right)$。

其时域波形和频谱如图 6.9 所示。

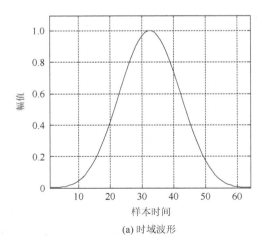

(a) 时域波形

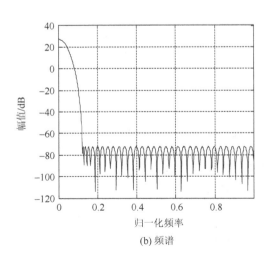

(b) 频谱

图 6.9   多尔夫-切比雪夫窗的时域波形和频谱

6. 塔基窗

塔基窗（Tukey window）函数是一种平顶函数，它产生于一个余弦窗函数与一个矩形窗函数的卷积。

离散化塔基窗的时域表达式为

$$w(n) = \begin{cases} 1.0, & 0 \leqslant |n| \leqslant \dfrac{\alpha N}{2} \\ 0.5 \left[1.0 + \cos \left(\dfrac{n - \dfrac{\alpha N}{2}}{\dfrac{2(1-\alpha)N}{2}} \right) \right], & \dfrac{\alpha N}{2} \leqslant |n| \leqslant \dfrac{N}{2} \end{cases} \tag{6.18}$$

其中：$r \in [0,1]$ 与平顶宽度有关。r 越大则平顶越小，函数曲线越接近余弦窗；r 越小则平顶越宽，函数曲线越接近矩形窗。

其时域波形和频谱如图 6.10 所示。

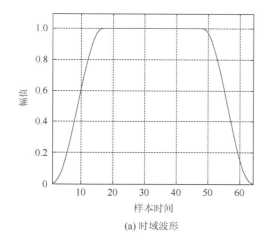

(a) 时域波形

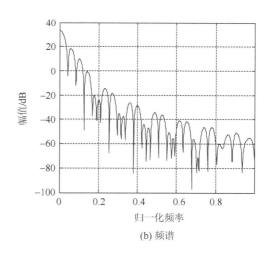

(b) 频谱

图 6.10　塔基窗的时域波形和频谱

7. 博曼窗

博曼窗（Bohman window）在时域上可看成三角窗与余弦窗的乘积，并由一个正弦项加以校正。

离散化博曼窗的时域表达式为

$$w(n) = \left(1 - \frac{|n|}{N/2} \right) \cos \left(\pi \frac{|n|}{N/2} \right) + \frac{1}{\pi} \sin \left(\pi \frac{|n|}{N/2} \right) \quad \left(0 \leqslant |n| \leqslant \frac{N}{2} \right) \tag{6.19}$$

其时域和频域波形如图 6.11 所示。

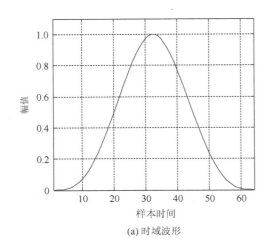
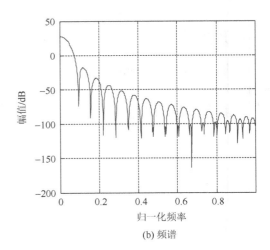

|(a) 时域波形|(b) 频谱|

图 6.11　博曼窗的时域波形和频谱

窗函数的构建原则如下。

（1）窗函数的性能直接关系着频谱泄漏。

（2）主瓣宽度、旁瓣峰值电平、旁瓣衰减速率是窗函数的主要评价指标。

① 主瓣宽度，指频域中原点两侧的两个零点间的距离，它与频率分辨率相关，主瓣宽度越大，则频率分辨率越低；

② 旁瓣峰值电平，指最靠近主瓣的旁瓣的峰值电平，它与泄漏相关，旁瓣峰值电平越高，往往频谱泄漏越严重。

③ 旁瓣衰减速率，指旁瓣电平的衰减速率，它与频谱泄漏相关，旁瓣电平下降越快，则频谱泄漏越小。

为抑制频谱泄漏，需要减小窗函数的主瓣宽度，为抑制频谱泄漏，需要降低旁瓣峰值电平并提高旁瓣衰减速率。而考虑到计算机或微处理器的计算能力，需要降低窗函数的复杂度，保证计算的实时性。然而，窗函数无法同时具备主瓣宽度窄、旁瓣峰值电平低且旁瓣衰减速率快的条件。因此，在实际应用中需要结合系统的实时性和准确度要求来选择。

结合例 6.1，利用修正平均周期图法，分别使用矩形窗、布莱克曼窗、汉明窗仿真得到的功率谱如图 6.12 所示。其中，第一行为三个窗函数波形，第二行为窗函数的频谱，第三行为功率谱估计结果。

仿真结果表明，矩形窗的分辨率最高，但是方差也最大，这是由于矩形窗频谱主瓣最窄，分辨率最高，但旁瓣也高，导致频谱泄漏最严重，方差最大。

综上所述，可得结论：周期图法所作功率谱估计，样本点数越多，则分辨率越大，方差也越大；平均周期图法以牺牲分辨率来改善方差；修正的平均周期图法允许段间重叠来进一步增大分段数，或者分段数相同，每段样本点数变多。无论是哪种方法都没有彻底解决方差与分辨率之间的矛盾。

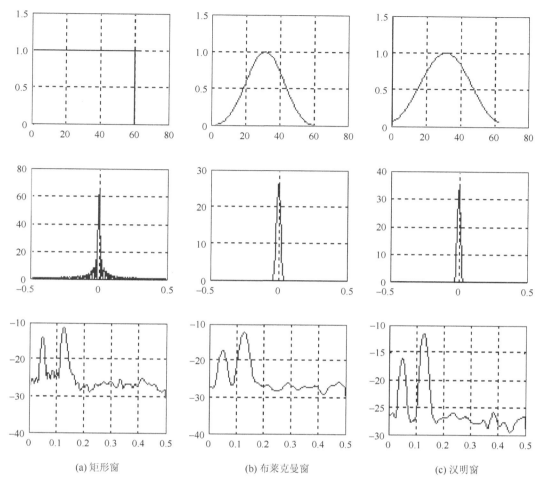

图 6.12　不同窗函数的修正平均周期图法得到的功率谱

6.1.4　噪声对谱估计性能的影响

设被估计信号 $x(t)$ 中混有噪声 $n(t)$ ，即 $x(t) = s(t) + n(t)$ ，则有

$$S_x(\omega) = S_s(\omega) + S_n(\omega) \tag{6.20}$$

其中：$S_s(\omega)$ 为信号的功率谱；$S_n(\omega)$ 为噪声的功率谱。

噪声的功率谱对信号功率谱的准确估计产生影响，$S_n(\omega)$ 较大时，会影响 $S_s(\omega)$ 的估计质量。

要准确估计信号的功率谱 $S_s(\omega)$ ，必须从观测信号功率谱 $S_x(\omega)$ 中扣除噪声的功率谱 $S_n(\omega)$ 。然而，采用有限测量时间 T 的周期图法求出的 $S_n(\omega,T)$ 本身是一个有偏估计，其数学期望与真值 $S_n(\omega)$ 之间存在一定偏差，它必然影响 $S_s(\omega)$ 的准确测量与估计。

噪声 $n(t)$ 的功率谱为

$$S_n(\omega,T) = \frac{1}{T}\left|\int_0^T n(t)\mathrm{e}^{-\mathrm{j}\omega t}\mathrm{d}t\right|^2$$

故其数学期望为

$$E[S_n(\omega,T)] = E\left[\frac{1}{T}\int_0^T n(t)e^{-j\omega t}dt\int_0^T n(s)e^{-j\omega s}ds\right] = \frac{1}{T}\int_0^T\int_0^T R_n(t-s)e^{-j\omega(t-s)}dtds$$

令 $\tau = t-s$，则上式变为

$$E[S_n(\omega,T)] = -\frac{1}{T}\int_0^T\int_t^{t-T} R_n(\tau)e^{-j\omega\tau}d\tau dt$$

求积分得

$$E[S_n(\omega,T)] = \int_{-T}^{T}\left(1-\frac{|\tau|}{T}\right)R_n(\tau)e^{-j\omega\tau}d\tau \qquad (6.21)$$

因为不同噪声具有不同的相关函数，所以需要根据具体的噪声来计算式（6.21）。

假设噪声为白噪声，其自相关函数和功率谱密度分别为

$$R_n(\tau) = \frac{N_0}{2}\delta(\tau), \qquad S_n(\tau) = \frac{N_0}{2}$$

将上式代入式（6.21），得

$$E[S_n(\omega,T)] = \int_{-T}^{T}\left(1-\frac{|\tau|}{T}\right)\frac{N_0}{2}\delta(\tau)e^{-j\omega\tau}d\tau = S_n(\omega) \qquad (6.22)$$

由上式可见，估计的均值等于真值，说明白噪声的功率谱估计为无偏估计。

假设噪声为 $1/f$ 噪声，因为常见的 $1/f$ 噪声可以看成 g-r 噪声的合成，所以可用 g-r 噪声谱来计算 $E[S_n(\omega,T)]$。

已知 g-r 噪声的相关函数和功率谱分别为

$$R_n(\tau) = \frac{A\omega_0}{2}e^{-\omega_0|\tau|}, \qquad S_n(\tau) = \frac{A}{1+\left(\dfrac{\omega}{\omega_0}\right)^2}$$

其中：ω_0 和 A 分别为 g-r 噪声的转折频率和幅值。将上式代入式（6.21），经运算得到

$$E[S_n(\omega,T)] = S_n(\omega)\left[1 + \frac{1}{\omega_0 T}\frac{\omega^2-\omega_0^2}{\omega^2+\omega_0^2} + \frac{e^{-\omega_0 T}}{\omega_0 T}\cos(\omega T+\beta)\right] \qquad (6.23)$$

其中：

$$\beta = \arctan\frac{2\omega_0\omega}{\omega_0^2-\omega^2}$$

式（6.23）为一个有偏估计，仅当 $T\to\infty$ 时，才为渐近无偏估计，即

$$\lim_{T\to\infty}E[S_n(\omega,T)] = S_n(\omega)$$

上述分析表明，由于噪声的存在，特别是当噪声的功率谱为有偏估计时，要准确测量信号的功率谱变得困难。

周期图法的一个主要缺点是谱估计存在很严重的起伏，即估计的方差较大，特别是当噪声较强时，可能无法分辨微弱的信号功率谱 $S_s(\omega)$。

可以证明，噪声引起的谱估计方差为

$$\begin{aligned}\text{Var}\,S_n(\omega,T) &= E[S_n^2(\omega,T)] - (E[S_n(\omega,T)])^2 \\ &= (E[S_n(\omega,T)])^2 + \frac{1}{T^2}\left|\int_0^T\int_0^T R_n(t-u)e^{-j\omega(t+u)}dtdu\right|^2\end{aligned} \qquad (6.24)$$

对于白噪声情况，估计方差为

$$\mathrm{Var}\, S_n(\omega,T) = S_n^2(\omega)\left[1 + \left(\frac{\sin \omega T}{\omega T}\right)^2\right] \tag{6.25}$$

上式表明，即使测量时间 T 无穷长，其谱估计起伏的相对值也为 100%，即

$$\delta = \lim_{T\to\infty}\frac{\sqrt{\mathrm{Var}\, S_n(\omega,T)}}{E[S_n(\omega,T)]} = 100\% \tag{6.26}$$

对于 g-r 噪声，其估计方差会更大。

采用平均周期图法，增加平均次数 N，可以减少谱估计起伏的相对值 δ，但这会使测量时间加长，谱分辨率降低。

对周期图法谱估计的一种改进方法是采用互谱估计的周期图法，该方法能很好地消除观测噪声的影响。

6.1.5　采用互谱估计的周期图法

互谱估计由双通道前置放大器和互谱估计器组成。估计的信号被分别输入两前置放大器，放大器的输出信号再输入互谱估计器，由估计器完成估计计算。

两个放大器采用各自独立的电源分别供电，因此它们引入测量装置中的噪声是不相关的。

设放大器为线性时不变系统，其单位冲激响应分别为 $h_1(t)$ 和 $h_2(t)$，等效输入噪声电压分别为 $n_1(t)$ 和 $n_2(t)$，则放大器的输出电压分别为

$$x(t) = \int_0^\infty h_1(\lambda)[s(t-\lambda) + n_1(t-\lambda)]\mathrm{d}u \tag{6.27}$$

$$y(t) = \int_0^\infty h_2(\lambda)[s(t-\lambda) + n_2(t-\lambda)]\mathrm{d}\lambda \tag{6.28}$$

$x(t)$ 与 $y(t)$ 的互相关为

$$R_{xy}(\tau) = E[x(t)y(t-\tau)] \tag{6.29}$$

根据维纳-辛钦定理，互谱密度为

$$S_{xy}(\omega) = \int_{-\infty}^\infty R_{xy}(\tau)\,\mathrm{e}^{-\mathrm{j}\omega\tau}\mathrm{d}\tau \tag{6.30}$$

由于 $n_1(t)$、$n_2(t)$、$s(t)$ 互不相关，由上述四式可得

$$S_{xy}(\omega) = H_1(\omega)H_2^*(\omega)S_s(\omega) \tag{6.31}$$

或

$$S_s(\omega) = \frac{S_{xy}(\omega)}{H_1(\omega)H_2^*(\omega)} \tag{6.32}$$

其中：$H_1(\omega)$ 和 $H_2(\omega)$ 分别为两前置放大器的频率响应函数，它们与单位冲激响应互为傅里叶变换对，即

$$H_1(\omega) = \int_{-\infty}^\infty h_1(t)\mathrm{e}^{-\mathrm{j}\omega t}\mathrm{d}t$$

$$H_2(\omega) = \int_{-\infty}^\infty h_2(t)\mathrm{e}^{-\mathrm{j}\omega t}\mathrm{d}t$$

而互谱密度 $S_{xy}(\omega)$ 可以由周期图法计算得到，即

$$S_{xy}(\omega,T) = \frac{1}{T} X_T(\omega) Y_T^*(\omega) \tag{6.33}$$

其中：

$$X_T(\omega) = \int_0^T x(t) \mathrm{e}^{-\mathrm{j}\omega t} \mathrm{d}t$$

$$Y_T(\omega) = \int_0^T y(t) \mathrm{e}^{-\mathrm{j}\omega t} \mathrm{d}t$$

由式（6.32）可知，互谱密度 $S_{xy}(\omega)$ 只与两放大电路的频率响应函数 $H_1(\omega)$、$H_2^*(\omega)$ 以及信号的功率谱 $S_s(\omega)$ 有关，而与放大器的噪声无关，从而抑制了噪声，消除了放大器噪声的影响。

互谱估计法相对于前述的自谱估计法具有明显优势。

6.2 相关功率谱估计法（BT 法）

前面已述，要提高功率谱估计的分辨率，必须增加数据序列的长度 N，但是较长的数据序列，会引起较大的方差。事实上，当 N 无穷大时，由周期图法所得估计的方差为一非零常数，无法实现功率谱的一致估计。而相关功率谱估计法，即 BT 法是一致估计。

1. BT 法的原理

维纳-辛钦定理指出，随机信号的相关函数与其功率谱是一对傅里叶变换对。BT 法就是基于此原理。其基本思想为：先由观测数据 $x(n)$ 估计出自相关函数，然后求自相关函数的傅里叶变换，以此变换作为对功率谱的估计，因此为间接法求谱估计。BT 法要求信号长度 N 以外的数据为 0，这也造成 BT 法的局限性。

对于平稳随机信号，$x(n)$ 的自相关函数定义为

$$r(m) = \lim_{N \to \infty} \frac{1}{2N+1} \sum_{n=-N}^{N} x(n)x(n-m)$$

对于因果系统，当 $n < 0$ 时恒有 $x(n) = 0$，故有

$$r(m) = \lim_{N \to \infty} \frac{1}{N} \sum_{n=0}^{N} x(n)x(n-m)$$

由于 $x(n)$ 取 N 个观测值，对 $n \geqslant N$ 时的 $x(n)$ 作零处理，则由 N 点求得的近似相关为

$$\hat{r}(m) = \lim_{N \to \infty} \frac{1}{N} \sum_{n=0}^{N-1} x_N(n)x_N(n-m) \quad (|m| < N-1) \tag{6.34}$$

故由 BT 法计算的功率谱估计为

$$\hat{S}(\Omega) = \sum_{m=-M}^{M} \hat{r}(m) \mathrm{e}^{-\mathrm{j}\Omega m} \quad (|M| \leqslant N-1) \tag{6.35}$$

2. BT 法的性能仿真

仿真信号同例 6.1，采样频率为 1000 Hz，数据长度 N 分别为 128、256、512、1024，由 BT 法仿真计算所得功率谱如图 6.13 所示。

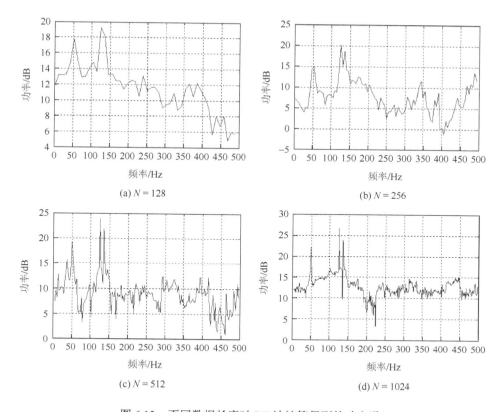

图 6.13　不同数据长度时 BT 法计算得到的功率谱

仿真实验表明，M 随着 N 的增大而增大时，分辨率提高，方差变大。所以，BT 法仍然没有解决分辨率与方差之间的矛盾，但是 BT 法得到的功率谱当 N 趋于无穷大时，方差会趋于 0，即为一致估计。

3. 周期图法与 BT 法的关系

相关函数 $\hat{r}(m)$ 可以表示成如下卷积形式：

$$\hat{r}(m) = \frac{1}{N} x_N(m) * x_N(-m) \tag{6.36}$$

设离散时间序列 $x_N(n)$ 的傅里叶变换为 $X_N(\Omega)$，则当 $M = N-1$ 时，功率谱的估计可表示为

$$\hat{S}(\Omega) = \frac{1}{N} \left| X_N(\Omega) \right|^2 \tag{6.37}$$

可见，周期图法可以看成 BT 法在取 $M = N-1$ 时的特例。

无论是周期图法及其改进算法，还是 BT 法，都没有从根本上解决分辨率与方差的矛盾。经典功率谱估计是利用傅里叶变换估计功率谱，而随机信号不满足傅里叶变换的条件，不得不人为将无穷长数据截断成有限长数据。周期图法实际上假定 N 点外数据周期重复，BT 法假定 N 点外数据为 0 来强制作傅里叶变换，这也是造成它局限性的原因。

6.3   具有观测噪声的 AR(p)信号谱估计

对于具有 AR(p)模型的随机信号谱估计，可先通过自相关延迟序列对 AR(p) 信号模型参量进行计算，然后求出谱估计。它与周期图法不同，具有很高的谱估计分辨率，尤其适用于短数据情况，属于近代谱估计范畴。尤尔-沃克方程就是一种基本的方法。

6.3.1   尤尔-沃克方程

设 p 阶自回归信号模型 AR(p)为

$$s(n) = a_1 s(n-1) + a_2 s(n-2) + \cdots + a_p s(n-p) + w(n) \tag{6.38}$$

其中：$w(n)$ 是均值为 0、方差为 σ_w^2 的白噪声；a_k $(k=1,2,\cdots,p)$ 为自回归系数。

观测模型为

$$x(k) = s(k) + n(k)$$

其中：$s(k)$ 为被估计信号；$n(k)$ 为观测噪声，且 $n(k)$ 与 $w(n)$ 不相关。

在没有观测噪声时，有 $x(k) = s(k)$，由式（6.38）有

$$x(n) = a_1 x(n-1) + a_2 x(n-2) + \cdots + a_p x(n-p) + w(n) \tag{6.39}$$

将式（6.39）两边乘以 $x(n-k)$，再求数学期望，得

$$E[x(n-k)x(n)] = E[a_1 x(n-k)x(n-1) + a_2 x(n-k)x(n-2) + \cdots + a_p x(n-k)x(n-p)]$$
$$+ E[x(n-k)w(n)]$$

因为信号与噪声不相关，所以 $E[x(n-k)w(n)] = 0$。

若记 $E[x(n-k)x(n)] = r_{xx}(k)$，则有

$$r_{xx}(k) - a_1 r_{xx}(k-1) - a_2 r_{xx}(k-2) - \cdots - a_p r_{xx}(k-p) = 0 \quad (k \geqslant 1) \tag{6.40}$$

令 $k = 1,2,\cdots,p$，则上式可表示成矩阵形式，即

$$\begin{bmatrix} r_{xx}(0) & r_{xx}(1) & \cdots & r_{xx}(p-1) \\ r_{xx}(1) & r_{xx}(0) & \cdots & r_{xx}(p-2) \\ \vdots & \vdots & & \vdots \\ r_{xx}(p-1) & r_{xx}(p-2) & \cdots & r_{xx}(0) \end{bmatrix} \begin{bmatrix} a_1 \\ a_2 \\ \vdots \\ a_p \end{bmatrix} = \begin{bmatrix} r_{xx}(1) \\ r_{xx}(2) \\ \vdots \\ r_{xx}(p) \end{bmatrix} \tag{6.41}$$

上述方程称为尤尔-沃克方程，解此方程，即可求得系数 a_k。

自回归信号模型的系数按上述尤尔-沃克方程求出后，便可对随机信号 $s(n)$ 的功率谱进行估计，计算公式为

$$S_s(\omega) = \frac{\sigma_w^2}{\left|1 - \sum_{k=1}^{N} a_k \mathrm{e}^{-\mathrm{j}\omega kT}\right|^2} \tag{6.42}$$

或

$$S_s(\Omega) = \frac{\sigma_w^2}{\left|1 - \sum\limits_{k=1}^{N} a_k \mathrm{e}^{-jk\Omega}\right|^2}$$

其中：$\Omega = \omega T$（ω 为信号的角频率，T 为抽样间隔）。

　　计算 AR(p)模型参量，已有多种有效的快速算法，如莱文森-德宾（Levinson-Durbin）递推算法、伯格递推算法等。其中后者对于较短的数据序列的功率谱估计很有效，并在许多领域得到应用。但是，这些方法也存在一些缺点，如出现谱线分裂、频率偏移现象等。对此，又有了改进方法，如马普利（Marple）算法等。有关这些内容已有很多文章、专著介绍，有兴趣的读者可参考有关书籍或资料，本书不作详述。

　　下面将重点介绍观测噪声对 AR(p)模型信号谱估计方法的影响及改进方法。

6.3.2　观测噪声对功率谱估计的影响

　　设随机信号 $s(n)$ 为一 AR(p)过程，即如式（6.38）所示信号，其中 $w(n)$ 为具有方差 σ_w^2 和零均值的白噪声。又设观测噪声 $v(n)$ 为具有方差 σ_v^2 和零均值的另一白噪声，且 $w(n)$、$v(n)$ 与 $s(n)$ 彼此不相关。

　　观测信号

$$x(n) = s(n) + v(n) \tag{6.43}$$

现在研究观测噪声 $v(n)$ 对信号 $s(n)$ 谱估计的影响。

　　为计算信号的功率谱 $S_s(\Omega)$，可以用 z 变换，即

$$S_x(z) = \frac{\sigma_w^2}{A(z)A(z^{-1})} + \sigma_v^2 \tag{6.44}$$

其中：$A(z) = 1 - \sum\limits_{k=1}^{p} a_k z^{-k}$；$S_x(\Omega) = S_x(z)\big|_{z=\mathrm{e}^{j\Omega}}$（$\Omega = \omega T$，$T$ 为信号的抽样间隔）。

　　由式（6.44）可得

$$S_x(z) = \frac{\sigma_w^2 + \sigma_v^2 A(z)A(z^{-1})}{A(z)A(z^{-1})} \tag{6.45}$$

　　若令

$$\sigma_\eta^2 B(z)B(z^{-1}) = \sigma_w^2 + \sigma_v^2 A(z)A(z^{-1})$$

其中：$\eta(n)$ 为具有方差 σ_η^2 的白噪声；$B(z) = 1 - \sum\limits_{k=1}^{p} b_k z^{-k}$。则式（6.45）可写成

$$S_x(z) = \frac{\sigma_\eta^2 B(z)B(z^{-1})}{A(z)A(z^{-1})} \tag{6.46}$$

　　由式（6.46），$x(n)$ 可认为是白噪声 $\eta(n)$ 经过系统函数为 $\dfrac{B(z)}{A(z)}$ 的线性时不变系统的输出，如图 6.14 所示。由于观测噪声的影响，信号模型不再是 AR 过程，而变成了 ARMA 过程，它将使 $S_s(\Omega)$ 谱与 $S_x(\Omega)$ 有一定差别。

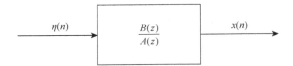

图 6.14   具有观测噪声的 AR(p)信号谱估计模型

当 $\sigma_v^2 \gg \sigma_w^2$ ，即观测噪声很强时，有

$$\sigma_\eta^2 B(z)B(z^{-1}) = \sigma_w^2 + \sigma_v^2 A(z)A(z^{-1}) \approx \sigma_v^2 A(z)A(z^{-1})$$

则

$$S_x(z) = \frac{\sigma_\eta^2 B(z)B(z^{-1})}{A(z)A(z^{-1})} = \frac{\sigma_\eta^2 A(z)A(z^{-1})}{A(z)A(z^{-1})} = \sigma_\eta^2$$

即式（6.46）出现零极点相消，产生完全相当于白噪声的谱。这表明较强的观测噪声（白噪声情况）会使实际得到的谱估计 $S_x(\Omega)$ 趋于平滑（ $S_x(z) = \sigma_\eta^2$ 为常数），从而根本无法由 $S_x(\Omega)$ 观测到信号的功率谱 $S_s(\Omega)$ ，影响对信号谱的估计。

反之， $\dfrac{\sigma_w^2}{\sigma_v^2}$ 越大，则 $S_x(\Omega)$ 越接近信号 $s(n)$ 的功率谱。

当无观测噪声时， $\sigma_v^2 = 0$ ， $\dfrac{\sigma_w^2}{\sigma_v^2} \to \infty$ ，则 $S_x(\Omega)$ 就是信号 $s(n)$ 的功率谱 $S_s(\Omega)$ 。

由此可见，为了减小观测噪声对被估计信号的 AR(p)谱估计造成的性能下降，需要研究一些抗噪声技术。下面将介绍一些比较有效的方法。

6.3.3   修正的尤尔-沃克方程

当没有观测噪声时，根据尤尔-沃克方程

$$r_{xx}(n) = \sum_{k=1}^{p} a_k r_{xx}(n-k) \qquad (k \geqslant 1) \tag{6.47}$$

即可计算 AR(p)信号模型参数 a_k ，从而得到信号的谱估计。但是，当存在观测噪声时，式（6.47）不能成立，因此无法计算模型参数 a_k 。

设观测信号为

$$x(n) = s(n) + v(n)$$

假定观测噪声 $v(n)$ 为白噪声，且信号与噪声不相关，则有

$$r_{xx}(n) = r_{ss}(n) + r_{vv}(n) \tag{6.48}$$

对白噪声 $v(n)$ ，有

$$r_{vv}(n) = \begin{cases} \sigma_v^2, & n = 0 \\ 0, & n \neq 0 \end{cases} \tag{6.49}$$

因此，只要在式（6.47）中取 $n = p+1, p+2, \cdots, 2p$ ，则一定有 $r_{xx}(n-k) = r_{ss}(n-k)$ ，从而式（6.47）仍然成立，并且可以按该式计算出系数 a_k 。由此可以写出修正的尤尔-沃克方程为

$$\begin{bmatrix} r_{xx}(p) & r_{xx}(p-1) & \cdots & r_{xx}(1) \\ r_{xx}(p+1) & r_{xx}(p) & \cdots & r_{xx}(2) \\ \vdots & \vdots & & \vdots \\ r_{xx}(2p-1) & r_{xx}(2p-2) & \cdots & r_{xx}(p) \end{bmatrix} \begin{bmatrix} a_1 \\ a_2 \\ \vdots \\ a_p \end{bmatrix} = \begin{bmatrix} r_{xx}(p+1) \\ r_{xx}(p+2) \\ \vdots \\ r_{xx}(2p) \end{bmatrix} \qquad (6.50)$$

式（6.50）亦称高阶尤尔-沃克方程。

在谱估计中，真实的自相关延迟序列 $r_{xx}(i)$ 是未知的，只能由有限个抽样数据序列 $x_0, x_1, \cdots, x_{N-1}$ 估计得到。若采用无偏自相关估值，即

$$\hat{r}_{xx}(i) = \frac{1}{N-i} \sum_{n=i}^{N-1} x_n x_{n-1} \qquad (6.51)$$

其中：$x_n = x(n)$，$x_{n-i} = x(n-i)$。则式（6.50）只能写成

$$\hat{r}_{xx}(m) - \sum_{k=1}^{p} \hat{a}_k \hat{r}_{xx}(m-k) = 0 \qquad (p+1 \leqslant m \leqslant 2p) \qquad (6.52)$$

由式（6.52）便可求出 $\hat{a}_k$。因此，这种方法求得的估值 $\hat{a}_k$ 不够精确，特别是计算 m 较大的自相关函数时，式（6.51）用到的求和项更少，故误差更大。

同样，对于短含噪数据序列，由式（6.52）求得 $\hat{a}_k$，进而得到信号的谱估计，其准确度更差。为此，提出了进一步的改进方法。

1. 超定方程

上述修正的尤尔-沃克方程只涉及使用 $2p$ 个自相关函数的适定方程组的求解。梅瑞（Mehra）、卡兹欧（cadzow）等人提出，增加方程中包含的自相关函数的个数，可以改善估计结果。这时，式（6.52）写成

$$\hat{r}_{xx}(m) - \sum_{k=1}^{p} \hat{a}_k \hat{r}_{xx}(m-k) = e_m \qquad (p+1 \leqslant m \leqslant M-1) \qquad (6.53)$$

方程数大于求 a_k 所需的 p 个 a_k 值，故式（6.53）为超定方程。此时，方程式右边不为 0，故写成 e_m。因此，由式（6.53）计算 $\hat{a}_k$ 的过程是使 $\sum_{m=p+1}^{M-1} e_m^2$ 最小化。一些学者根据计算机模拟实验结果，建议取 $M = 4p$。

因为超定方程使用了更多的自相关函数的估值，使延时大的自相关函数所含的有用信息得以利用，所以可以改善估计性能。

2. 过阶方程

含有观测噪声的 AR(p)信号谱估计质量不仅与修正的尤尔-沃克方程的个数有关，还与 AR(p)模型参量的阶数 p 有关。研究发现，使用比真实 AR 过程阶数 p 大得多的阶数，可以改善估计 $\hat{a}_k$ 的质量。计算机模拟实验表明，最好用比 $2p$ 阶还大的数作为修正的尤尔-沃克方程组的阶数。

但提高 AR 模型的阶数会对信号谱估计结果产生一些假的谱峰。因此，毕克斯（Beex）等人提出降阶处理，就是将 $\hat{A}(z)$ 的高阶 z^{-1} 多项式因式分解为一阶或二阶因式的积，再比较它们所代表的"能量"，从中找出大能量的构成低阶模型。

对含有观测噪声的 AR(p)信号谱估计还有其他一些方法，如噪声校正法、辅助变量法等，这里不一一介绍。

6.4　具有观测噪声的正弦组合信号谱估计

白噪声与正弦信号组合是一种常见的情况，这种情况的谱估计目的是从观测噪声中得到正弦信号的频率和幅值。下面将介绍常用的皮萨伦科方法。实际使用证明，此方法比前面介绍的修正尤尔-沃克方法要好。

设含观测噪声的 $p/2$ 个不同频率的正弦波所组成的随机信号为

$$x(n) = s(n) + v(n) = \sum_{i=1}^{p/2} q_i \sin(N\Omega_i + \varphi_i) + v(n) \tag{6.54}$$

其中：$v(n)$ 为白噪声，有

$$E[v(n)] = 0, \qquad E[v(n)v(l)] = \begin{cases} \sigma_v^2, & n = l \\ 0, & n \neq l \end{cases}$$

在被估计的正弦组合信号中，q_i 为幅值，φ_i 为均匀分布的随机相位，$\Omega_i = 2\pi f_i \Delta t$（$\Delta t$ 为离散时间间隔）。现要求从背景噪声中估计各个正弦信号的幅值 q_i 和频率 f_i。

皮萨伦科谱估计方法是将式（6.54）作为一特殊情况的 ARMA 模型，用特征方程来求其参数，从而得到正弦组合信号的幅值和频率。为此，首先对正弦组合信号写出其时间序列模型。

考虑三角恒等式

$$\sin(n\Omega + \varphi) + \sin[(n-2)\Omega + \varphi] = 2\cos\Omega\sin[(n-1)\Omega + \varphi]$$

因为 $\Omega = 2\pi f \Delta t$，所以 $\sin(n\Omega + \varphi)$ 表示的是以 Δt 为采样间隔所得的一个具有初相位为 φ 的离散时间正弦波。

令 $s(n) = \sin(n\Omega + \varphi)$，则上式可以写成差分方程形式

$$s(n) + s(n-2) = 2\cos\Omega s(n-1) \tag{6.55}$$

对上式两边求 z 变换，有

$$(1 - 2\cos\Omega z^{-1} + z^{-2})s(z) = 0$$

令特征多项式为 0，即

$$1 - (2\cos\Omega)z^{-1} + z^{-2} = 0 \tag{6.56}$$

得特征根为 $z_1 = \exp\{j2\pi f \Delta t\}$，$z_2 = \exp\{-j2\pi f \Delta t\}$。

因此，只要求出特征根 z_1 和 z_2，就可以确定正弦信号的频率。

对于由 $p/2$ 个正弦波组合的信号

$$\sum_{i=1}^{p/2} q_i \sin(N\Omega_i + \varphi_i) \tag{6.57}$$

由于每一个正弦波的频率 f_i 由式（6.56）决定，$p/2$ 个频率应由特征多项式

$$\prod_{i=1}^{p/2} (1 - 2\cos\Omega_i z^{-1} + z^{-2}) = 0 \tag{6.58}$$

决定。它是 p 阶特征方程，即

$$1 - \sum_{i=1}^{p} a_i z^{n-i} = 0 \tag{6.59}$$

因此，式（6.57）表示的正弦信号组合可表示为 p 阶差分方程，即

$$s(n) = \sum_{i=1}^{p} a_i s(n-i) \tag{6.60}$$

将上式代入式（6.54），得

$$x(n) = \sum_{i=1}^{p} a_i s(n-i) + v(n)$$

再将 $x(n-i) = s(n-i) + v(n-i)$ 代入上式，得

$$x(n) - \sum_{i=1}^{p} a_i s(n-i) = v(n) - \sum_{i=1}^{p} a_i v(n-i) \tag{6.61}$$

式（6.61）为 ARMA(p, q) 模型的一种特殊结构，即 AR 部分与 MA 部分的参数相同。AR 部分中，$x(n)$ 是含有观测噪声的测量值，而通常 ARMA 模型中 AR 部分是信号 $s(n)$。

现在要根据测量值 $x(n)$ 来确定特征方程（6.59），从而确定正弦组合信号的频率 f_i 和幅度 q_i。为此，将式（6.61）写成矩阵形式：

$$\boldsymbol{X}^{\mathrm{T}} \boldsymbol{A} = \boldsymbol{V}^{\mathrm{T}} \boldsymbol{A} \tag{6.62}$$

其中：

$$\boldsymbol{X} = [x(n) \quad x(n-1) \quad \cdots \quad x(n-p)]^{\mathrm{T}}$$
$$\boldsymbol{A} = [1 \quad -a_1 \quad \cdots \quad -a_p]^{\mathrm{T}}$$
$$\boldsymbol{V} = [v(n) \quad v(n-1) \quad \cdots \quad v(n-p)]^{\mathrm{T}}$$

用矩阵 $\boldsymbol{X}$ 左乘式（6.62）两边，并取数学期望，得

$$E[\boldsymbol{X}\boldsymbol{X}^{\mathrm{T}}]\boldsymbol{A} = E[\boldsymbol{X}\boldsymbol{V}^{\mathrm{T}}]\boldsymbol{A} \tag{6.63}$$

其中：

$$E[\boldsymbol{X}\boldsymbol{X}^{\mathrm{T}}] = \begin{bmatrix} r_{xx}(0) & r_{xx}(-1) & \cdots & r_{xx}(-p) \\ r_{xx}(1) & r_{xx}(0) & \cdots & r_{xx}(-p+1) \\ \vdots & \vdots & & \vdots \\ r_{xx}(p) & r_{xx}(p-1) & \cdots & r_{xx}(0) \end{bmatrix} = \boldsymbol{R}_{xx}$$

$$E[\boldsymbol{X}\boldsymbol{V}^{\mathrm{T}}] = E[(\boldsymbol{S} + \boldsymbol{V})\boldsymbol{V}^{\mathrm{T}}] = E[\boldsymbol{V}\boldsymbol{V}^{\mathrm{T}}] = \sigma_v^2 \boldsymbol{I}$$

其中：$\boldsymbol{R}_{xx}$ 为测量值 $x(n)$ 的自相关矩阵；$E[\boldsymbol{V}\boldsymbol{V}^{\mathrm{T}}]$ 为观测噪声的自相关矩阵，对白噪声情况可写成 $\sigma_v^2 \boldsymbol{I}$（$\boldsymbol{I}$ 为单位矩阵）。于是，式（6.63）可写成 $\boldsymbol{R}_{xx}$ 的特征方程：

$$\boldsymbol{R}_{xx}\boldsymbol{A} = \sigma_v^2 \boldsymbol{A} \tag{6.64}$$

其中：σ_v^2 相当于 $\boldsymbol{R}_{xx}$ 的最小特征值；$\boldsymbol{A}$ 为与特征值 σ_v^2 有关的特征矢量。求出 $\boldsymbol{A}$ 后即可写出特征多项式（6.59），从而求出各个根 $z_i = \exp\{j2\pi f_i \Delta t\}$ 和各正弦信号的频率 f_i $(i = 1, 2, \cdots, p)$。

求出各正弦信号的频率 f_i 估计后，即可求出正弦信号幅度 q_i 和白噪声功率 σ_v^2。

由 $x(n)$ 的自相关函数

$$r_{xx}(0) = \sigma_v^2 + \sum_{i=1}^{p/2} \frac{q_i^4}{2}$$

$$r_{xx}(n) = \sum_{i=1}^{p/2} \frac{q_i^2}{2} \cos 2\pi n f_i \Delta t \qquad (n \neq 0)$$

将其表示成矩阵形式为

$$\boldsymbol{R} = \boldsymbol{F}\boldsymbol{S} \tag{6.65}$$

其中：$\boldsymbol{R} = [r_{xx}(1) \quad r_{xx}(2) \quad \cdots \quad r_{xx}(p/2)]^{\mathrm{T}}$；$\boldsymbol{S} = \begin{bmatrix} \dfrac{q_1^2}{2} & \dfrac{q_2^2}{2} & \cdots & \dfrac{q_{p/2}^2}{2} \end{bmatrix}$。

$$\boldsymbol{F} = \begin{bmatrix} \cos 2\pi f_1 \Delta t & \cos 2\pi f_2 \Delta t & \cdots & \cos 2\pi f_{p/2} \Delta t \\ \cos 4\pi f_1 \Delta t & \cos 4\pi f_2 \Delta t & \cdots & \cos 4\pi f_{p/2} \Delta t \\ \vdots & \vdots & & \vdots \\ \cos p\pi f_1 \Delta t & \cos p\pi f_2 \Delta t & \cdots & \cos p\pi f_{p/2} \Delta t \end{bmatrix}$$

解得 $p/2$ 个正弦组合信号幅度矢量为

$$\boldsymbol{S} = \boldsymbol{F}^{-1}\boldsymbol{R}$$

噪声功率由下式求得，即

$$\sigma_v^2 = r_{xx}(0) - \sum_{i=1}^{p/2} \frac{q_i^2}{2}$$

这样，就可以对有观测噪声情况下的正弦组合信号的频率和幅值进行估计。这种方法需要准确知道自相关函数值 $r_{xx}(i)$，但在实际中，自相关函数值只能由测量数据序列 $x(n)$ 估计得到，这就影响了谱估计精度，特别是对短数据情况估计精度更差。

下面举例说明。

设双频离散时间正弦信号由下式确定：

$$x(n) = \sqrt{2}\cos(0.33n\pi) + \sqrt{2}\cos(0.5n\pi) + v(n) \qquad (n = 1, 2, \cdots, N)$$

其中：$v(n)$ 是零均值、方差为 1 的白噪声。设信噪比 SNR = 0（即观测噪声较大的情况）。当 $N = 64$ 时，利用皮萨伦科方法仿真谱估计结果，如图 6.15 所示。

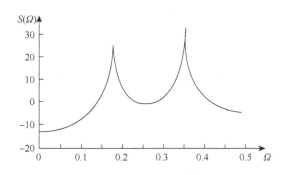

图 6.15　对双正弦信号的皮萨伦科谱估计结果

由图可见，两个谱峰所对应的归一化频率分别为 0.17 和 0.35，而给定信号的归一化频率分别为 0.33 和 0.5，说明受短数据序列自相关估值影响，其频率估计误差较大。

需要说明的是，$\Omega = \omega T = 2\pi f T$（$\Omega$ 为弧度，f 为用 Hz 表示的信号频率），在给定抽样间隔 T 后，角度 Ω 与信号的频率 f 一一对应。归一化频率是指 Ω/π。

6.5 最大似然谱估计

最大似然谱估计是用一个有限长的数字滤波器来实现谱估计，该滤波器对所关心频率的正弦信号具有单位频率响应，可以无失真地通过，而对所有其他频率的噪声，使其输出功率最小，即尽可能将噪声滤除。滤波器输出的均方值就作为正弦信号的谱估计。

设有正弦信号，其时间序列用复数表示为

$$s(k) = q\exp\{\mathrm{j}2\pi f_0 k\Delta t\} = q\exp\{\mathrm{j}k\omega_0\Delta t\} \tag{6.66}$$

当存在观测噪声 $v(k)$ 时，输入滤波器的信号为

$$x(k) = s(k) + v(k)$$

假设 $x(k)$ 为平稳离散随机信号，现对 $x(k)$ 进行滤波，滤波器的输出为

$$y(k) = \sum_{n=0}^{N-1} a_n x(k-n) = \boldsymbol{X}^{\mathrm{T}}\boldsymbol{A} \tag{6.67}$$

其中：a_n 为线性滤波器的单位脉冲响应对应的 $n\Delta t$ 时刻值，即 $a_n = h[n]$；N 为滤波器长度。

将上式写成矢量形式为

$$\boldsymbol{X} = [x(k) \quad x(k-1) \quad \cdots \quad x(k-N+1)]^{\mathrm{T}}$$

$$\boldsymbol{A} = [a_0 \quad a_1 \quad \cdots \quad a_{N-1}]^{\mathrm{T}}$$

滤波后的信号输出功率为

$$E\left[|y(k)|^2\right] = E[\boldsymbol{A}^{\mathrm{H}}\boldsymbol{X}^*\boldsymbol{X}^{\mathrm{T}}\boldsymbol{A}] = \boldsymbol{A}^{\mathrm{H}}\boldsymbol{R}_{xx}\boldsymbol{A} \tag{6.68}$$

其中：$\boldsymbol{A}^{\mathrm{H}} = (\boldsymbol{A}^*)^{\mathrm{T}}$，"$*$" 表示共轭复数。

现在需要基于下列原则确定最佳滤波器参数。

（1）滤波器对所关心频率的正弦信号具有单位频率响应；

（2）同时使滤波器输出的均方 $E\left[|y(k)|^2\right]$ 最小。

也就是说，对所要检测的正弦信号能有最大输出，而噪声得到最充分滤除。

因为单位冲激脉冲的傅里叶变换为滤波器的频率响应，所以

$$H(\Omega) = a_0 + a_1\mathrm{e}^{-\mathrm{j}\Omega} + \cdots + a_{N-1}\mathrm{e}^{-\mathrm{j}(N-1)\Omega} \tag{6.69}$$

令

$$\boldsymbol{E}(\Omega) = [1 \quad \mathrm{e}^{\mathrm{j}\Omega} \quad \cdots \quad \mathrm{e}^{\mathrm{j}(N-1)\Omega}]^{\mathrm{T}}$$

则滤波器的频率响应函数可用矩阵表示为

$$H(\Omega) = \boldsymbol{E}^{\mathrm{H}}(\Omega)\boldsymbol{A} = \boldsymbol{A}^{\mathrm{T}}\boldsymbol{E}^*(\Omega)$$

现要求滤波器对具有角频率为 ω_0（对应数字滤波器中的 Ω_0，且 $\Omega_0 = \omega_0 T$，T 为抽样间隔）的正弦信号有最大输出，即

$$H(\Omega_0) = 1 \quad \text{或} \quad \boldsymbol{A}^{\mathrm{T}}\boldsymbol{E}^*(\Omega_0) = \boldsymbol{A}^{\mathrm{H}}\boldsymbol{E}(\Omega_0) = 1 \tag{6.70}$$

同时，使滤波器输出功率最小，即

$$A^{\mathrm{H}} R_{xx} A = \min \tag{6.71}$$

上述问题是在式（6.70）约束条件下的最优化问题，由拉格朗日乘数法可以求得

$$A = R_{xx}^{-1} E(\Omega_0)[E^{\mathrm{H}}(\Omega_0) R_{xx}^{-1} E(\Omega_0)]^{-1} \tag{6.72}$$

将式（6.72）代入式（6.71），得 Ω_0 频率信号的输出功率，也就是对角频率为 ω_0 的正弦信号的最大似然谱估计为

$$P_{\mathrm{ML}}(\Omega_0) = \frac{1}{E^{\mathrm{H}}(\Omega_0) R_{xx}^{-1} E(\Omega_0)} \tag{6.73}$$

最大似然谱估计就其估计性能来说，其分辨率不如前面所述的修正尤尔-沃克方法和皮萨伦科方法。但是，这种方法可以应用于在白噪声背景下对纯连续谱随机信号进行谱估计，而不局限于对正弦组合信号谱估计。

对于纯连续谱估计，其谱密度 $S_{\mathrm{ML}}(\omega_0)$ 由下式计算：

$$S_{\mathrm{ML}}(\omega_0) = \frac{P_{\mathrm{ML}}(\omega_0)}{\Delta f_N} \tag{6.74}$$

其中：$P_{\mathrm{ML}}(\omega_0)$ 为由式（6.73）得到的谱估计；Δf_N 为噪声带宽。

根据噪声带宽的定义

$$\Delta f_N = \frac{\dfrac{1}{2\pi} \displaystyle\int_{-\infty}^{\infty} |H(\omega)|^2 \,\mathrm{d}\omega}{|H(\omega_0)|^2}$$

以及 $|H(\omega_0)| = 1$，结合帕塞瓦尔（Parseval）定理

$$\frac{1}{2\pi} \int_{-\infty}^{\infty} |H(\omega)|^2 \mathrm{d}\omega = \int_{-\infty}^{\infty} h^2(t)\mathrm{d}t$$

噪声带宽可用矢量 A 表示为

$$\Delta f_N = A^{\mathrm{H}} A$$

由式（6.72）得出 A，再由上式得到

$$\Delta f_N = \frac{E^{\mathrm{H}}(\omega_0) R_{xx}^{-1} E(\omega_0)}{[E^{\mathrm{H}}(\omega_0) R_{xx}^{-1} E(\omega_0)]^2}$$

最后，根据式（6.73）和式（6.74）得到最大似然谱密度估计为

$$S_{\mathrm{ML}}(\omega_0) = \frac{P_{\mathrm{ML}}(\omega_0)}{\Delta f_N} = \frac{E^{\mathrm{H}}(\omega_0) R_{xx}^{-1} E(\omega_0)}{[E^{\mathrm{H}}(\omega_0) R_{xx}^{-1} E(\omega_0)]^2} \tag{6.75}$$

下面给出一个计算机仿真实例。

设某信号由四个频率的正弦信号与白噪声混合而成，正弦波的归一化频率分别为 0.2、0.25、0.3、0.35，信噪比均为 20 dB。图 6.16 为几种不同方法所得的谱估计结果，所用阶数均为 15。

由图可见，图（a）能清晰地显示 4 个谱峰，说明修正尤尔-沃克方法较好，但最大似然估计法可以用于纯连续谱估计。

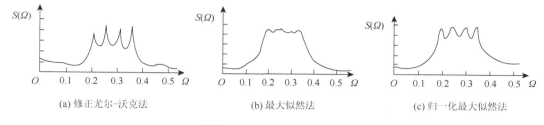

图 6.16　最大似然谱估计

　　现代谱估计是一门发展非常迅速的学科，新方法、新理论层出不穷，内容繁多，这里不一一介绍，有兴趣的读者可参考有关书籍和资料。

第 7 章

锁定放大器

7.1　锁定放大器概述

在生产实际中存在很多微弱正弦信号的测量问题，如绝缘子劣化时存在微弱的泄漏电流，由于被测信号的幅值极其微小，噪声和干扰很强，信噪比低，信号的准确测量存在很大的困难。

使用放大器对信号单纯地进行放大，在放大有用信号的同时也放大了噪声和干扰，无法有效提取被测信号。滤波是一种抑制噪声的方法，但这种方法要想实现对某频率的微弱信号准确的提取，就必须使用带宽无穷窄的带通滤波器，这在工程实际中难以做到。

锁定放大器（lock-in amplifier，LIA）利用参考信号与被测信号相关、与噪声不相关的原理，将参考信号与输入信号做乘法运算实现被测信号的频谱迁移，再利用低通滤波器将高频和噪声滤除，从而实现把被测信号从强背景噪声中提取出来。

锁定放大器具有极窄的带宽，能检测极其微弱的正弦信号，其输入信噪比可低达 10^{-5}，相当于一个具有带宽小于 0.000 4 Hz 的中心频率可调滤波器，其品质因数高达 10^8。品质因数定义为中心频率与滤波器的–3 dB 带宽之比，即 $Q = F/B$，能够实现高达 10^{11} 倍的放大倍数，能在强背景噪声下有效地测量微伏到纳伏量级的微弱正弦信号，因此被广泛应用于电学、物理、化学、生物医学等多种学科和领域。

锁定放大器分模拟锁定放大器（analog lock-in amplifier，ALIA）和数字锁定放大器（digital lock-in amplifier，DLIA）。数字锁定放大器具有测量范围更广、灵活性和稳定性更高等优点，成为现代锁定放大技术研究的重点。但它需要高性能的处理器进行相敏检测与解调，并且算法复杂，成本高，响应速度也不及由模拟元件构成的模拟锁定放大器，无法做成体积小、便携式的设备，因此模拟锁定放大器是不可替代的，需要根据实际情况选择适合的锁定放大器。

世界上首台锁定放大器诞生于 1962 年，是由美国的 EG&G PARC 公司研制并生产出来的。J. T. 卢（J. T. Lue）在 1977 年提出了一种用于测量二极管正向或反向结电容电阻的简化锁定放大器。巴龙（Barone）等在 1995 年提出了一种高效、稳定的数字锁定放大器，它是以经典正交理论及误差信号提取算法为基础设计出来的。为了满足不同研究领域的需求，美国的 SIGNAL RECOVERY 公司推出了多种型号的锁定放大器。例如，Model 51 和 52 系列的模拟锁定放大器和 Model 72 系列的数字锁定放大器，涵盖了单相和双相类型，具有千赫兹到兆赫兹的检测带宽，功能强大。美国斯坦福公司推出的 SR8 系列以及日本 NF 公司推出的 LI5630、5640 等产品，都是目前精度和性能很高的锁定放大器。

国内对锁定放大器的研究较国外相对晚一些，南京大学的唐鸿宾教授在 20 世纪 70 年代开始了微弱信号检测方面的研究，开发出了以 HB-212 为代表的多种功能和类型的锁定放大器。国内还有多所高校也在对锁定放大器开展研究，如浙江大学、华中科技大学、中南大学等，它们将新的理论和技术与锁定放大器融合，设计出了性能和效果优良的锁定放大器。中山大学开发了 LRA-520 型锁定放大器。

7.2　锁定放大器的构成及基本原理

7.2.1　锁定放大器的基本结构

　　锁定放大器是以相关器为核心的微弱信号检测仪器，能在强背景噪声下检测微弱正弦信号的幅度和相位，具有鉴幅和鉴相能力。它主要由信号通道、参考通道、乘法器、低通滤波器组成，基本结构框图如图 7.1 所示。

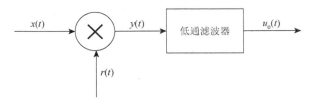

图 7.1　锁定放大器基本结构

　　图中：信号 $x(t)$ 包含被测正弦信号和噪声，即 $x(t) = s(t) + n(t)$；参考信号 $r(t)$ 为与被测信号 $s(t)$ 同频率的正弦信号或方波信号。

　　实际锁定放大器包含更多的环节，如图 7.2 所示。信号通道主要由信号调理电路构成，包括前置放大器、滤波器、放大环节，其作用是把被测信号放大到一定的幅度，并进行预滤波处理；参考通道提供参考信号，主要由放大、移相、波形整形电路组成，其作用是提供一个与被测信号同频率的正弦信号（或方波信号），而且其相位可由移相电路来改变；相关器主要由做相关运算的乘法器和低通滤波器组成，乘法器实现输入信号 $x(t) = s(t) + n(t)$ 与参考信号 $r(t)$ 的乘法运算，将信号调制成低频信号（差频）和高频信号（和频）两部分，再通过低通滤波器实现低通滤波，滤除高频成分，保留低频信号。当被测信号 $s(t)$ 与参考信号 $r(t)$ 同频率时，滤波器的输出为直流信号。最后由直流放大器将信号放大到合适的幅度，其输出电压幅度正比于被测正弦信号的幅度，据此可测量正弦信号的幅值或有效值。

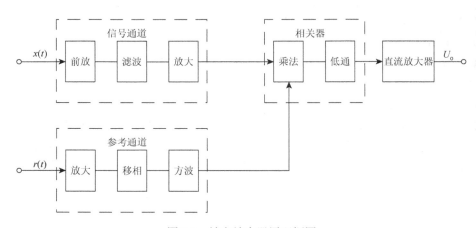

图 7.2　锁定放大器原理框图

锁定放大器的核心部分是相关器（correlator），亦称相关解调器（correlation demodulator），下面讨论其基本原理。

7.2.2　锁定放大器的基本原理

设锁定放大器的输入信号为

$$x(t) = U_s \cos \omega_0 t + n(t) \tag{7.1}$$

其中：第一项为被测正弦信号 $s(t) = U_s \cos \omega_0 t$（$U_s$ 为正弦信号的幅值），为待测参量；$n(t)$ 为噪声。

根据噪声信号参量估计中的最大似然估计，被测信号幅值的最大似然估计为

$$\hat{a}_{\mathrm{ml}} = \frac{\int_0^T x(t)s(t)\mathrm{d}t}{\int_0^T s^2(t)\mathrm{d}t} = c\int_0^T x(t)s(t)\mathrm{d}t \tag{7.2}$$

其中：$s(t) = \cos \omega_0 t$；$c = \dfrac{1}{\int_0^T s^2(t)\mathrm{d}t}$。

相位最大似然估计为

$$\hat{\theta}_{\mathrm{ml}} = \arctan \frac{\int_0^T x(t)\cos \omega_0 t \mathrm{d}t}{\int_0^T x(t)\sin \omega_0 t \mathrm{d}t} \tag{7.3}$$

因此，正弦信号幅值 U_s 的估计为

$$u_{\mathrm{o}}(t) = c\int_0^T x(t)\cos \omega_0 t \mathrm{d}t \tag{7.4}$$

显然，这种最大似然估计可用如图 7.3 所示的相关运算电路来实现。

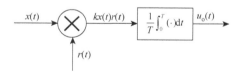

图 7.3　相关解调器原理

图中：$x(t)$ 为包含被测信号和噪声的输入信号；$r(t)$ 为参考信号，是与被测信号 $s(t)$ 同频率的正弦信号，也可以是与被测信号同频率的方波信号；乘法运算由模拟乘法器完成，积分运算由低通滤波器实现。

下面就参考信号为正弦信号和方波信号两种不同情况进行详细分析。

1. 正弦参考信号

假设 $r(t)$ 为与被测信号 $s(t)$ 同频率但与之有相位差的正弦信号，即

$$r(t) = U_r \cos(\omega_0 t + \varphi) \tag{7.5}$$

设积分时间无穷长，则相关器的输出为

$$u_{\mathrm{o}}(t) = \lim_{T \to \infty} \frac{1}{T}\int_0^T k\left[U_s \cos \omega_0 t + n(t)\right]U_r \cos(\omega_0 t + \varphi)\mathrm{d}t$$

其中：k 为乘法器的增益。假定噪声为白噪声，与正弦信号不相关，则

$$\lim_{T \to \infty} \frac{1}{T} \int_0^T n(t) \cdot U_r \cos(\omega_0 t + \varphi) \mathrm{d}t = 0$$

故得

$$u_o(t) = \frac{kU_s U_r}{2} \cos \varphi \tag{7.6}$$

其中：U_s 和 U_r 分别为被测信号和参考信号的幅值；φ 为二者之间的相位差。由上式可知，相关解调器的输出 $u_o(t)$ 为直流电压，若 U_r、φ 已知，且恒定，则可据此计算出被测正弦电压信号的幅值 U_s。

由于 $u_o(t)$ 与 φ 有关，相关解调器亦称相敏检测器（phase sensitive detector，PSD）。当 $\varphi = 0$ 时，$u_o(t)$ 达到最大值，此时能获得最大检测灵敏度。

通过调节移相器，改变参考信号的相位，可获得被测信号的相位信息。

2. 方波参考信号

假设参考信号 $r(t)$ 是占空比为 50%的方波信号，其高度为 $\pm U_r$，周期为 T，如图 7.4 所示。

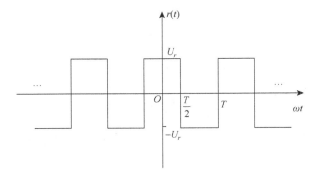

图 7.4 方波周期信号

将其用傅里叶级数展开，表示为

$$r(t) = a_0 + \sum_{n=1}^{\infty} (a_n \cos n\omega_0 t + b_n \sin n\omega_0 t) = \sum_{n=1}^{\infty} \frac{4U_r}{n\pi} \sin \frac{n\pi}{2} \cos(n\omega_0 t)$$
$$= \frac{4U_r}{\pi} \sum_{n=1}^{\infty} \frac{(-1)^{n+1}}{2n-1} \cos[(2n-1)\omega_0 t] \tag{7.7}$$

则输入信号与参考信号相乘后得到

$$u_p(t) = x(t)r(t) = U_s \cos(\omega_0 t + \varphi) \times \frac{4U_r}{\pi} \sum_{n=1}^{\infty} \frac{(-1)^{n+1}}{2-1} \cos[(2n-1)\omega_0 t]$$
$$= \frac{2U_s U_r}{\pi} \sum_{n=1}^{\infty} \frac{(-1)^{n+1}}{2n-1} \cos[(2n-2)\omega_0 t - \varphi] + \frac{2U_s U_r}{\pi} \sum_{n=1}^{\infty} \frac{(-1)^{n+1}}{2n-1} \cos(2n\omega_0 t + \varphi) \tag{7.8}$$

其中：第一项为差频分量；第二项为和频分量。信号经过低通滤波器，保留 $n = 1$ 的差频分量，其余的信号分量全部被滤除。因此，低通滤波后的输出电压为

$$u_o(t) = \frac{2U_s U_r}{\pi} \cos\varphi \tag{7.9}$$

其中：φ 为被测信号与参考信号之间的相位差。

显然，当参考信号为与 $s(t)$ 同频率的方波信号时，输出也为直流电压，且具有相敏特性，与以正弦信号作为参考信号时所得结果类似。

相关解调器的测量时间对测量结果具有影响。

图 7.3 中的积分运算一般是通过 RC 低通滤波器来实现的，这种低通滤波器相当于时间常数为 $3RC \sim 5RC$ 的积分器。因此，实际相关解调器的积分时间不可能无限长，难以得到 $u_o(t) = \dfrac{kU_s U_r}{2}\cos\varphi$ 的结果，即输出中仍含有一定的噪声。

设积分时间为 T，则相关器输出为

$$\hat{R}(\tau) = \hat{R}_{sr}(\tau) + \hat{R}_{nr}(\tau) \tag{7.10}$$

其中：$\hat{R}_{sr}(\tau) = \dfrac{1}{T}\displaystyle\int_0^T s(t)r(t-\tau)\mathrm{d}t$，$\hat{R}_{nr}(\tau) = \dfrac{1}{T}\displaystyle\int_0^T n(t)r(t-\tau)\mathrm{d}t$。可得输出信噪比为

$$\mathrm{SNR}_o = \frac{\left[\hat{R}_{sr}(\tau)\right]^2}{\overline{\hat{R}_{nr}^2(\tau)}} \tag{7.11}$$

其中：$\overline{\hat{R}_{nr}^2(\tau)} = E\left[R_{nr}^2(\tau)\right]$。

若 $\varphi = 0$，且

$$\hat{R}_{sr}(0) = \frac{1}{T}\int_0^T U_s U_r \cos^2 \omega t\,\mathrm{d}t \approx \frac{U_s U_r}{2}$$

$$\overline{\hat{R}_{nr}^2(0)} = \frac{1}{T^2}\int_0^T\int_0^T \overline{n(t_1)n(t_2)}\,r(t_1)r(t_2)\mathrm{d}t_1\mathrm{d}t_2$$

$$= \frac{1}{T^2}\int_0^T\int_0^T \frac{N_0}{2}\delta(t_1-t_2)r(t_1)r(t_2)\mathrm{d}t_1\mathrm{d}t_2 = \frac{N_0}{2T}\int_0^T r^2(t)\mathrm{d}t \approx \frac{U_r^2 N_0}{8T}$$

其中：$\overline{n(t_1)n(t_2)} = E\left[n(t_1)n(t_2)\right]$。则 $\tau = 0$ 时的输出信噪比为

$$\mathrm{SNR}_o = \frac{\left[\hat{R}_{sr}(0)\right]^2}{\hat{R}_{nr}^2(0)} = \frac{2U_s^2 T}{N_0} \tag{7.12}$$

上式表明，输出信噪比与积分时间有关，要抑制噪声，提高信噪比，需要延长积分时间，即增加 RC 滤波器的时间常数。但这会使测量时间延长，测量时间越长，则抑制噪声的能力越强，可以检测的信号越小。

7.2.3　参考信号的获取

根据相关解调器的原理，参考信号必须是一幅度恒定且与被测信号同频率的正弦信号或方波信号。因为信号源的幅值和频率难以做到十分稳定，所以用两个不同的信号源来满足该条件往往十分困难，解决该问题的办法是让参考信号与被测信号来自同一信号源，这样能完全保证信号同频，降低了对信号源的要求，下面举例说明。

例 7.1　微应变的测量。

应变片是用于测量应变的元件，分电阻应变片和半导体应变片。电阻应变片是基于导体

的电阻与导体长度成正比、与截面积成反比原理的传感器（即 $R = \rho l / S$ ）。其基本构造是将很细的金属丝弯曲成栅状，并附着在很薄的基片上，如图 7.5 所示。当金属丝受到外力的作用时会引起其长度和截面积的变化，导致电阻发生变化。半导体应变片用半导体材料制成，其工作原理是基于半导体材料的压阻效应。压阻效应是指当半导体材料某一轴向受外力作用时，其电阻率发生变化的现象。

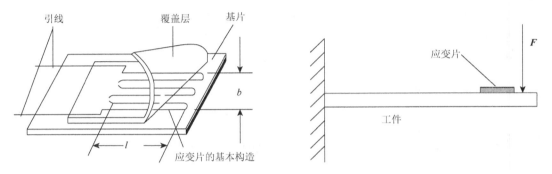

图 7.5　电阻应变片的基本结构　　　　　　图 7.6　工件应变测量

假设如图 7.6 所示悬臂梁金属工件受到外力 F 作用，导致工件弯曲变形，产生微应变，这种应变可通过电桥测量。将应变片紧贴在构件表面作为电桥桥臂电阻，在构建不受力时电桥平衡，电桥输出电压为 0；当构件受力时，应变片的电阻发生变化，电桥平衡被破坏，输出正比于外力或应变的电压，从而线性地反映应变的大小。但由于应变很小，且存在背景噪声和干扰，为了提高信噪比，有效地检测出微应变，采用如图 7.7 所示的锁定放大器测量金属构件微应变。

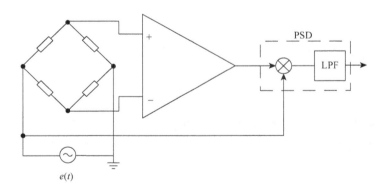

图 7.7　用锁定放大器测量金属构件微应变原理电路

电桥的工作电源是频率为 f_0 的交流电压 $e(t)$。该电源同时作为参考信号，从而保证被测信号与参考信号同频。因此，该方法对电源频率的稳定性无需做特殊要求。

7.2.4　将直流信号转换成交流信号

上述工件的受力以及应力、应变往往是变化缓慢的直流信号，若直接测量这些信号，可能受到电路元器件低频噪声（1/f 噪声）的影响，信噪比低，难以获得准确的测量结果。上述电路把直流问题变成交流问题，克服了低频噪声的影响，提高了测量准确度。

生产实际中很多微弱物理量的测量，如微电容、微温度、微位移等都可按这种思路将直流测量问题变成交流测量问题。

为了克服 1/f 噪声对测量的影响，在很多情况下可以采用调制方式将直流信号转换成交流信号。下面举例说明。

例 7.2　变压器故障气体的测量。

电力变压器绕组在发生局部放电时内部的冷却油往往会分解产生一些气体，如乙炔等，不同的气体对光具有不同的吸收，通过检测光谱的吸收，可判断变压器内部是否存在放电故障以及故障的严重程度。图 7.8（a）所示为测量乙炔含量的锁定放大器电路。其工作过程为：由 He-Ne 激光器产生激光，一路光由气室通过乙炔气体，另一路光不经过气体作为参考光，它们通过光电倍增管（PMT）将光信号变成电信号，并送入差动放大器，放大器的输出电压正比于乙炔的含量。放大器的输出作为锁定放大器 LIA 的输入。

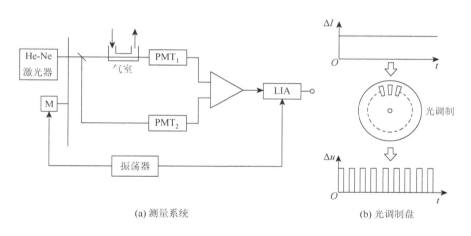

(a) 测量系统　　　　　　　　　　　　　　(b) 光调制盘

图 7.8　用锁定放大器测量乙炔含量

为了克服 1/f 噪声，可用图 7.8（b）所示匀速转动的光调制盘将连续光束转变为交变光束，再由光电倍增管实现光电转换变为交变电信号。光调制盘沿圆周均匀开有若干通孔，当光透过通孔时，光可以进入后续光路，否则无光通过，因此调制盘起到了将直流信号转变成交流信号的作用，这样可以避开低频噪声的影响，使测量更准确。图中振荡器产生周期信号，并驱动电机 M 带动光调制盘旋转。

将直流问题转换为交流问题的方法有很多，以下为一种较为简单的方法。

图 7.9 所示为串并联式场效应管将直流电压转换为交流电压的电路。图中：BG_1 为串联管；BG_2 为并联管；U_{r1} 与 U_{r2} 为互补脉冲，用来控制两场效应管轮流导通或截止。设输入电压 u_i 为直流电压，当 U_{r1} 为高电平时，U_{r2} 为低电平，BG_1 导通，BG_2 截止，这时电容器 C 为充电状态，输出电压 u_o 为正；反之，BG_1 截止，BG_2 导通，这时电容器 C 为放电状态，输出电压 u_o 为负，从而实现将直流电压转换为交流电压。

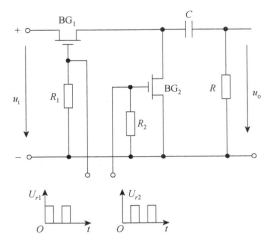

图 7.9   串并联场效应管式直流-交流电压转换电路

7.2.5   参考信号的相位

由式（7.6）可知，相敏检测器的输出电压大小与被测信号和参考信号之间的相位差 φ 有关。当 $\varphi = 0°$ 或 $\varphi = 180°$ 时，输出电压分别为正、负最大值；当 $\varphi = 90°$ 或 $\varphi = 270°$ 时，输出电压为 0。由于检测时不可能预先知道被测信号的相位，相关解调器中必须设置参考信号的移相电路，以调节相位 φ，如图 7.10 所示。

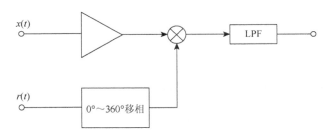

图 7.10   参考信号通道的移相电路

移相电路有很多种，不同电路的移相范围各不相同，图 7.11 给出了几种移相电路。

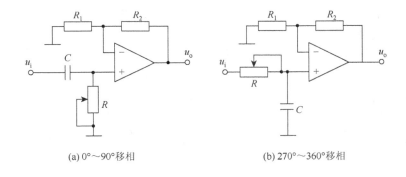

(a) 0°～90°移相   (b) 270°～360°移相

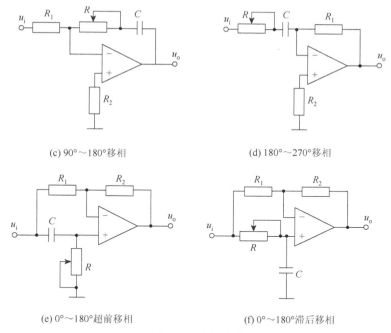

(c) 90°～180°移相　　　　　　　(d) 180°～270°移相

(e) 0°～180°超前移相　　　　　　(f) 0°～180°滞后移相

图 7.11　移相电路

7.3　正交锁定放大器

7.3.1　正交锁定放大器原理

前面所述为单路锁定放大器，其输出不仅与被测信号的幅值有关，还与被测信号和参考信号之间的相位差有关。因此，要想得到被测信号的幅度大小，必须对相位差进行准确测量与控制，这往往较难实现。

为了解决单路锁定放大器的上述问题，可采用双路正交锁定放大器，即利用参考信号相互正交的两组相敏检测器，对它们的输出结果进行正交矢量求和，无需相位信息即可得到待测信号的幅值和相位。该方法避免对参考信号进行移相，克服了相位对系统测量结果的影响，提高了检测的准确度。图 7.12 所示为正交矢量锁定放大器的原理框图。

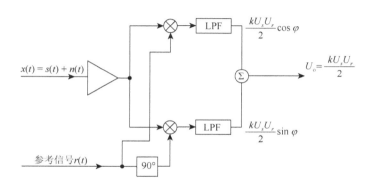

图 7.12　正交矢量锁定放大器结构框图

待测信号通过信号通道处理后送入两个相敏检测器中，分别与相位差为 90° 的两个参考信号进行乘法运算，设待测信号 $s(t)$ 与一路参考信号的相位差为 φ，与另一路参考信号的相位差为 $\varphi+90°$。由式（7.6）可得两路低通滤波（LPF）的输出电压分别为

$$V_1 = \frac{kU_sU_r}{2}\cos\varphi \tag{7.13}$$

$$V_2 = \frac{kU_sU_r}{2}\sin\varphi \tag{7.14}$$

将两路电压进行矢量求和，得

$$U_o = \sqrt{\left(\frac{kU_sU_r\cos\varphi}{2}\right)^2 + \left(\frac{kU_sU_r\sin\varphi}{2}\right)^2} = \frac{kU_sU_r}{2} \tag{7.15}$$

显然，测量结果与相位差 φ 无关，若已知参考信号的幅值便可求出待测正弦信号的幅值。将两路电压之比求反正切，得相位

$$\varphi = \arctan\frac{V_2}{V_1} \tag{7.16}$$

由此可知，通过对正交锁定放大器的两路输出信号进行简单计算，就能得到被测信号的幅值和相位，该方法不受信号相位测量误差的影响，因此测量准确度与单路锁定放大器相比大大提高。

7.3.2　正交锁定放大器的 Simulink 建模与仿真

使用 MATLAB 中的 Simulink 模块对正交锁定放大器进行建模与仿真验证。图 7.13 所示为仿真模型。设被测信号是幅值为 1 V 的 50 Hz 正弦波信号，参考信号是幅值为 1 V、占空比为 50% 的方波信号，且两路参考信号的相位差为 90°，噪声是方差分别为 0.1、1、10 的高斯白噪声，则输入相关器信号的信噪比分别为 20 dB、0 dB、−20 dB；低通滤波器模块选择截止频率为 1 Hz 的 4 阶巴特沃思低通滤波器。

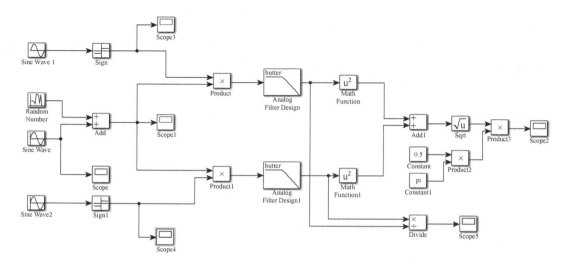

图 7.13　Simulink 仿真模型图

　　分别对输入信号中不包含噪声和包含噪声，且具有不同信噪比的情况进行仿真，仿真输出结果分别如图 7.14（a）～（h）所示。其中：图（a）是待测信号波形；图（b）是信噪比为−20 dB 时的输入信号波形，此时待测信号已经完全淹没在噪声里面；图（c）是与待测信号同相位的参考信号波形；图（d）是与待测信号相位差为 90°的参考信号波形；图（e）是输入信号无噪声时的系统输出波形；图（f）是输入信号的信噪比为 20 dB 时的系统输出波形；图（g）是输入信号的信噪比为 0 dB 时的系统输出波形；图（h）是输入信号的信噪比为−20 dB 时的系统输出波形。可以看出，当输入信号的信噪比分别为 20 dB、0 dB、−20 dB时，系统的输出波形与无噪声时基本相同，当输出信号波形达到稳定时均能保持在 1 V 左右。正交矢量锁定放大器能够很好地把待测信号从强噪声环境中提取出来，具有很强的抵抗干扰能力。

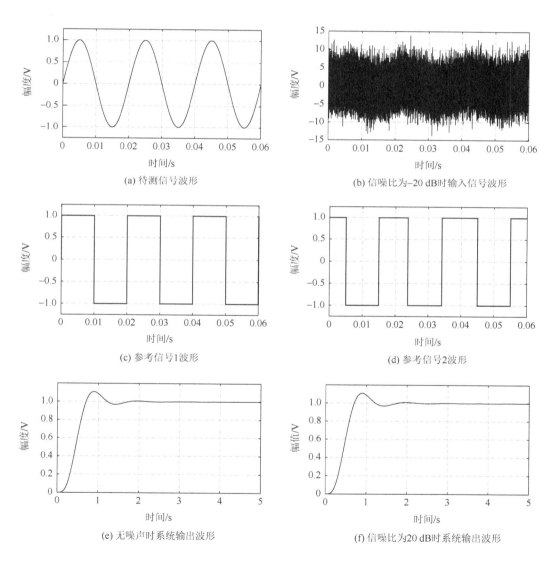

(a) 待测信号波形

(b) 信噪比为−20 dB时输入信号波形

(c) 参考信号1波形

(d) 参考信号2波形

(e) 无噪声时系统输出波形

(f) 信噪比为20 dB时系统输出波形

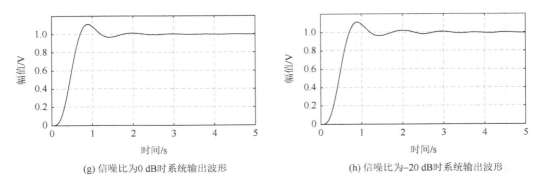

(g) 信噪比为0 dB时系统输出波形　　　　　　(h) 信噪比为−20 dB时系统输出波形

图 7.14　正交锁定放大器仿真

7.4　相关解调器的频率特性

相关解调器由乘法器和低通滤波器组成，是锁定放大器的核心，其性能好坏直接影响测量结果的准确性。

7.4.1　幅频特性

设输入相关解调器的被测信号和参考信号分别为 $s(t)=U_s\cos\omega_s t$ 和 $r(t)=U_r\cos\omega_0 t$，二者角频率不同，分别为 ω_s 和 ω_0。现研究 $f_0\neq f_s$ 时输出信号的变化。

相关器的乘法输出为

$$ks(t)r(t)=kU_r\cos\omega_0 t\cdot U_s\cos\omega_s t$$
$$=\frac{kU_s U_r}{2}\cos\big[(\omega_s-\omega_0)t\big]+\frac{kU_s U_r}{2}\cos\big[(\omega_s+\omega_0)t\big] \tag{7.17}$$

上式第一项为低频成分，频率为 $\omega_s-\omega_0$；第二项为高频成分，频率为 $\omega_s+\omega_0$。高频成分不能通过低通滤波器，故相关解调器的输出为低频正弦信号，其频率为 $F=f_s-f_0$，$\omega_F=\omega_s-\omega_0$。

若 $\omega_s=\omega_0$，则上式中的第一项为直流分量，第二项为 2 倍频分量。所以，通过乘法运算，信号的频谱从原来的 ω_0 变到了 $\omega=0$ 和 $\omega=2\omega_0$ 两个位置，实现输入信号的频谱迁移。迁移后的信号幅值受到输入信号和参考信号幅值共同影响。信号经低通滤波器处理后，将 $2\omega_0$ 成分及通带外的噪声干扰滤除，留下仅与被测信号幅值、参考信号幅值、二者之间相位差有关的直流分量 $\frac{1}{2}kU_s U_r\cos\varphi$，因此可以实现对信号幅值和相位的鉴别。

低通滤波器用于抑制高频信号，性能分析如下。

设采用 RC 低通滤波器，则其频率响应函数

$$H(\omega)=\frac{1}{1+\mathrm{j}\omega RC}=\frac{1}{\sqrt{1+(2\pi fRC)^2}}\cdot\mathrm{e}^{-\mathrm{j}\arctan(2\pi fRC)} \tag{7.18}$$

其幅频特性和相频特性分别为

$$|H(\omega)| = \frac{1}{\sqrt{1 + (2\pi fRC)^2}}$$

$$\angle H(\omega) = -\arctan(2\pi fRC)$$

故相关解调器的输出为

$$\begin{aligned}
u_\text{o}(t) &= \frac{kU_sU_r}{2}|H(\omega_F)| \cdot \cos\left[2\pi Ft + \angle H(\omega_F)\right] \\
&= \frac{kU_sU_r}{2\sqrt{1 + (2\pi FRC)^2}} \cdot \cos[2\pi Ft - \arctan(2\pi FRC)]
\end{aligned}$$ 　（7.19）

假设参考信号的频率 f_0 固定，被测信号的频率 f_s 在 f_0 附近变化，由上式可得以下结论。

（1）当 $f_s = f_0$ 时，输出为直流电压 $u_\text{o}(t) = \dfrac{kU_sU_r}{2}$；

（2）当 $f_s \neq f_0$ 时，输出为差频 $F = f_s - f_0$ 的正弦电压，其幅度小于同频时的电压，衰减倍数为 $\dfrac{1}{\sqrt{1 + (2\pi FRC)^2}}$，且存在初相位 $\angle H(\omega) = -\arctan(2\pi FRC)$。

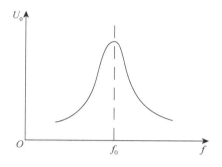

图 7.15　相关解调器的幅频特性

由此可见，相关解调器的幅频特性 $U_\text{o}(f)$ 为如图 7.15 所示的带通滤波器，只有在 f_0 附近的少量噪声才能通过相关解调器。幅频特性越窄，则输出噪声越小，输出信噪比越高，对噪声的抑制能力越强。

已知 RC 低通滤波器的噪声带宽为 $\Delta f_N = \dfrac{1}{4RC}$，考虑到 $\Delta w > 0$ 和 $\Delta w < 0$ 时滤波器均有输出，故相关解调器的噪声带宽为它的 2 倍，即 $\Delta f_N = 2 \times \dfrac{1}{4RC} = \dfrac{1}{2RC}$。可见，$RC$ 越大，则输出噪声越小，即可以检测更小的正弦信号。但输出达到稳定的时间，则测量时间就越长。

7.4.2　相敏特性

当参考信号与被测信号同频率时，相关解调器的输出为直流电压，即

$$u_\text{o}(t) = \frac{kU_sU_r\cos\varphi}{2}$$

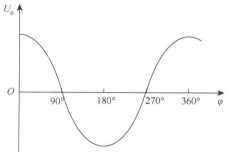

图 7.16　相关解调器的相敏特性

其中：$\varphi = \varphi_s - \varphi_r$，其特性如图 7.16 所示。当 $\varphi = 0$ 时，$u_\text{o}(t) = \dfrac{kU_sU_r}{2}$ 为极大值，灵敏度最高；当 $\varphi = 180°$ 时，$u_\text{o}(t) = -\dfrac{kU_sU_r}{2}$ 为负极大值；当 $\varphi = 90°$ 或 $270°$ 时，$u_\text{o}(t) = 0$。

通过调节移相电路的相位，可获得最大输出电压。

7.5　开关式相关解调器

乘法器是相关解调器的核心部分，要求它有理想的乘法特性及较大的过载能力。而实际使用的模拟乘法器存在以下缺点。

（1）由 $u_0(t) = \frac{1}{2}kU_sU_r\cos\varphi$ 可知，相关解调器的输出正比于参考信号的幅值 U_r，而确保参考信号的幅度恒定较困难。

（2）乘法器在一定信号幅度范围内具有线性，超过一定范围具有非线性，若其工作在非线性范围会带来较大的测量误差。

为了克服上述不足，可采用开关乘法器。分析如下。

开关乘法电路可由电子电路实现，图 7.17 所示电路为一种开关乘法电路，它主要由理想变压器和两个互补开关组成，信号 $x(t)$ 经变压器耦合到副方。$r(t)$ 为与被测信号同频率的方波信号，用来控制开关的开合，当 $r(t)$ 为高电平时，开关导通，当 $r(t)$ 为低电平时，开关断开，则电路的输出为

$$u_o = kx(t)r(t) = \begin{cases} kx(t), & r(t)\text{为正半周} \\ -kx(t), & r(t)\text{为负半周} \end{cases} \tag{7.20}$$

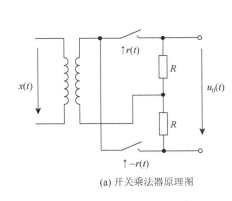

(a) 开关乘法器原理图

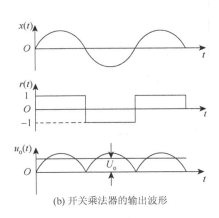

(b) 开关乘法器的输出波形

图 7.17　开关乘法器原理

因为参考信号 $r(t)$ 为周期方波信号，所以输出相当于全波整流信号。设输入为正弦信号，其幅值为 U_s，经整流、滤波，输出电压平均值 $U_o \propto U_s$。显然，u_o 与参考信号幅度无关，因电路仅起开关作用，故有较大的过载能力。

开关乘法器与理想乘法器存在一些差别，主要是噪声带宽不同，因为前者是将输入信号与频率为 f_0 的对称方波相乘，会产生一些谐波，其中部分谐波通过滤波器，使信号输出噪声增大，信噪比下降，降低了测量准确度。分析如下。

将图 7.17 所示方波 $r(t)$ 按傅里叶级数展开成

$$r(t) = \frac{4}{\pi}\sum_{n=0}^{\infty}\frac{1}{2n+1}\sin\left[(2n+1)\omega_0 t\right] \tag{7.21}$$

设输入正弦信号为 $U_s \sin \omega t$，则开关乘法器的输出为

$$u_o(t) = \frac{2U_s}{\pi} \sum_{n=0}^{\infty} \frac{1}{2n+1} \cos\left[\omega - (2n+1)\omega_0\right]t - \frac{2U_s}{\pi} \sum_{n=0}^{\infty} \frac{1}{2n+1} \cos\left[\omega + (2n+1)\omega_0\right]t \quad (7.22)$$

其中：第一项为低频（差频）信号，可以通过低通滤波器，当 $\omega = (2n+1)\omega_0$ 时，输出达到峰值，且幅值按 $\frac{2U_s}{\pi} \frac{1}{2n+1}$ 衰减，n 越大，信号的幅度越小，$n = 0$ 的输出分量最大，且为直流分量；第二项为高频（和频）信号，无法通过低通滤波器，高频信号被抑制。

开关式相关解调器的幅频特性如图 7.18 所示，系统在 $f = f_0, 3f_0, 5f_0, \cdots$ 处均有输出，而理想模拟乘法器仅在 $f = f_0$ 处有输出。这表明，无论是模拟相关解调器还是开关式相关解调器，频率为 f_0 的被测正弦信号均能完全通过系统，能够实现正弦信号的测量，但开关式相关解调器的输出信噪比模拟式相关解调器低，后者能获得更准确的测量结果。

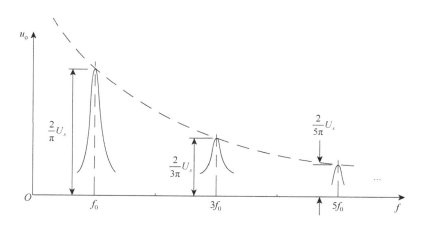

图 7.18　开关乘法器幅频特性

下面定量分析噪声对测量结果的影响。

因为噪声为宽频信号，所以不仅在 f_0 附近的噪声可以通过系统，而且在 nf_0 ($n = 3, 5, 7, \cdots$) 附近的噪声也能通过系统，只是幅度按 $\frac{1}{2n+1}$ 下降。因此，采用开关式相关解调器相当于增加了系统噪声带宽，有

$$\Delta f_N = \sum_{n=0}^{\infty} \left(\frac{1}{2n+1}\right)^2 \cdot \frac{1}{2RC} = \frac{\pi^2}{8} \cdot \frac{1}{2RC} \quad (7.23)$$

即等效噪声带宽增加了 23%（$\pi^2/8 \approx 1.23$），或输出噪声电压增加了 $\sqrt{0.23} = 11\%$，因而使得信噪比略有下降。如果在开关乘法器前面加一个中心频率为 f_0 的带通滤波器，那么可以充分滤除各次谐波（$3f_0, 5f_0, \cdots$）及噪声，减少输出噪声。

开关式相关解调器同样具有相敏特性，如图 7.19 所示。

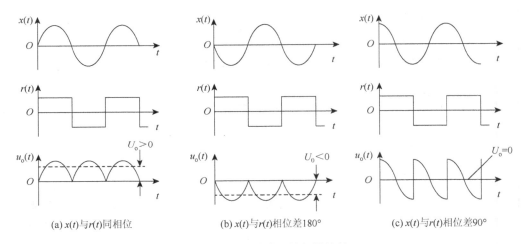

(a) $x(t)$ 与 $r(t)$ 同相位　　　　　(b) $x(t)$ 与 $r(t)$ 相位差180°　　　　(c) $x(t)$ 与 $r(t)$ 相位差90°

图 7.19　开关乘法器的相敏特性

此外，还有其他形式的开关式相关解调器电路，如四开关 PSD 电路、斩波型 PSD 电路、数字型 PSD 电路等。

7.6　数字锁定放大器

数字信号相关解调是利用 AD 转换芯片将模拟量转化成数字量，然后在 DSP 或 FPGA 等微处理器中完成相关解调。

与模拟相关解调相比，数字相关解调主要具有以下几点优势。

（1）由于相关解调器输出为直流信号，模拟器件的漂移问题会导致输出偏移，而输入信号与参考信号经数字乘法后，不会在输出端产生直流偏移。因此，采用数字乘法器可以消除由模拟器件引起的漂移问题。

（2）模拟相关解调的动态范围限制在 60 dB 左右，当信噪比小于 1/1000 即−60 dB 时，模拟相关解调输出将存在误差。该误差主要是由模拟乘法器的非线性所致，误差大小受噪声信号的幅度、频率、波形影响。而数字相关解调的动态范围主要受限于 AD 转换的精度，输入信号数字化后便不会再引入其他噪声。对于线性度较好的 AD 转换器，在信噪比较低时，噪声信号的存在不会影响其对弱信号的数字化性能。典型的数字锁定放大器，以 SR810、SR830 为例，其动态范围可达 100 dB。

（3）模拟相关解调将输入信号与模拟参考信号相乘，参考信号幅度的微小变化都会直接影响解调结果，而受模拟器件温度漂移等问题的影响，模拟信号发生器很容易发生振幅漂移。与模拟信号发生器相比，数字正弦参考信号具有精确且稳定的幅度，可以避免由参考信号带来的输出误差。

设输入待测模拟信号为

$$x(t) = V_s \cos(\omega_0 t)$$

为实现数字信号相关解调，首先需利用模数转换器 ADC 将输入的模拟信号数字化。这里信号频率 $f_0 = \dfrac{\omega_0}{2\pi}$，采样频率 $f_s = N f_0$，则 $x(t)$ 经 AD 转换得到的离散时间信号为

$$x(k) = V_s \cos \frac{2\pi f_0 k}{f_s} = V_s \cos \frac{2\pi k}{N}$$

其中：$k = 0, 1, 2, \cdots, N$（N 为整周期采样点数）。

设余弦参考信号为

$$r(k) = V_s \cos \left(\frac{2\pi k}{N} + \varphi \right)$$

则经数字乘法器后得到

$$u_{\mathrm{p}}(k) = x(k)r(k) = V_s \cos \frac{2\pi k}{N} V_r \cos \left(\frac{2\pi k}{N} + \varphi \right) = \frac{1}{2} V_s V_r \left[\cos \varphi + \cos \left(\frac{4\pi k}{N} + \varphi \right) \right]$$

$$= \frac{1}{2} V_s V_r \left\{ \cos \varphi + \cos \left[\frac{2\pi k(2f_0)}{f_s} + \varphi \right] \right\}$$

信号经通带截止频率为 f_{p}（$f_{\mathrm{p}} < 2f_0$）的数字低通滤波器后得到输出为

$$u_{\mathrm{o}}(k) = \frac{1}{2} V_s V_r \cos \varphi$$

上式表明，在 V_r、φ 确定时，采用数字方式实现相关解调，可以从噪声中检测出被测信号。

为解决单通道锁定放大器输出与相位差有关的问题，采用双通道数字锁定放大器来消除相位差对输出的影响。双通道数字锁定放大器原理如图 7.20 所示。

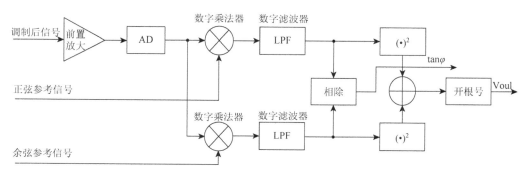

图 7.20　双通道数字锁定放大器原理图

双通道数字锁定放大器具有两路正交的参考信号。根据上述推导，当参考信号为余弦信号时，经数字相关解调后的输出为

$$u_{\mathrm{oc}}(k) = \frac{1}{2} V_s \cos \varphi$$

当参考信号为正弦信号时，经数字相关解调后的输出为

$$u_{\mathrm{os}}(k) = \frac{1}{2} V_s \sin \varphi$$

由上述两式可求得信号的幅值和相位，即

$$V_s = 2\sqrt{[u_{\mathrm{os}}(k)]^2 + [u_{\mathrm{oc}}(k)]^2}$$

$$\varphi = \arctan \frac{u_{\mathrm{os}}(k)}{u_{\mathrm{oc}}(k)}$$

　　因此，采用双通道数字锁定放大器可以消除单通道锁定放大器中由相位差变化引起的输出信号的波动。

7.7　锁定放大器的应用

　　例 7.3　微弱阻抗变化测量。

　　图 7.21 所示为利用锁定放大器测量阻抗的原理图。图中：Z_1、Z_2、Z_3、Z_x 构成电桥，其中 Z_1、Z_2、Z_3 已知，Z_x 为待测阻抗；电桥由正弦交流电压源 $e(t)$ 激励（设 E 为正弦电压的幅值）；$r(t)$ 为参考信号；$V_x(t)$ 为电桥的输出电压，该电压含有反映阻抗 Z_x 的信息。因为参考信号与电桥的激励来自同一电源，所以参考信号与被测信号具有相同的频率，满足锁定放大器对被测信号与参考信号同频的要求。

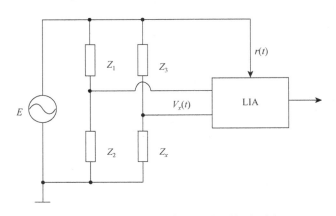

图 7.21　利用锁定放大器测量阻抗原理图

　　由图可见，电桥的输出电压为

$$\dot{V}_x = \left(\frac{Z_x}{Z_3 + Z_x} - \frac{Z_2}{Z_1 + Z_2} \right) \dot{E} \tag{7.24}$$

当电桥处于平衡时，有

$$Z_1 Z_x = Z_2 Z_3 \tag{7.25}$$

当测量阻抗有微小变化 ΔZ_x（$|\Delta Z_x| \ll |Z_x|$）时，Z_x 变为 $Z_x + \Delta Z_x$，若 $Z_1 \approx Z_2$，$Z_3 \approx Z_x$，则电压 $\dot{V}_x$ 可表示为

$$\dot{V}_x \approx \frac{1}{4} \frac{\Delta Z_x}{Z_x} \dot{E} = \frac{1}{4} \frac{\Delta R_x + \mathrm{j} \Delta X_x}{R_x + \mathrm{j} X_x} \dot{E} \tag{7.26}$$

$\dot{V}_x$ 为复数，存在互为正交的实部和虚部，使用矢量锁定放大器即可测量电压的实部和虚部，进而可计算出信号的幅度和相位。然后，由式（7.26）计算出微弱阻抗的变化 ΔZ_x。

　　上述方案显然可用于测量微电阻。电阻相对于阻抗只有实部，没有虚部，测量更为简单。为了克服 $1/f$ 噪声的影响，电路仍然采用正弦信号作为激励源。由式（7.26），可得

$$\dot{V}_x \approx \frac{1}{4} \frac{\Delta R_x}{R_x} \dot{E} \tag{7.27}$$

此时，$\dot{V}_x$ 与 $\dot{E}$ 同频率、同相位，故可用单通道锁定放大器测量微电阻。

例 7.4　放大器噪声测量。

测量系统如图 7.22 所示。由于锁定放大器的带宽极窄，在测量噪声时可将测量结果视为一个频率点的噪声。图中：E 为正弦信号电压源，其频率为 f，输出电阻接近 0；R_s 为外接信号源电阻，放大器的噪声值是源电阻的函数。测量放大器的噪声值需要两个测量：一是测量放大器在输入端接地情况下由放大器自己产生的在输出端的噪声功率；另一是测量信号源在已知被校准正弦激励下的输出功率。通过比较和计算两个测量结果即可获得放大器的噪声系数。首先将开关 K 置于位置 A，即放大器的输入接地，测量输出噪声功率，有

$$E_{no}^2 = K_p E_{ni}^2 \tag{7.28}$$

其中：K_p 为放大器的功率增益；E_{no}^2 为输出噪声功率；E_{ni}^2 为放大器的总等效输入噪声功率，且

$$E_{ni}^2 = 4kTR_s\Delta f_N + E_n^2 + I_n^2 R_s^2 \tag{7.29}$$

其中：第一项为源电阻 R_s 的热噪声功率；第二项 E_n^2 为放大器的等效输入噪声电压功率；第三项 $I_n^2 R_s^2$ 为放大器的等效输入噪声电流功率；Δf_N 为锁定放大器的等效噪声带宽。

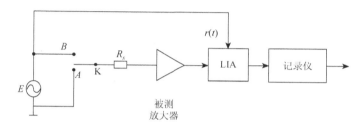

图 7.22　噪声测量系统

然后，将开关置于位置 B，此时由正弦电压信号在放大器输出端所产生的功率为

$$E_{so}^2 = E_o^2 - E_{no}^2 \tag{7.30}$$

其中：E_o^2 为放大器输出端测量所得总输出功率。

折算到放大器输入端信号源的功率为

$$E_s^2 = \frac{E_{no}^2}{K_p} \tag{7.31}$$

则放大器的噪声系数

$$F = \frac{输入信噪比}{输出信噪比} = \frac{\dfrac{E_s^2}{4kTR_s\Delta f_N}}{\dfrac{E_{so}^2}{E_{no}^2}} = \frac{E_s^2}{4kTR_s\Delta f_N} \cdot \frac{1}{\dfrac{E_o^2}{E_{no}^2} - 1} \tag{7.32}$$

有两种方法可简化上述运算：一是调整第二步的输出功率，使其为第一步功率的 2 倍，即 $E_o^2 / E_{no}^2 \approx 2$，则噪声系数可表示为

$$F = \frac{E_s^2}{4kTR_s\Delta f_{\text{N}}} \tag{7.33}$$

但该方法实际使用有困难；另一种方法是调整第二步的输出功率到一个大值，即 $E_o^2 / E_{\text{no}}^2 \gg 1$，此时噪声系数表示为

$$F = \frac{E_s^2}{4kTR_s\Delta f_{\text{N}}} \cdot \frac{E_{\text{no}}^2}{E_o^2} \tag{7.34}$$

但是信号功率不能太大，以便放大器能正常测试，防止锁定放大器进入非线性区。

例 7.5 超导交流损耗测量。

超导体通以恒定的电流时，在一定的温度下表现出零电阻、零损耗，但当电流变化时存在损耗，这种损耗称为交流损耗。交流损耗导致超导体发热，当达到一定温度时有引起超导体失超的危险，危及系统的安全稳定运行。由于超导体的电阻很小，损耗较小，属于微弱信号检测问题。

超导带材每周期的损耗计算公式为

$$Q = \frac{U_{\text{rms}} I_{\text{rms}} \cos\theta}{lf}$$

其中：U_{rms} 为超导带材两端的电压有效值；I_{rms} 为流过超导带材的电流有效值；θ 为电压、电流之间的相位差；l 为超导带材两电压端之间的长度；f 为电流的频率。

图 7.23 所示为超导交流损耗测量系统原理图。分流器与超导体串联，用于测量电流，其两端的电压正比于流过超导体的电流。U_2 为超导带材（或线圈）经补偿线圈后的电压，为锁定放大器的输入电压，分流器两端的电压 U_1 作为参考信号。功率放大器用于放大锁定放大器的功率，为系统提供电流。补偿线圈用于补偿超导线圈电压的感性分量。信号发生器为功效提供输入信号，同时为锁定放大器提供参考信号，控制功率放大器的输出。

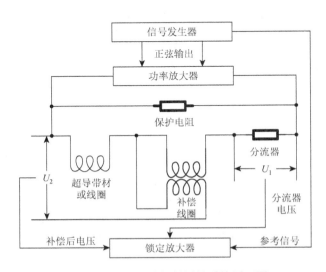

图 7.23　超导交流损耗测量系统原理图

锁定放大器的内部结构原理图如图 7.24 所示，其为双通道锁定放大器，可测量电流、电

压、相位。图 7.25 所示为测量所得超导带材在垂直磁场下的交流损耗。图 7.26 所示为超导带材的自场损耗、磁化损耗、全场损耗。

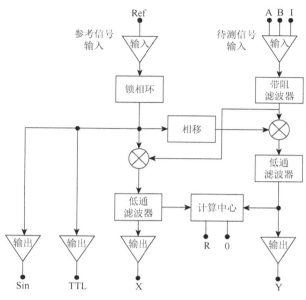

图 7.24 锁定放大器的内部结构原理图

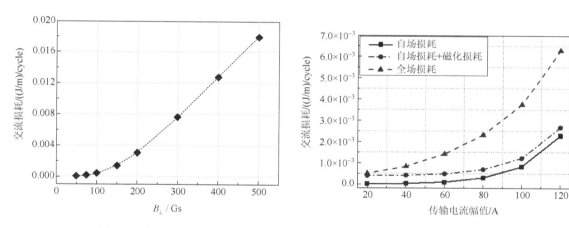

图 7.25 超导带材在垂直磁场下的交流损耗 图 7.26 超导带材的自场损耗、磁化损耗、全场损耗

例 7.6 利用锁定放大器精确定位跟踪系统中光斑的位置。

利用四象限光电探测器（four-quadrant optoelectronic detector，QD）探测跟踪系统中光斑质心的位置。由于受背景光噪声的影响，QD 接收到的信号很微弱，被淹没在噪声中，难以检测。为了提高 QD 的检测精度，需要对背景噪声进行有效抑制。基于 FPGA 的双通道数字锁定放大器应用于光斑位置检测系统。

系统框图如图 7.27 所示，系统主要由激光光源、光学系统、四象限探测器，以及信号处理电路组成，其中信号处理部分包含双通道锁定放大器。

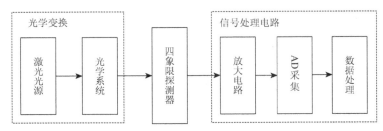

图 7.27   检测系统框图

QD 是将四个性能完全一致的光电二极管通过先进的光刻技术刻制到四个象限的直角坐标系制作而成。与 PSD 和 CCD 相比，QD 具有位置分辨率高、灵敏度高、处理电路简单等优点。QD 的工作原理如图 7.28 所示。当光入射到 QD 的表面时，QD 将接收到的光信号转换成四路电信号，光斑位置由四路光电流信号的相对幅度计算得到。

光斑位置检测系统框图如图 7.29 所示。驱动器驱动激光发出 1 550 nm 的激光光束，经光学系统传输后射到 QD 光敏面上，QD 将光信号转换成四路光电流信号。由于待测信号十分微弱，需要先用低噪声、高增益前置放大器将电流信号转换成电压信号，然后利用 AD 转换器将模拟信号转换成数字信号，再送入 FPGA 中完成数字锁定算法及光斑位置解算，最后通过 RS422 将解算出的位置信息送入伺服控制系统和计算机。

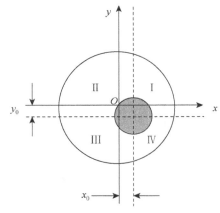

图 7.28   QD 的工作原理图

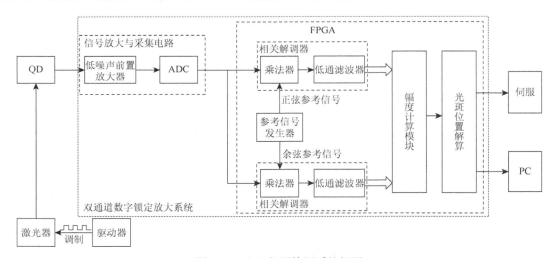

图 7.29   光斑位置检测系统框图

FPGA 数据处理模块如图 7.30 所示。模块主要功能：①控制 AD 转换与数字信号传输；②通过编程构造参考信号发生器；③实现数字相关解调（锁定放大器）；④完成位置幅度计算；⑤将解算结果传输给驱动控制系统和计算机。

当双通道数字锁定放大器的载波信号为正弦信号或方波信号时均可以有效抑制低频背景噪声。

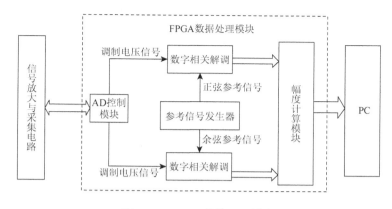

图 7.30　FPGA 数据处理模块

实验结果表明，采用双通道数字锁定放大器后光斑位置检测精度优于 0.2 μm，满足系统对光斑位置检测精度的要求。

例 7.7　利用锁定放大器检测微弱光信号。

光信号检测可以用光电探测器，如 PD、APD、PIN、PMT 等器件，将光信号转换成电流信号，然后将电流信号转换成电压信号。由于光信号很微弱，背景噪声很强，传统的信号放大方法难以提取有用信息，而锁定放大器可以在强背景噪声中提取微弱信号。

微弱光信号检测系统基本原理如图 7.31 所示。被测光发出的光经斩光器将直流光变成交变光（此过程称为调制），先由光电探测器将光信号转换成电流信号，然后由放大器将电流信号转换成电压信号，该电压信号（含有被测信号的信息及噪声）作为锁定放大器的输入信号。锁定放大器的参考信号由振荡器或信号发生器产生，该信号同时驱动斩光器旋转，以保证参考信号与被调制了的被测信号同频率。经锁定放大器解调得到被测光信号的信息或波形。

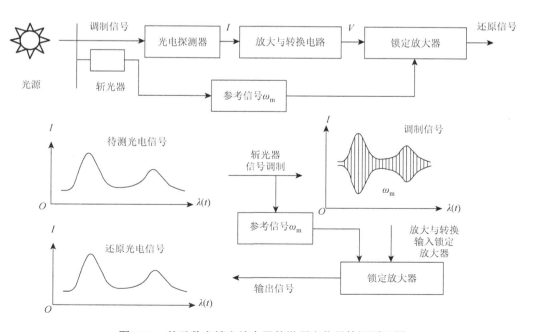

图 7.31　基于数字锁定放大器的微弱光信号检测原理图

第 8 章

取样积分器

　　锁定放大器可测量淹没在噪声中的微弱正弦信号，获取信号的幅度和相位信息。而取样积分器用于恢复淹没在噪声中的周期短脉冲信号波形，如生物医学中脑电、心电信号，发光物质受激后所发出的荧光信号，核磁共振信号等，根据恢复的信号波形获取信号的参数指标。这些被测信号的共同特点是信号微弱，具有周期性，且脉冲持续时间很短（最短可达皮秒量级）。当然，取样积分器也可用于微弱正弦信号的测量。

　　对淹没于噪声中的周期脉冲信号测量，其基本思想是：对信号进行等间隔采样，将多个周期测量结果求平均，去除噪声，从而实现对波形的恢复。

　　人们在生活中也常用类似的原理解决问题。例如，打电话时对方听不清，可以多次重复原话，对方逐渐能听清，这就是用积累的方法提高了信噪比。它是利用信号的前后关联性，多次重复能够有效地积累信号，而噪声前后不相关，积累效果差，从而可以获得"干净"无噪声的信号。

　　取样积分器包括取样和积累平均两个步骤，该检测思想最早由英国神经学家道森（Dawson）提出。1962 年出现了首台取样积分器，命名为 BOXCAR。取样积分器经历了从模拟式到数字式的发展，其在生物医学、核磁共振、物理等领域得到广泛应用。

　　取样积分器分定点式和扫描式两种：前者需要手工改变测量点的位置实现对整个波形的恢复，耗时较长；后者通过扫描方式自动改变测量点的位置实现对波形的恢复。

　　由于计算机具有计算速度快、数据易保存、存储容量大等特点，由计算机组成的多点信号平均器得到了广泛应用。

8.1　取样积分器的基本原理

　　取样积分器电路原理图如图 8.1 所示，它主要由被测信号通道、参考信号通道、信号延时电路、脉冲形成电路、取样开关、积分电容等组成。其中，输入信号 $x(t) = s(t) + n(t)$（$s(t)$ 为被测周期信号，$n(t)$ 为噪声）；$r(t)$ 为与 $s(t)$ 同频率的参考信号（不一定为正弦波），通过改变延时时间 t_0 实现对波形不同时刻的采样。脉冲形成电路将参考信号变成与被测信号同频率的方波信号 T_g（称为取样脉冲）用来控制开关 K 的开合。开关 K 周期性地开合实现对信号的采样控制，方波的"高"与"低"电平分别控制开关的"通"与"断"。

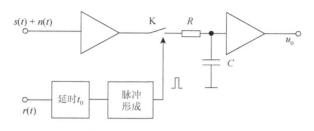

图 8.1　取样积分器原理图

　　图中，电阻 R 和电容 C 构成积分电路，用于对输入信号进行累积。

　　设开关的开合周期为 T，当取样脉冲 T_g 为高电平时开关闭合，电容器被充电，充电电压为输入信号 $x(t)$ 的积分，并按指数规律上升；当 T_g 为低电平时开关打开，电容器停止充电，并保持电压不变（假设电容器无泄漏电流）。开关周期性地"关"与"开"，电容器也不断地"充电"与"保持"，电容器的电压得到累积。

电容 C 上的电压为取样信号的积累（积分），n 次积累平均结果为

$$u_o = \frac{1}{n}\sum_{k=0}^{n-1} x(t_0 + kT) = \frac{1}{n}\sum_{k=0}^{n-1} s(t_0 + kT) + \frac{1}{n}\sum_{k=0}^{n-1} n(t_0 + kT) \tag{8.1}$$

设噪声为白噪声，其平均值为 0，即 $\dfrac{1}{n}\sum\limits_{k=0}^{n-1} n(t_0 + kT) \approx 0$，则有

$$u_o = \frac{1}{n}\sum_{k=0}^{n-1} s(t_0 + kT) = s(t_0) \tag{8.2}$$

上式表明，采样积分器的输出电压为被测信号的平均值，与噪声无关。这一结果与前述噪声中信号参量估计中最大似然估计

$$\hat{m} = \frac{1}{n}\sum_{i=1}^{n} x_i$$

完全一致，说明采样积分器的工作原理有理论根据，能获得可靠的测量结果。

对噪声中周期脉冲信号的恢复包括信号的周期取样以及取样信号的积累平均两个过程，下面分别叙述。

8.1.1　周期信号的取样

信号的取样（或抽样）必须满足抽样定理，即抽样频率必须足够高，至少是信号最高频率的 2 倍，即

$$f_s \geqslant 2f_m$$

若用抽样间隔表示，则

$$T_s \leqslant \frac{1}{2f_m}$$

其中：f_m 为信号的最高频率；f_s 为抽样频率；T_s 为抽样间隔。

由于信号脉冲变化有快慢，持续时间有长短，为了保证信号的可靠采样，取样脉冲宽度和取样电路必须满足实际信号的取样要求。

取样门电路有不同的形式：图 8.2（a）为由二极管组成的取样门电路，这种取样电路能获得皮秒量级的极窄脉宽，可恢复 4 200 MHz 的信号；图 8.2（b）为场效应开关取样门电路，其门宽纳秒量级。此外还有四管平衡取样门电路等。

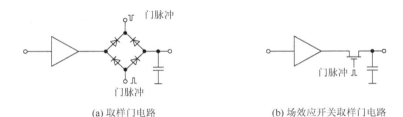

(a) 取样门电路　　　　　　　　　　(b) 场效应开关取样门电路

图 8.2　取样门电路

取样门脉冲宽度 T_g 不能太宽，否则会造成信号的高频成分损失，从而使恢复的信号失真。分析如下。

以图 8.3 所示正弦信号为例，设在 t_0 时刻取样，则取样后的输出电压为

$$u(t) = U_m \sin \omega t, \quad t_0 - \frac{T_g}{2} \leqslant t \leqslant t_0 + \frac{T_g}{2}$$

经 RC 电路积分后的输出为

$$U_o = \int_{t_0 - \frac{T_g}{2}}^{t_0 + \frac{T_g}{2}} U_m \sin \omega t \, \mathrm{d}t = \frac{2U_m}{\omega} \sin \frac{\omega T_g}{2} \sin \omega t_0$$

当信号频率很低时，有 $\sin \dfrac{\omega T_g}{2} \approx \dfrac{\omega T_g}{2}$，则上式可近似为

$$U_o \approx \frac{2U_m}{\omega} \cdot \frac{\omega T_g}{2} \sin \omega t_0$$

比较上述两式可知，当信号频率较高时，因 $\sin \dfrac{\omega T_g}{2} < \dfrac{\omega T_g}{2}$，故输出电压将会下降，从而引起信号中高频成分的损失，其损失程度可以用比值 A 来衡量，定义

$$A = \frac{U_o\big|_\omega}{U_o\big|_{\omega \to 0}} = \frac{\sin \dfrac{\omega T_g}{2}}{\dfrac{\omega T_g}{2}}$$

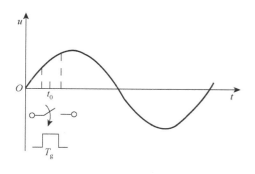

图 8.3　取样门脉宽的选择

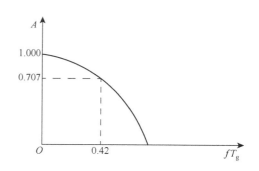

图 8.4　A 与 fT_g 的关系

该式表明，A 与 ωT_g 有关。图 8.4 给出了 A 与 fT_g 的关系（$\omega = 2\pi f$）。可见，对于给定的取样脉冲，当信号的截止频率为 f_c 时，对该频率成分允许的损失应满足 $A > 1/\sqrt{2}$，则有

$$f_c T_g \leqslant 0.42$$

故取样门脉冲宽度

$$T_g \leqslant \frac{0.42}{f_c} \tag{8.3}$$

其中：f_c 为所取的信号最高频率，通常情况下取 $f_c \leqslant f_m$。

T_g 越小，则可以恢复的信号频率越高。

8.1.2   取样信号的积累平均

对同一信号进行多次定点取样，所获得的信号和噪声分别为 $s(t_0 + kT)$ 和 $n(t_0 + kT)$ $(k = 0, 1, 2, \cdots, n-1)$，$n$ 次取样值积累平均后，信号和噪声分别如下。

（1）信号。每次取样得到同样值，故

$$u_s = \frac{1}{n}\sum_{k=0}^{n-1} s(t_0 + kT) = s(t_0) \tag{8.4}$$

（2）噪声。设观测噪声为白噪声，噪声功率为 σ_n^2，则积累平均噪声电压为

$$u_n = \frac{1}{n}\sqrt{\sum_{k=0}^{n-1} n^2(t_0 + kT)} = \frac{1}{n}\sqrt{n\sigma_n^2} = \frac{\sigma_n}{\sqrt{n}} \tag{8.5}$$

故输入信噪比为

$$\mathrm{SNR_i} = \frac{s(t_0)}{\sigma_n} \tag{8.6}$$

输出信噪比为

$$\mathrm{SNR_o} = \frac{s(t_0)}{\sigma_n / \sqrt{n}} \tag{8.7}$$

经取样积分，信噪改善比（signal to noise improvement ratio，SNIR）为

$$\mathrm{SNIR} = \frac{\mathrm{SNR_o}}{\mathrm{SNR_i}} = \sqrt{n} \tag{8.8}$$

上式称为取样积分器的 $\sqrt{n}$ 法则，取样次数 n 越多，则信噪改善比 SNIR 越大，噪声抑制能力越强。但 n 越多，测量总时间 nT 也越长。

8.2   取样积分器的频域分析

信号的抽样就是将连续时间信号按一定的时间间隔抽取样本数值。抽样的过程可以认为是信号 $x(t)$ 与抽样脉冲 $p(t)$ 相乘，抽样脉冲起到开关的作用，如图 8.5 所示。

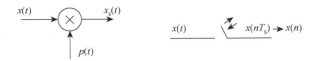

图 8.5   信号的抽样

抽样信号为

$$x_s(t) = x(t) \cdot p(t) \tag{8.9}$$

抽样可以是矩形脉冲抽样，也可以是冲激抽样。

1. 矩形脉冲抽样

抽样函数为周期矩形脉冲，表示为

$$p(t) = \sum_{k=-\infty}^{\infty} p_\tau(t - kT_s)$$

其中：T_s 为抽样间隔；$\omega_s = \dfrac{2\pi}{T_s}$ 为抽样角频率；τ 为脉冲宽度，脉冲的高度为 1。

周期矩形脉冲信号 $p(t)$ 的频谱为

$$P(\omega) = 2\pi \sum_{k=-\infty}^{\infty} \frac{\tau}{T_s} \mathrm{Sa}\left(\frac{k\omega_s\tau}{2}\right)\delta(\omega - k\omega_s) \tag{8.10}$$

则抽样信号 $x_s(t)$ 的频谱为

$$X_s(\omega) = \frac{1}{2\pi} X(\omega) * P(\omega) = \sum_{k=-\infty}^{\infty} \frac{\tau}{T_s} \mathrm{Sa}\left(\frac{k\omega_s\tau}{2}\right) X(\omega - k\omega_s) \tag{8.11}$$

矩形脉冲抽样及其频谱如图 8.6 所示。显然，抽样信号的频谱 $X_s(\omega)$ 包含被抽样信号 $x(t)$ 的频谱 $X(\omega)$，由式（8.11），$k = 0$ 时对应的频谱为 $\dfrac{\tau}{T_s}X(\omega)$。若设计一低通滤波器，抽样信号经滤波便可恢复原信号。

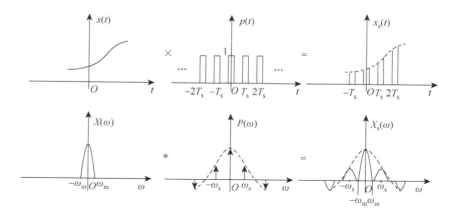

图 8.6　矩形脉冲抽样及其频谱

2. 冲激抽样

冲激抽样是指抽样脉冲为周期冲激信号实现的抽样。

周期冲激信号为

$$p(t) = \sum_{k=-\infty}^{\infty} \delta(t - kT_s) \tag{8.12}$$

则抽样信号为

$$x_s(t) = x(t)p(t) = \sum_{k=-\infty}^{\infty} x(t)\delta(t - kT_s) = \sum_{k=-\infty}^{\infty} x(kT_s)\delta(t - kT_s)$$

将周期冲激信号表示为复指数形式：

$$p(t) = \sum_{k=-\infty}^{\infty} c_k \mathrm{e}^{jk\omega_s t} \quad (-\infty < t < +\infty)$$

其中：$\omega_s = \dfrac{2\pi}{T_s}$；$c_k = \dfrac{1}{T_s}\displaystyle\int_{-T_s/2}^{T_s/2} p(t)\,\mathrm{e}^{-jk\omega_s t}\,\mathrm{d}t = \dfrac{1}{T_s}\displaystyle\int_{-T_s/2}^{T_s/2}\delta(t)\,\mathrm{e}^{-jk\omega_s t}\,\mathrm{d}t = \dfrac{1}{T_s}$。

因此，$p(t) = \displaystyle\sum_{k=-\infty}^{\infty}\dfrac{1}{T_s}\mathrm{e}^{jk\omega_s t}$，故有

$$x_s(t) = x(t)p(t) = \sum_{k=-\infty}^{\infty}\frac{1}{T_s}x(t)\mathrm{e}^{jk\omega_s t}$$

因为 $x(t) \leftrightarrow X(\omega)$，$x(t)\mathrm{e}^{jk\omega_s t} \leftrightarrow X(\omega - k\omega_s)$，所以抽样信号的频谱为

$$X_s(\omega) = \sum_{k=-\infty}^{\infty}\frac{1}{T_s}X(\omega - k\omega_s) \tag{8.13}$$

其中：T_s 为抽样间隔；$\omega_s = 2\pi/T_s$ 为抽样角频率。

冲激抽样及频谱如图 8.7 所示。

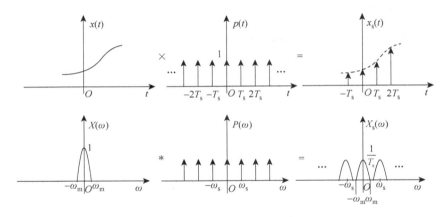

图 8.7　冲激抽样及其频谱

由以上分析可得以下结论。

（1）抽样信号的频谱 $X_s(\omega)$ 为周期函数，且周期为 ω_s；

（2）抽样信号的频谱包含原信号的频谱 $X(\omega)$，且频谱幅度是原信号频谱幅度的 $1/T_s$（由式（8.13），$k = 0$ 对应的频谱为 $\dfrac{1}{T_s}X(s)$）。

因此，只要抽样频率足够高（即 ω_s 足够大），则频谱没有混叠。若在抽样信号后接一低通滤波器，信号可得到恢复。

抽样平均过程实际上是一个数字滤波器过程，分析如下。

对信号进行整周期采样（被测信号为周期信号），每周期采样 M 个点（等间隔），采样 N 个周期，然后求和，再求平均。对某点进行多次求和平均可以用差分方程表示为

$$y(n) = \frac{1}{N}\big[x(n) + x(n-M) + x(n-2M) + \cdots + x(n-m(N-1))\big] \tag{8.14}$$

其中：$x(n), x(n-M), x(n-2M), \cdots, x(n-m(N-1))$ 为第 n 点的 N 次采样的结果（N 为采样周期数）。

上式的单位脉冲响应为

$$h(n) = \frac{1}{N}\left[\delta(n) + \delta(n-M) + \delta(n-2M) + \cdots + \delta(n-m(N-1))\right] \tag{8.15}$$

系统的频率响应函数为单位脉冲响应的 DTFT，即

$$H(\Omega) = \frac{1}{N}(1 + e^{-jM\Omega} + e^{-j2M\Omega} + \cdots + e^{-jM(N-1)\Omega}) = \frac{1}{N}\frac{1-e^{-jMN\Omega}}{1-e^{-jM\Omega}} \tag{8.16}$$

其幅频特性如图 8.8 所示，分别取平均次数 $N = 10, 25, 50$。由图可见，多次采样平均相当于一个低通滤波器，只有低频信号能通过系统，高频信号得到抑制。平均次数越多，则滤波器的带宽越窄，从带通过渡到带阻越快，对高频信号的抑制能力越强。若噪声为白噪声，经过多次求和平均，有更多的噪声被抑制，噪声输出功率减小，信号得到更好的恢复。

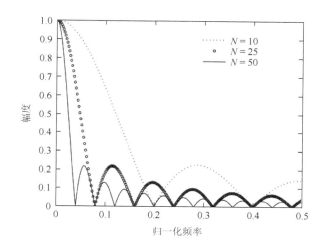

图 8.8 滤波器的幅频特性

8.3 模拟式取样积分器

模拟式取样积分器由模拟电路构成，用于对高速脉冲信号的周期取样及累积平均，可工作在甚高频。模拟式取样积分器分定点取样积分器和扫描取样积分器。

8.3.1 定点取样积分器

定点取样积分器是将信号在固定点取样，并加以积分（累积平均），其原理电路及工作过程如图 8.9 所示。图 8.9（a）所示为基本电路，由信号放大、取样门、积分电路、延时电路、取样脉冲形成电路、直流放大等环节构成。工作过程为：当取样脉冲到来时，取样门开通，即对输入信号进行取样。图 8.9（b）所示为测量脉冲信号幅度的示意图。每次取样得到波形振幅 U_m。在取样期间，该信号对电容 C 充电，随着取样次数增加，电容上充电电压会逐渐升高，而在取样脉冲间隔期间，电容 C 上的电压维持不变。

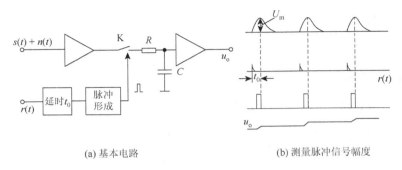

(a) 基本电路　　　　　　　　(b) 测量脉冲信号幅度

图 8.9　定点取样积分器原理电路及工作过程

只要形成取样脉冲的参考信号与被测信号同频率，即可实现正确的取样积分，使输出信噪比按 $\sqrt{n}$ 法则提高。

这种定点式取样积分器可实现对波形中某一时刻信号的恢复，若要恢复整个信号波形，则必须逐步改变延时 t_0，从而耗时较长。

定点取样积分器的其他缺点是要求电容无漏电或漏电很小，放大器的输入阻抗很高，不适合信号频率过低情况下的信号恢复。

1. 积分电路

信号的累积由积分电路完成，积分电路分无源和有源积分电路。

1）无源积分电路

无源积分电路由电阻和电容组成，如图 8.10 所示。

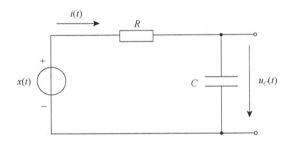

图 8.10　无源积分电路

设输入电压为 $x(t)$，输出电压为 $u_C(t)$，由 KVL 及电容特性有如下电路方程：

$$x(t) = R \cdot i(t) + u_C(t)$$

$$i(t) = C \frac{\mathrm{d}u_C(t)}{\mathrm{d}t}$$

得微分方程

$$RC \frac{\mathrm{d}u_C(t)}{\mathrm{d}t} + u_C(t) = x(t)$$

为了讨论积分过程，先研究电路的单位阶跃响应。令 $x(t) = u(t)$，并假设电容器的初始电压为 0，则电路的单位阶跃响应为

$$u_C(t) = \left(1 - \mathrm{e}^{-\frac{t}{RC}}\right)u(t) \tag{8.17}$$

当 $t \ll RC$ 时，$\mathrm{e}^{-\frac{t}{RC}}$ 可按泰勒级数（Talyor series）展开成

$$\mathrm{e}^{-\frac{t}{RC}} = 1 - \frac{1}{RC}t + \frac{1}{2!}\left(\frac{1}{RC}t\right)^2 - \frac{1}{3!}\left(\frac{1}{RC}t\right)^3 + \cdots$$

忽略高阶项，有

$$\mathrm{e}^{-\frac{t}{RC}} \approx 1 - \frac{1}{RC}t$$

将其代入式（8.16），得

$$u_C(t) = \frac{1}{RC}t \cdot u(t)$$

上式为过原点的直线（当 $t > 0$ 时），说明恒定的直流电压（当 $t > 0$ 时 $u(t)=1$）经 RC 电路后在电容上获得了近似线性变化直流电压，表明 RC 电路就是一个积分器，能累积输入电压。

现在假设输入电压 $x(t)$ 是一个矩形脉冲，脉冲宽度为 τ，高度为 E，用单位阶跃函数表示为

$$x(t) = E[u(t) - u(t-\tau)]$$

因为 RC 电路为线性时不变系统，由电路的齐次性和时不变性，得电路的响应为

$$u_C(t) = E\left(1 - \mathrm{e}^{-\frac{t}{RC}}\right)u(t) - E\left(1 - \mathrm{e}^{-\frac{t-\tau}{RC}}\right)u(t-\tau)$$

上述波形近似为一三角波，当 $t \ll RC$ 时，三角波的两边近似按直线规律变化。

在取样积分器中，取样脉冲作为开关信号控制抽样，在高电平期间，电容对输入电压进行累积积分，低电平时，开关打开，充电停止，电容器上的电压处于保持状态。

RC 积分电路也是低通滤波器，电路的频率响应函数为

$$H(\omega) = \frac{\dfrac{1}{\mathrm{j}\omega C}}{R + \dfrac{1}{\mathrm{j}\omega C}} = \frac{\dfrac{1}{RC}}{\mathrm{j}\omega + \dfrac{1}{RC}}$$

幅频特性和相频特性分别为

$$|H(\omega)| = \frac{1/RC}{\sqrt{\omega^2 + (1/RC)^2}}$$

$$\angle H(\omega) = -\arctan \omega RC$$

RC 积分电路的幅频特性和相频特性如图 8.11 所示（取 $1/RC = 1000$）。

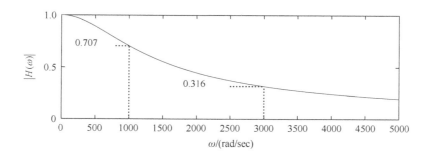

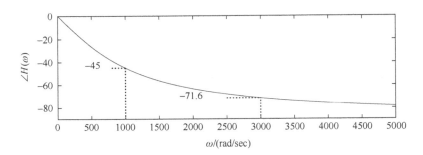

图 8.11　RC 积分电路的幅频特性和相频特性

由幅频特性可知，低频信号能通过电路系统，高频信号被抑制，因此 RC 电路也是低通滤波器。

在采样积分电路中，由 RC 构成的低通滤波器能抑制高频信号，使噪声得到充分抑制，从而实现从噪声中恢复波形。

2）有源积分电路

有源积分电路有不同的电路形式，它们各有其特点，为了获得更好的性能，有的电路能抑制直流漂移，有的电路能防止积分饱和。图 8.12 为基本的一阶有源积分电路，由图可得电路方程为

$$u_{\mathrm{o}}(t) = \frac{1}{C}\int_{-\infty}^{t} i_C(t)\mathrm{d}t = \frac{1}{C}\int_{-\infty}^{t} \frac{-u_{\mathrm{i}}(t)}{R}\mathrm{d}t = -\frac{1}{RC}\int_{-\infty}^{t} u_{\mathrm{i}}(t)\mathrm{d}t$$

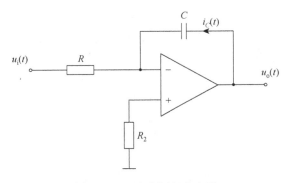

图 8.12　一阶有源积分电路

显然，电路的输出电压为输入电压的积分。为了使输入与输出同相，在积分器的后面可接一反向放大器。

系统的频率特性分析如下。

由图 8.12 可得频域电路方程为

$$\frac{U_{\mathrm{o}}(\omega)}{1/\mathrm{j}\omega C} = -\frac{U_{\mathrm{i}}(\omega)}{R}$$

故电路的频率响应函数为

$$H(\omega) = \frac{U_{\mathrm{o}}(\omega)}{U_{\mathrm{i}}(\omega)} = -\frac{1}{\mathrm{j}\omega RC}$$

　　显然，这是一个低通滤波器，但为了获得良好的滤波性能，通常在电容两端并联一电阻。设并联电阻为 R_1，如图 8.13 所示。

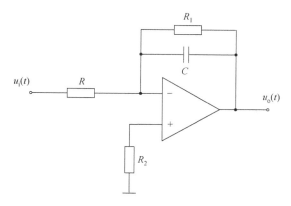

图 8.13　改进的一阶有源积分电路

　　由电路可得复频域电路方程

$$\frac{U_{\mathrm{o}}(s)}{\dfrac{R_1\dfrac{1}{sC}}{R_1+\dfrac{1}{sC}}}=-\frac{U_{\mathrm{i}}(s)}{R}$$

电路的系统函数为

$$H(s)=\frac{U_{\mathrm{o}}(s)}{U_{\mathrm{i}}(s)}=-\frac{1}{R}\cdot\frac{R_1}{sR_1C+1}$$

则系统的频率响应函数为

$$H(\omega)=-\frac{1}{R}\cdot\frac{R_1}{\mathrm{j}\omega R_1C+1}=-\frac{1}{R}\cdot\frac{1}{\mathrm{j}\omega C+\dfrac{1}{R_1}}$$

显然它是一个低通滤波器。

　　若 $R_1\to\infty$，即电容两端无并联电阻，则

$$H(\omega)=-\frac{1}{\mathrm{j}\omega RC}$$

此时，当输入含有直流信号（$\omega=0$）时会出现很大的增益，使放大器饱和。微小的零漂、直流偏置都会使积分器饱和而失去积分作用，因此常在电容两端并联一较大的电阻，通常为兆欧级电阻。

2. 电容充电电路的特点

电容充电电路具有如下特点。

（1）充电期间电压按指数规律上升。设输入电压为 U_0，则充电电压为

$$u_C(t) = U_0\left(1 - \mathrm{e}^{-\frac{t}{RC}}\right)u(t)$$

若充电时刻从 t_0 时刻开始，则

$$u_C(t) = U_0\left(1 - \mathrm{e}^{-\frac{t-t_0}{RC}}\right)u(t-t_0)$$

其中：$u(t)$ 为单位阶跃信号。

（2）总充电电压呈阶梯状上升。电容器的充电受取样脉冲门控制，脉冲为高电平时充电，低电平时保持，因此电容器的充电电压呈阶梯状上升，如图 8.14 所示。

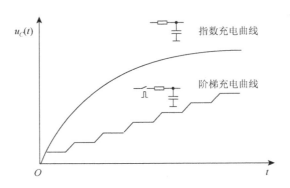

图 8.14　电容器的充电电压呈阶梯状上升

若充电 n 次，则充电时间为 nT_g。

3. 积分器的参数选择

1）累加次数 n

累加次数 n 的取值要根据信噪改善比来确定，由 $\sqrt{n}$ 法则，可得

$$n = (\mathrm{SNIR})^2 \tag{8.18}$$

2）取样脉冲门宽 T_g

结合抽样定理及允许的信号损失来确定取样脉冲门宽 T_g，其计算公式为

$$T_g \leqslant \frac{0.42}{f_c} \tag{8.19}$$

其中：f_c 为被恢复信号的最高频率，f_c 越高，则 T_g 越小。

3）积分器时间常数 T_c

积分器时间常数即为 RC 电路的时间常数，即

$$T_c = RC \tag{8.20}$$

4）有效充电时间

电容器的充电具有饱和效应，即开始充电时电压接近按线性规律上升，充电一段时间后，电压上升缓慢，趋于饱和。有效充电时间一般取 $5RC$，因此最多充电次数为 $n = \dfrac{5T_c}{T_g}$。

5）信噪改善比

$$\mathrm{SNIR} = \sqrt{n} = \sqrt{\frac{5T_c}{T_g}} \qquad (8.21)$$

若确定了 SNIR，则可确定积分器的时间常数为

$$T_c = \frac{nT_g}{5} \qquad (8.22)$$

实际上，由于充电具有指数特性，充电接近饱和时，信号积累速度减慢，信噪比改善较少，近似计算公式为

$$\mathrm{SNIR} = \left[\frac{2T_c}{T_g}\right]^{1/2}(1 + 2\exp\{-\alpha T\})^{-1/2} \qquad (8.23)$$

其中：α 为限带白噪声的相关函数的指数因子；T 为信号周期。

对白噪声情况

$$\mathrm{SNIR} = \sqrt{\frac{2T_c}{T_g}} \qquad (8.24)$$

所以

$$T_g \leqslant \frac{0.42}{f_c} \qquad (8.25)$$

$$T_c = \frac{T_g(\mathrm{SNIR})^2}{2} \qquad (8.26)$$

信号恢复时间，即测量时间为

$$T_s = nT = \frac{5T_c T}{T_g} \qquad (8.27)$$

6）波形恢复总时间 T_{ss}

设 T_B 为脉冲波形的宽度，T 为信号周期，通常 $T_B \ll T$，如图 8.15 所示。

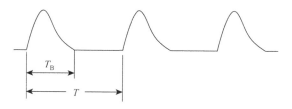

图 8.15　被测脉冲波形

要不失真地恢复信号，必须多点取样，取样间隔为

$$\Delta = \frac{1}{2f_c} \qquad (8.28)$$

T_B 时间内的取样点数为

$$\frac{T_B}{\Delta} = 2f_c T_B \qquad (8.29)$$

已知取样门宽 T_g，取样点数 T_B/T_g，恢复波形上某一点所需时间 T_s，则波形恢复总时间为

$$T_{ss} = T_s \frac{T_B}{T_g} = \frac{5T_c T_B T}{T_g} \tag{8.30}$$

8.3.2 扫描式取样积分器

定点式取样积分器的主要缺点是延时时间 t_0 需要手动调节，要恢复一个完整的波形必须逐步改变取样脉冲的延时时间，十分麻烦，所以国内外生产的取样积分器都是扫描式的。

扫描式取样积分器的工作原理是：采用慢扫描锯齿波信号发生器产生的锯齿波与时基信号共同作用，产生延时逐渐落后的取样脉冲，从而实现对被测信号的逐点恢复。扫描式取样积分器电路原理图及各点波形如图 8.16 所示。

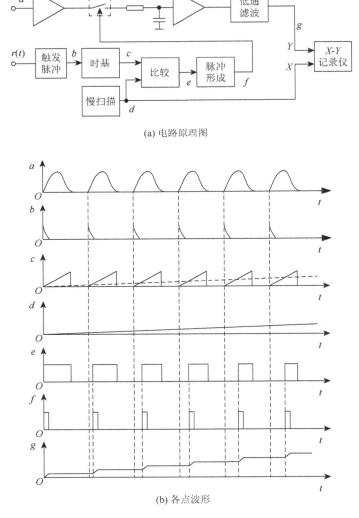

图 8.16 扫描式取样积分器电路及各点波形

图中：$r(t)$为与被测信号同频率的参考信号，经整形电路形成方波触发脉冲；时基电路产生周期锯齿波；慢扫描电路提供按直线规律缓慢上升的直流电压；时基电压与慢扫描电压比较，当前者较高时比较器输出高电平，当后者较高时输出低电平，由于扫描电压缓慢上升，比较器的输出为时移逐渐增大的方波，将该方波变成脉冲用于控制取样门抽样；抽样信号经 RC 充电电路由电容进行电压累积积分；信号再经过放大、低通滤波得到输出电压（即被测电压）。慢扫描信号 X 表示时间，Y 表示测量电压，X-Y 曲线即为测量所得的信号波形。

8.4 数字信号平均器

前述取样积分器由模拟电路构成，其优点是分辨率高，通过高速取样门对短脉冲信号处理能力强，但缺点是取样效率低。因为它只有一个积分电容，每一周期只能对信号波形的某一时刻值取样，所以对于低重复频率的信号恢复需要极长的时间。

例 8.1 设 SNIR = 100，恢复 10 Hz 波形，取门宽 $T_g = 100\ \mu s$，用取样积分器所需时间 $T_{ss} = \dfrac{5T_c T_B T}{T_g^2}$。设 $T_B = T$，由 $T_c = \dfrac{T_g(\text{SNIR})^2}{2}$，得

$$T_{ss} = \frac{2.5T^2}{T_g}(\text{SNIR})^2 = 29\ \text{d}$$

显然，波形恢复时间长（29 天），效率低，实际中实现困难。

为了提高效率，可同时对波形的多点进行信号采集，然后分别求平均值，恢复波形。多点信号平均器的系统构成及工作原理如图 8.17 所示。系统具有多个电容，用于对波形不同点的信号累积，通过取样间隔控制器对取样位置进行控制，使门 1, 2, …, N 顺序打开，分别对信号波形上各点进行顺序取样，并把取样值分别输入给各电容器 C_1, C_2, …, C_N 进行电压累积。待累积完成后，再依此顺序输入电容 C_i 上的电压，并求平均值，即可恢复整个信号的波形。

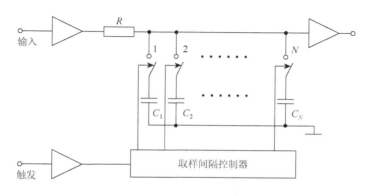

图 8.17 多点信号平均器原理框图

这种多点信号平均方式可以同时对一个信号波形进行 N 点取样，从而大大节省了信号测量时间。例如，若用 $N = 1024$ 个电容器，则例 8.1 中 T_B 可减少为 29 d/1024 = 41.9 min。

多点信号平均器存在如下问题。

（1）使用多个电容器，不仅成本高，而且体积大；

（2）电容器存在漏电，电压的保持能力有限，这将影响波形恢复的准确性。

鉴于此，多点平均方式只能采用数字电路，即计算机来完成，因为计算机具有几乎海量的存储空间，且存储器具有良好的数据保存能力，无漏电问题，而且成本不高。

数字多点平均是先在一个周期内对信号波形进行采样，然后移到下一个周期采样，再将多次采样的结果进行多点平均，波形在多次平均过程中逐渐清晰。平均次数越多，对噪声的抑制能力越强，波形恢复质量越好。

下面举例说明。

1. 含噪信号多周期平均

具有标准偏差 0.8 V 的白噪声加到幅值为 2 V、频率为 50 Hz 的方波，图 8.18 显示信号平均 400 次前后的波形及频谱。由图可见，多次平均的结果使得波形更清晰，更接近无噪声时的信号，信号所含的噪声频谱更小、更少。

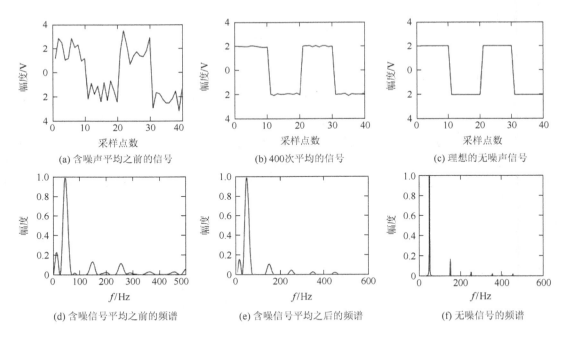

图 8.18　含白噪声信号平均前后的波形及频谱

若施加粉红色噪声（$1/f$ 噪声、低频噪声）情况如何呢？图 8.19 为加粉红色噪声情况的波形及频谱。由图可见，多次平均的结果并不能使波形得到有效恢复，平均使得较低的频率成分起主导作用，使波形失真。

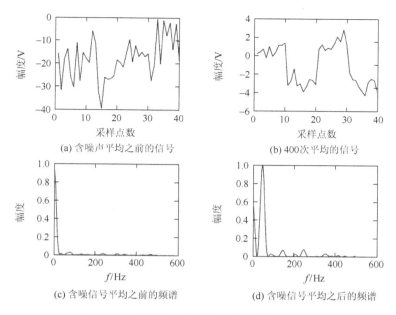

图 8.19　含粉红噪声信号平均前后的波形及频谱

平均过程实际上是一个数字滤波器过程，所以能很好地去噪。

设信号为周期信号与白噪声的混合，即

$$x(t) = s(t) + n(t)$$

对信号进行整周期采样，采样间隔为 T，共采集 N 个周期，有

$$x(kT) = s(kT) + n(kT)$$

将 N 个周期采集的数据进行求和再平均，得

$$y(kT) = \frac{1}{N}\sum_{i=1}^{N}x^i(kT) = \frac{1}{N}\sum_{i=1}^{N}s^i(kT) + \frac{1}{N}\sum_{i=1}^{N}n^i(kT) \quad (k = 1, 2, \cdots, M)$$

因为

$$\frac{1}{N}\sum_{i=1}^{N}s^i(kT) = s(kT)$$

$$\frac{1}{N}\sum_{i=1}^{N}n^i(kT) = \frac{1}{N}\sqrt{N\sigma_n^2} = \frac{1}{\sqrt{N}}\sigma_n$$

其中：σ_n 是均值为 0 的高斯白噪声的标准方差，也等于噪声的有效值。所以，输出信噪比为

$$\text{SNR} = \frac{s(kT)}{\sigma_n / \sqrt{N}} = \sqrt{N}\text{SNR}_i$$

其中：$\text{SNR}_i = \dfrac{s(kT)}{\sigma_n}$ 为未进行平均的信噪比，即输入信噪比。

上式表明，经过求和、平均，使输出信噪比提高了 $\sqrt{N}$ 倍。

2. 含噪信号自相关的平均

假设周期为 M 的周期信号与噪声混合，即

$$x(n) = s(n) + n(n)$$

则信号相关的平均值为

$$G(l) = \frac{1}{M}\sum_{k=1}^{M} x(k)x(l+k) = \frac{1}{M}\sum_{k=1}^{M}[s(k)+n(k)][s(l+k)+n(l+k)]$$

假设噪声为高斯白噪声，且与信号不相关，则有

$$\sum_{k=1}^{M}[s(k)n(l+k)] = 0, \qquad \sum_{k=1}^{M}[n(k)s(l+k)] = 0$$

故有

$$G(l) = \frac{1}{M}\sum_{k=1}^{M} x(k)x(l+k) = \frac{1}{M}\sum_{k=1}^{M}[s(k)s(l+k)] + \frac{1}{M}\sum_{k=1}^{M}[n(k)n(l+k)]$$

若噪声为带限高斯白噪声（功率谱在一定频率区间为常数），则

$$\sum_{k=1}^{M}[n(k)n(l+k)]$$

表示带限高斯白噪声的自相关，其相关值取决于带限的带宽，带宽越大，则噪声中的频率越高，自相关函数越窄。若带限无穷宽，则自相关函数无穷窄，这就是通常高斯白噪声的自相关。

假设含噪信号为正弦信号与高斯白噪声的混合，高斯白噪声标准方差为 1.5 V，正弦信号幅值 2 V，频率 100 Hz，图 8.20 为信号及其频谱，其中，图（a）、（c）所示分别为含噪信号及其频谱，图（b）、（d）所示分别为求和平均 10 000 次之后的信号及其频谱。显然，信号得到较好的恢复。

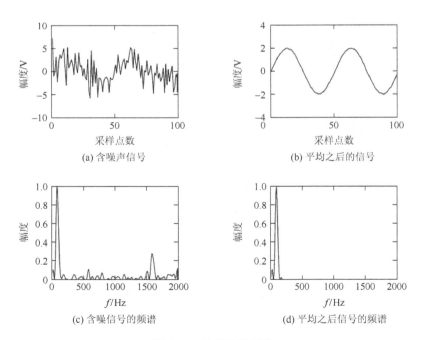

(a) 含噪声信号　　　　　　　　　　(b) 平均之后的信号

(c) 含噪信号的频谱　　　　　　　　(d) 平均之后信号的频谱

图 8.20　信号及其频谱

图 8.21 所示为归一化自相关及其 DTFT，其中，图（a）、（c）所示分别为平均之前的自相关及其 DTFT；图（b）、（d）所示分别为平均之后的自相关及其 DTFT。由图可见，经求和平均，信号自相关中的高频噪声被滤除。

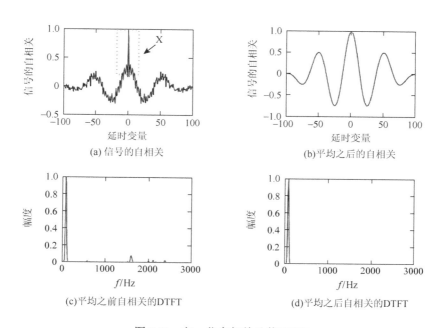

(a) 信号的自相关　　　　　　　　(b) 平均之后的自相关

(c) 平均之前自相关的DTFT　　　　(d) 平均之后自相关的DTFT

图 8.21　归一化自相关及其 DTFT

8.5　应用举例

平均法广泛应用于准周期生理信号（quasi-periodic physiological signals）的测量，如用脉搏血氧仪（pulse oximetry）测量血氧饱和度节率（oxygen saturation rhythms）、用心电信号（electrocardiogram，ECG）测量心电节律（electrical rhythm）等。

大多数生理信号都是准周期(quasi-periodic)信号，如心电信号、脑电信号（electroencephalogram，EEG）、心音信号（phonocardiogram，PCG）、血氧饱和度信号（oxygen saturation rhythms）等。这些信号的变化预示着可能的疾病，据此可以诊断疾病。

对准周期信号进行平均处理需要做某些近似处理。例如，用一个标准的 QRS 检测算法确定心电信号中 R 峰值的位置，基于导数法确定血氧饱和度的极大值（导数为 0 的点为极大值点），在整个数据中找到两个峰之间的最大间隔区间，对其余的区间做补零处理，使它们具有相同的长度。最后，对长度相等、不同周期的数据进行求和平均，且每隔一定时间（如 10 s）刷新一次。

1. 脉搏血氧仪

1）测量原理

测量系统如图 8.22 所示，LED 发出一定波长的光照射到手指，在手指的另一侧安装有光电探测器，探测器检测被手指吸收的光强度，然后对两个光敏探测器的信号进行平均处理。血液里的氧合血红蛋白对红外波长的光（infrared，IR）具有更大的吸收系数，而还原血红蛋白（脱氧血红蛋白）对红光具有更大的吸收系数，通过计算吸收红外光与红光的比，可以计算出氧的饱和水平。

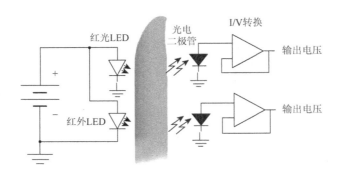

图 8.22   血氧饱和度测量系统

检测到的信号波形如图 8.23 所示。图中左侧为含噪信号，右侧为噪声。把光电探测器远离手指，测得的信号即为噪声信号。

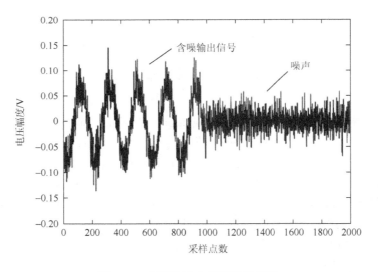

图 8.23   含噪脉冲血氧饱和度信号

2）对测量信号进行平均化处理

图 8.24（a）～（d）所示分别为信号平均不同次数的输出波形。由图可见，随着平均次数的增加，波形越来越清晰，噪声抑制效果越来越好。

图 8.25 显示信噪比的改善程度。由图可见，信噪比改善随着平均次数的增加而提高，符合 $\sqrt{n}$ 法则。

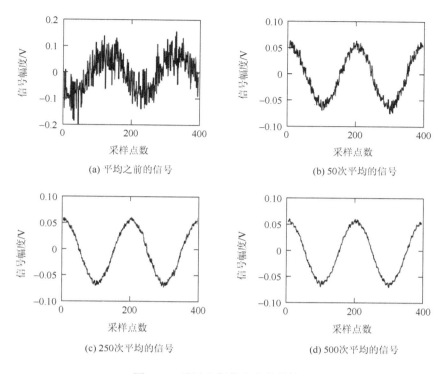

图 8.24 脉冲血氧饱和度信号波形

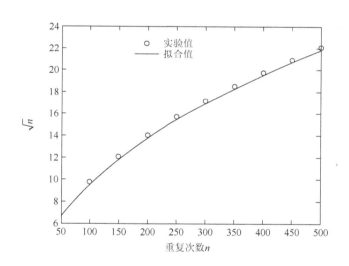

图 8.25 信噪比随着平均次数的增加而提高

3）平均化处理所得信号的频谱

图 8.26 所示为信号无平均和有平均处理的信号频谱。显然，做信号平均处理之后，高频信号被抑制。由频谱图可看出脉搏的跳动频率为 1.172，对应的脉率约为 70 次/min。

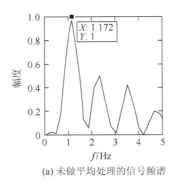
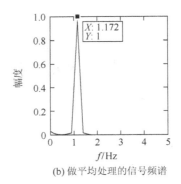

(a) 未做平均处理的信号频谱　　　　　　(b) 做平均处理的信号频谱

图 8.26　信号无平均和有平均处理的信号频谱

4）利用相关估计血流速度

指头中毛细血管的血流速度大约为 1～5 cm/s，该系统可以测量此速度，也可以看出做平均处理如何影响相关。红外和红色 LED 放在距离被测对象约 4 cm 的地方，令 $f(n)$ 为由红外 LED 得到的离散时间信号，$g(n)$ 为由红光 LED 得到的离散时间信号，一个周期采样 M 个点，红外与红色信号的互相关为

$$G(l) = \frac{1}{M} \sum_{n=0}^{M-1} f(n)g(l+n) \qquad (8.31)$$

互相关函数 $G(l)$ 揭示了 $l+n$ 时刻的红色信号与 n 时刻红外信号之间的关系，互相关获得最大值的延时时间 l_0 是血液通过距离 x 的时间，据此可估计血流速度。例如，图 8.27 所示分别为无平均和有平均处理的互相关，互相关最大值出现在 $t = l_0 T = 3.636$ s（T 为采样间隔）。因此，血流速度为 $x/t = 4/3.636$ cm/s = 1.1 cm/s。如果让被检测者剧烈跑动，获得平均处理前后互相关最大值的时间为 $t = 1.481$ s。由图可见，由于剧烈跑动，血流速度几乎提高了一倍，测量结果为 2.7 cm/s。由图还可看出，信号平均增加了相关函数的宽度。

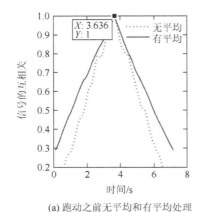
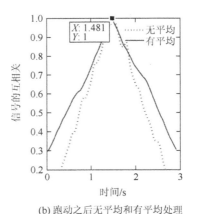

(a) 跑动之前无平均和有平均处理　　　　　(b) 跑动之后无平均和有平均处理

图 8.27　红外和红色 LED 信号归一化互相关

2. 心电信号平均处理

心电信号用于疾病的诊断，其中对诊断最重要的部分是 QSR 信号，但由于噪声的影响，这些信息模糊不清，难以准确识别。对含噪心电信号进行平均化处理，可以使心电信号清晰，从而能准确获取 QSR 信息。图 8.28 显示了心电信号在做平均处理前后的信号波形。显然，随着平均次数的增加，波形越来越清晰，据此医生能够准确获取 QSR 信息。

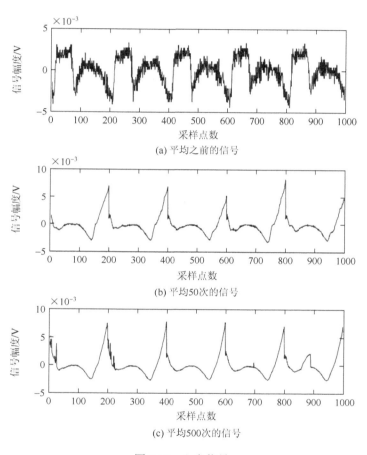

图 8.28　心电信号

第 9 章

光子计数器

　　光子探测技术在高分辨率的光谱测量、非破坏性物质分析、大气测污、生物发光、放射探测、高能物理、天文测光、光时域反射、量子密钥分发系统等领域有着广泛应用。例如，当光照射到某一物质（样本）时会产生反射光、折射光、散射光，以及激发产生另一波长的光，通过对这些光的测量，可确定物质的成分、结构、能态等特性。当光很微弱时，普通的方法难以测量。而光子计数器是一种探测微弱光的检测设备，它利用光电倍增管对光的超强放大能力，配合甄别器剔除噪声及干扰，保留有用信息，测量单位时间内的光子数，从而实现对微弱光信号的检测。

　　弱光，是指光电流强度比光电倍增管（光子计数器的最核心器件）本身在室温下的热噪声功率（10^{-14} W）还要低的光，用通常的方法难以把淹没在噪声中的信号提取出来。光子计数器能做到很高的信噪比，能基本消除光电倍增管各倍增极热电子发射形成的暗电流及光电倍增管的高压直流漏电流所造成的影响（漏电流能在器件管壁形成荧光，形成干扰光），能区分强度有微小差别的信号，测量精度很高。

9.1　光子量子特性

　　光是由光子组成的光子流，光子是静止质量为 0、有一定能量的粒子。一个光子的能量可用下式确定：

$$E = h\nu_0 = \frac{hc}{\lambda} \tag{9.1}$$

其中：E 为一个光子的能量（J）；$c = 3.0 \times 10^8$ m/s 为真空中的光速；$h = 6.6 \times 10^{-34}$ J·s 为普朗克常量；λ 为光的波长（m）。

　　当被测光较强时，单位时间内发射的光子较多，体现出光的连续性；而当光较弱时，单位时间内发射的光子较少，体现出光的粒子性。

　　对于较强的光，光电探测器得到的是连续电压信号。对于较微弱的光，为了克服光电探测器低频噪声的影响，可采用光调制方法，先把恒定的光信号变成交变光信号，然后用前面章节所述的锁定放大器对物理量进行测量。对于极其微弱的光，由于其体现出较强的粒子特性，光电探测器接收的是单个离散的光子，探测器输出的是电脉冲信号。这时需要用光子计数器测量光的强度。

　　光强度常用光功率表示，单位为 W。单色光的光功率可表示为

$$P = R \cdot E \tag{9.2}$$

其中：R 为单位时间通过某一截面的光子数，即光子速率（每秒光子数）；E 为一个光子的能量。因此，只要测得光子数 R，就可得到光强的大小。

　　例如，对于 He-Ne 激光器，若光功率 $P = 1$ mW，则相应的光子速率为

$$R = \frac{P}{E} = \frac{1}{hc/\lambda}$$

已知 He-Ne 激光器的激光波长 $\lambda = 633$ nm，求得 $R = 3.2 \times 10^{15}$ 光子/s，这属于连续光范畴。若 $R = 1$ 光子/s，则由上式算得光功率 $P = 3.13 \times 10^{-9}$ W，这是微弱光。光子计数器能测量 $10^{-17} \sim 10^{-19}$ W 的极微弱光，这是其他仪器难以测量的。

9.2　光电倍增管

光子计数器主要由光电倍增管（photomultiplier，PMT）、放大器、甄别器、计数器组成，如图9.1所示。光电倍增管是光子计数器的最核心元件，也是系统组成的第一个环节。

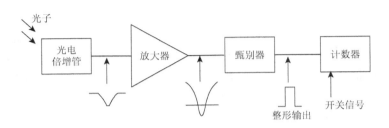

图 9.1　光子计数器的组成

光电倍增管是一种高灵敏度的电真空光电探测器，它基于外光电效应及二次电子发射使逸出的光电子倍增原理。当光照射到光阴极时，光阴极向真空中激发出光电子，这些光电子受聚焦极电场作用进入倍增系统，并通过多级二次发射得到倍增放大，最后把放大后的电子用阳极收集作为信号输出。因为采用了二次发射倍增系统，所以光电倍增管在探测紫外光、可见光、近红外光的辐射能量的光电探测器中，具有极高的灵敏度和极低的噪声，能测量200～1200 nm 宽波长范围的极微弱光信号，具有远高于其他光电器件（如 PD、APD、PIN 等）的灵敏度。此外，光电倍增管还具有响应快度速、成本低、阴极面积大等优点。

光电倍增管根据不同的应用有不同的尺寸，目前世界上最大的光电倍增管是20英寸，由日本滨松光子学株式会社（Hamamatsu）研制生产，最初用于小柴昌俊的超级神冈探测器中，装入了11 200 个，并最终探测到了宇宙中微子，小柴昌俊因此获得了 2002 年诺贝尔物理学奖，而 20 英寸光电倍增管也因此在 2014 年获得"IEEE 里程碑"。

光电倍增管由于增益高，响应时间短，且输出电流与入射光子数成正比，而被广泛使用。例如，在天体光度测量和天体分光光度测量中，光电倍增管可以测量比较暗弱的天体，还可以测量天体光度的快速变化。天文测光中，应用较多的是锑铯光阴极的倍增管，如 RCA1P21。这种光电倍增管的极大量子效率在 4 200 Å 附近，为 20% 左右。还有一种双碱光阴极的光电倍增管，如 GDB-53。它的信噪比较 RCA1P21 大一个数量级，暗流很低。为了观测近红外区，常用多碱光阴极和砷化镓阴极的光电倍增管，后者量子效率最大可达 50%。

在医学上，由于超弱发光能反映体内生理状态，可通过探测弱光信息用于疾病诊断及愈合评价，还可将光子计数技术应用于激光脉冲探测系统等。

9.2.1　光电倍增管的组成

光电倍增管主要由光窗、光阴极、倍增极（打拿极（dynode））、阳极组成，如图9.2所示。下面对各环节进行简要说明。

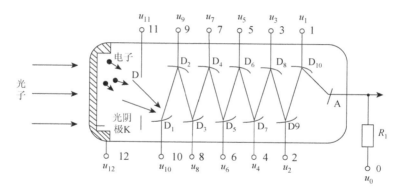

图 9.2　光电倍增管结构

（1）光窗，为光线或射线射入的窗口，检测不同波长的光，应选择不同的光窗玻璃。

（2）光阴极，为接受光子产生光电子的电极，它由光电效应概率大而光子逸出功小的材料制造而成。阴极室的结构与光阴极 K 的尺寸和形状有关，其作用是把阴极在光照下由外光电效应产生的电子聚焦在面积比光阴极小的第一打拿极 D_1 的表面上。

（3）倍增极，亦称打拿极，为光电子产生倍增的电极。在光电倍增管的光阴极和各倍增极上施加合适的电压，当光阴极产生的光电子打到倍增极上产生二次电子时，这些电子被聚焦到下一级倍增极上又产生二次电子，使管内电子数目倍增，如图 9.3 所示。倍增极的数目一般有 8~13 个，电子放大倍数达 10^6~10^9。

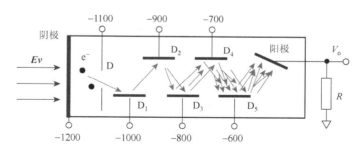

图 9.3　光电倍增管电子倍增原理

打拿极主要由那些能在较小入射电子能量下有较高灵敏度和二次发射系数的材料制成。常用的打拿极材料有锑化铯、氧化的银镁合金、氧化的铜铍合金等。

打拿极的形状应有利于将前一级发射的电子收集到下一极。在各打拿极 D_1、D_2、D_3 等以及阳极 A 上依次施加逐渐升高的正电压，而且相邻两极之间的电压差应使二次发射系数大于 1。这样，光阴极发射的电子在 D_1 电场的作用下以高速射向打拿极 D_1，产生更多的二次发射电子，这些电子又在 D_2 电场的作用下向 D_3 飞去。如此继续下去，每个光电子将激发成倍增加的二次发射电子，最后被阳极收集。电子倍增系统有聚焦型和非聚焦型两类。聚焦型的打拿极把来自前一级的电子经倍增后聚焦到下一级，两极之间可能发生电子束轨迹交叉。非聚焦型又分为圆环瓦片式（即鼠笼式）、直线瓦片式、盒栅式、百叶窗式。

（4）阳极，为最后收集电子的电极，经过多次倍增后的电子被阳极收集，形成放大了的光电流，且电流大小正比于入射光子数。输出为电压或电流，整个过程时间约 8~10 s。

常用的光电倍增管有盒式结构、直线聚焦结构、百叶窗结构。图9.4为几种光电倍增管的外观。

图9.4　几种光电倍增管外观

光电倍增管性能的好坏直接关系到光子计数器能否正常工作。对光电倍增管的要求主要有：①光谱响应适合于探测光的波长；②暗电流要小，它决定了器件的探测灵敏度；③响应速度快；④光阴极稳定性好；⑤后续脉冲效应小。

9.2.2　光电倍增管的工作电路

光电倍增管有两种高压偏置方式：一种是阴极接地，阳极接高的正电压；另一种是阳极经过一个适当的负载电阻接地，而阴极接高的负电压。

光电倍增管的第二种工作电路如图9.5所示，阴极接高的负电压，阳极经负载电阻接地，采用电阻链分压（图中为11个），分别向倍增级（图中为10个）供电。

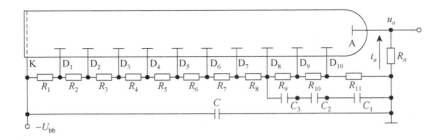

图9.5　光电倍增管的工作电路

1. 光电倍增管电极的偏置方法

为了使光电倍增管正常工作，通常需在阴极K和阳极A之间施加900～2000 V高电压。同时，还需在阴极、倍增极与阳极之间分配一定的极间电压，以保证光电子能被有效地收集，光电流通过倍增系统得到放大。一般极间电压为80～150 V，极间的电阻分压器阻值为20 kΩ～1 MΩ。

阴极与第一倍增极之间电压应尽可能高，一般应 2 倍于其他极间的电压或更高，以保证第一倍增极有较高的二次发射系数，使光电子的渡越时间分散小；中间倍增极电压根据所需要的增益可自主调节。在某些情况下，希望降低管子的阳极灵敏度而不改变总电压，简单的方法是调节中间倍增极之间的电压（在一定范围内适用）。中间倍增极一般采用均匀分压器，当输出电流大时，末级倍增极采用非均匀分压器，使最后二级或三级倍增极之间有较高电场，从而避免空间电荷效应。在弱光探测中，为了提高管子的灵敏度，有时最后一个电阻值取得较小。

当光电倍增管工作时，每个打拿极均需要提供一定电流，它等于入射的一次光电子数与射出的二次倍增电子数之差。因此，这个电流流过偏置电阻 R 时会引起电压降，使打拿极电压不稳定（若被测光强度变化，则引起光电流的变化，从而引起分压器压降的变化）。减小电阻 R 使流过的电流足够大，可减小光电流波动的影响，使每个打拿极的电压不会有很大的变化；但过大的电流会引起管子发热，增大热电子发射噪声，降低仪器的输出信噪比。另一种解决办法是，在偏置电阻两端并联电容 C，依靠电容的充电电能来部分补充所需要的打拿极电流，提高供电电压的稳定性。并联电容 C_1、C_2、C_3 的取值范围为 0.002～0.05 pF。

2. 光电倍增管的高压偏置

光电倍增管的接地方式有两种：一种是阴极接地，阳极施加高压，该接线方式的主要缺点是，由于阳极有很高的直流输出电压，即使有隔直耦合电容，也容易因电压波动损坏前置放大器。另一种是阳极接地方式，其优点是阳极为低电位，可以直接连接光子计数电路，无需耦合电容；但该方法的缺点是光电倍增管的外罩（通常是接地的）与光阴极和第一打拿极之间具有很高的电位差，会引起漏电，漏电流经过玻璃管壁时会产生荧光，它相当于产生了光干扰信号，给测量带来误差。为此，通常在光电倍增管的管壁与外罩之间加一层屏蔽，屏蔽层与阳极之间加一电阻，这样就没有漏电流流经光电倍增管的管壁。

3. 光电倍增管的阳极负载电阻

当一个光子射入光电倍增管的光阴极后，在阳极会产生一个宽度约 10～20 ns 的电流脉冲，如图 9.6（a）所示。光电倍增管的阳极负载是电阻，对于快速变化的脉冲信号，分布电容和后级电路的输入电容不可忽视，它会使输出脉冲电压进一步展宽，如图 9.6（b）所示。对于直流测量系统，多个脉冲展宽后会形成平稳的直流电压，这对测量结果无不良影响；但是，光子计数器会使两个彼此间隔时间较短的脉冲叠加在一起，形成一个电压脉冲，如图 9.6（c）所示，从而产生计数误差。因此，光子计数器中使用的光电倍增管阳极负载应保证时间常数 RC 足够小，例如，当 $C = 20$ pF 时，R 取 50 Ω 以下，此时时间常数 $RC = 1$ ns $\ll t_w$（t_w 为脉冲的半波宽度，即幅值一半之间的宽度）。

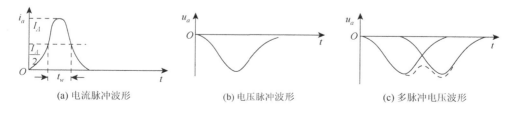

(a) 电流脉冲波形　　　　(b) 电压脉冲波形　　　　(c) 多脉冲电压波形

图 9.6　光电倍增管阳极电流电压波形

4. 光电倍增管的计数坪区

对于同一光电倍增管，测量所得计数率与所施加的电压有关，图 9.7 所示曲线反映了计数率与电压之间的关系。图中，光电倍增管计数率变化缓慢的区域称为计数坪区。定义坪长和坪斜分别为

$$坪长 = u_{a2} - u_{a1}$$

$$坪斜 = \frac{N_2 - N_1}{\overline{n}(u_{a2} - u_{a1})}$$

其中：N_2 对应电压 u_{a2} 的计数率；N_1 对应电压 u_{a1} 的计数率；$\overline{n}$ 为平均计数率。

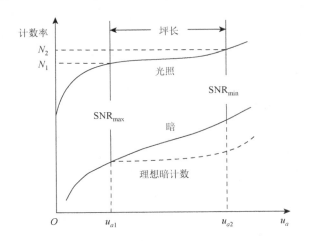

图 9.7   光电倍增管的计数坪区

对于理想的光电倍增管，坪长越长越好，且坪斜越小越好。一般来说，有光照时出现坪区，无光时无坪区，只有暗计数，故对光电倍增管高压的选择应在坪区出现的开始电压 u_{a1}，这时能获得最大的信噪比；反之，若高压选择在 u_{a2}，则信噪比最差。

9.2.3   光电倍增管的噪声

光电倍增管的最大优点是它具有极高的灵敏度，限制其探测微弱光极限的关键因素是光电倍增管的输出噪声。光电倍增管主要有如下噪声。

1. 散粒噪声

光电倍增管在无光照、处于完全黑暗的环境下，仍然有输出电流，该电流称为暗电流。阴极和各倍增管极的热电子发射是暗电流产生的主要原因，此外还有阳极漏电流、场效发射等，它们形成散粒噪声。

暗电流导致光子计数器暗计数，即背景计数，产生测量误差。暗电流可以通过降低管子的工作温度、选用小面积光阴极、选择最佳甄别电平等措施使暗计数率降到最小，但对于极微弱的光信号而言，仍是一个不可忽视的噪声来源。

2. 离子噪声

光电倍增管内离子或反馈离子入射到光阴极也同样激发出光电子。此外，宇宙射线也会引起光阴极的光电子发射，也会产生噪声。

3. 泊松统计噪声

用光电倍增管探测光源发射的光子，发现相邻的光子打到光阴极上的时间间隔是随机的，表现出计数的波动性，导致测量具有一定的不确定度，这种不确定度是一种噪声，称为统计噪声。研究表明，光子到达光阴极的数量在统计上服从泊松分布。

设 R 为发射光子的平均速率（或流量，即每秒发射的光子数量），则在时间 t 内平均发射光子数为 Rt，在时间 t 内发射光子数为 m 的概率是一定的，即

$$P(m,t) = \frac{(Rt)^m}{m!} \mathrm{e}^{-Rt} \tag{9.3}$$

上式表明，在时间 t 内发射的光子数是起伏的，根据泊松分布，其标准偏差为

$$\sigma = \sqrt{Rt} \tag{9.4}$$

光子发射的不均匀性，造成光子计数器读数不准确，其输出信噪比为

$$\mathrm{SNR_o} = \frac{Rt}{\sqrt{Rt}} = \sqrt{Rt} \tag{9.5}$$

上式表明，当光子的平均速率 R 一定时，计数时间 t 越小则输出信噪比越低，计数时间越长则输出信噪比越高。

例如，若 $Rt = 5$，则 $\mathrm{SNR_o} = \sqrt{5}$；若缩短计数时间，使 $Rt = 1$，则 $\mathrm{SNR_o} = 1 < \sqrt{5}$。这表明缩短计数时间，则输出信噪比下降。

设光子速率 $R = 100$ 光子/s，则根据泊松分布的标准偏差，在计数时间分别为 0.1 s、1 s、10 s 时，测量到的光子数分别为

$$Rt = 10, \qquad 10 \pm \sqrt{10} = 6 \sim 13$$
$$Rt = 100, \qquad 100 \pm \sqrt{100} = 90 \sim 110$$
$$Rt = 1000, \qquad 1000 \pm \sqrt{1000} = 970 \sim 1030$$

可见，光子计数器的计数时间越长，则计数结果的起伏越小，测量准确度越高，因此在实际应用中要视具体情况折中考虑计数精度和测量时间。

综上所述，提高光子计数器的准确度的关键是：①尽可能减少光电倍增管的噪声脉冲；②增加计数时间。

9.2.4　光电倍增管的暗计数及脉冲堆积效应

1. 暗计数

光电倍增管的光阴极和各倍增极存在热电子发射，即使在没有入射光照射时，还有暗计数，即背景计数。虽然可以用降低管子的工作温度、选用小面积光阴极、选择最佳甄别电平等措施使暗计数率降到最小，但对于极微弱的光信号而言，它仍是一个不可忽视的噪声来源。

2. 脉冲堆积效应

光电倍增管具有一定的分辨时间，当在分辨时间内相继有两个或两个以上的光子入射到光阴极时（假定量子效率为1），由于它们的时间间隔小于分辨时间，光电倍增管只能输出一个脉冲，光电子脉冲的输出计数率比单位时间入射到光阴极上的光子数要少；另外，甄别器有一定的死时间，在死时间内输入脉冲时，甄别器输出计数率也有损失，这种现象统称为脉冲堆积效应。

研究表明，噪声脉冲与光电子信号脉冲在幅度上存在差别，大致可分为以下三类。

（1）小于光信号脉冲幅度，为各级打拿极热电子发射；

（2）大于光信号脉冲幅度，为玻璃发射、反馈离子、宇宙射线；

（3）等于光信号脉冲幅度，为光阴极热发射、反馈光子。

图 9.8 所示为光电倍增管输出不同高度脉冲分布图，称为 PHD 曲线。小于 A 线的部分是由热电子发射引起的；大于 B 线的部分是由高能粒子激发引起的；介于 A、B 线之间的为光脉冲信号，称为单光电子响应峰。只有具有如图所示 PHD 形状的光电倍增管才能用于光子计数器的光电探测器。此外，暗计数率越小越好。

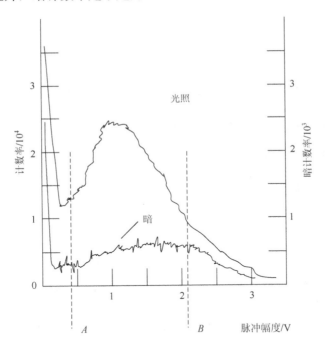

图 9.8　光电倍增管的 PHD 曲线

光电倍增管的运行特性如下。

（1）稳定性。

光电倍增管存在运行稳定性问题。它是由器件本身特性、工作状态、环境条件等多种因素决定的，主要如下。

① 灵敏度因强光照射或照射时间过长而降低，停止照射后又部分地恢复，这种现象称为"疲乏"；

②　光阴极表面各点灵敏度不均匀；

③　管内电极焊接不良、结构松动、阴极弹片接触不良、极间尖端放电、跳火等引起的跳跃性不稳现象，信号忽大忽小；

④　阳极输出电流太大产生的连续性和疲劳性的不稳定现象；

⑤　环境温度升高，管子灵敏度下降；

⑥　潮湿环境造成引脚之间漏电，引起暗电流增大和不稳；

⑦　环境电磁场干扰引起工作不稳。

（2）极限工作电压。

极限工作电压是指管子所允许施加的电压上限，高于此电压，管子产生放电甚至击穿。

9.3　光子计数器原理

前已述及光子计数器主要由光电倍增管、放大器、甄别器、计数器构成，如图 9.1 所示。其工作原理为：光电倍增管的光阴极受到光照射后发生光电效应，形成光电流，该电流经过光电倍增管的多级倍增放大，形成较大的光电流，在负载上形成了一系列的电脉冲（有电流输出和电压输出两种方式），这些脉冲经放大器放大后送入甄别器，甄别器滤除噪声脉冲，只允许与被测光辐射功率成正比的脉冲通过，并送入计数器计数，计数器显示的数值即反映被测光信号的大小或强弱。

前面已论述了光电倍增管，下面简要介绍光子计数器的其他环节。

1. 放大器

放大器将光电倍增管阳极输出的电脉冲信号线性地放大到合适的脉冲幅度，如图 9.9 所示，以利于后续电路对信号的甄别。由于光脉冲信号的半宽度（幅值一半之间的宽度）约为 10～30 ns，要求放大器满足：①有足够大的带宽，常用的放大器带宽为 100～200 MHz；②能响应快速的脉冲，上升、下降时间短，小于 3 ns；③有较宽的线性动态范围；④具有良好的线性度，非线性优于 1%；④增益稳定（小于 0.1%/℃），增益范围约 10～200；⑤具有低噪声系数。

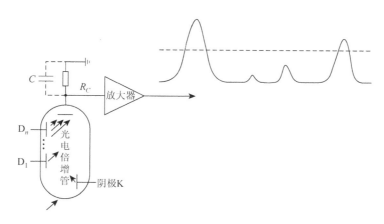

图 9.9　放大器的输出脉冲

2. 甄别器

甄别器用来剔除低幅度的噪声脉冲和高幅度的干扰脉冲，仅保留由被测光产生的信号输出，提高计数结果的准确性。

甄别器有两个电平，分别称为第一甄别电平 V_A 和第二甄别电平 V_B，且 $V_A < V_B$。$\Delta V = V_B - V_A$ 为允许脉冲通过的阈值。V_A 和 V_B 根据光电倍增管的脉冲幅度分布曲线（即 PHD 曲线）可任意设定，分别用来抑制脉冲幅度低的暗噪声以及脉冲幅度高的由宇宙射线和天电干扰等造成的干扰脉冲，经过甄别器鉴别的输出信号是幅度和宽度标准化的脉冲，最后通过计数器（或定标器）测量排除大部分噪声的信号光子数。

图 9.10 所示为甄别器的电平设置方式。

单电平甄别	窗甄别	校正	PHA	预定标

计数	0	0	0		
	1	1	1	ΔV	
	1	0	2		

图 9.10   甄别器的电平设置方式

（1）单电平甄别。只要输入脉冲幅度大于第一甄别电平 V_A 就有一个输出脉冲，该方式可消除打拿极的热发射噪声。

（2）窗甄别。只要输入脉冲高度介于两个甄别电平之间才能输出。

（3）校正。设置两个甄别电平，当输入脉冲幅度在甄别器阈值 ΔV 之中时，输出一个脉冲；当大于甄别电平 V_B 时，输出两个脉冲。这种方式可校正因脉冲堆积造成的漏计数。

（4）PHA。为脉冲高度分析方式，用于测量光电倍增管完整的输出脉冲 PHD 曲线。这种方式 V_A 与 V_B 非常接近，ΔV 很小且固定，通过逐步移动窗口位置可得到所要求的 PHD 曲线。

（5）预定标。适用于非常高的计数率，并允许仪器用于较慢速度的数字计数设备。

甄别器电路框图如图 9.11 所示。当输入脉冲幅度小于 V_A 时，上、下甄别器均无输出；当输入脉冲幅度大于 V_A 但小于 V_B 时，下甄别器输出脉冲，上甄别器无输出脉冲，因此，经反符合门电路有计数脉冲输出，可进行计数；当输入脉冲幅度大于 V_B 时，上、下甄别器均有脉冲输出，这时反符合门电路没有计数脉冲输出，从而不计数。

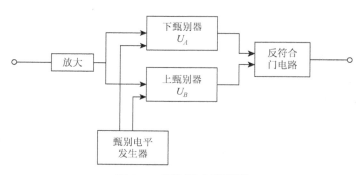

图 9.11   甄别器电路框图

　　由此可见，反符合门电路是一个关键电路。该电路不是一个简单的减法电路，因为上、下甄别器输出的脉冲宽度不相等，简单相减后仍然会有信号输出。图 9.12 所示为一种反符合门电路。当输入脉冲幅度大于 V_B 时，上、下甄别器均有输出，见 u_1、u_2 脉冲。然后，经单稳态电路 I 和 II 分别对 u_1、u_2 展宽，得 u_{k1}、u_{k2}。这时 u_{k1} 经 RC 微分后得波形 u，其前沿形成上跳脉冲使 T_2 不导通，后沿形成的下跳脉冲才使 T_2 导通。u_{k2} 的作用使 T_1 截止。由此可见，T_1、T_2 均不能同时导通，输出为 0，达到反符合门作用。

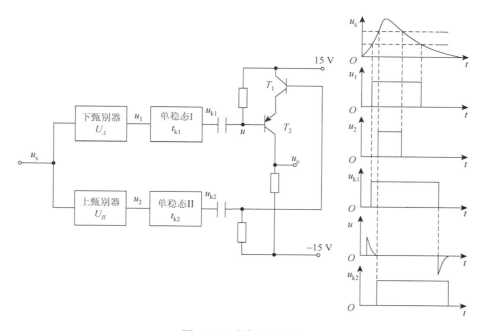

图 9.12　反符合门电路

　　当输入脉冲在 V_A 与 V_B 之间时，仅有 u_{k1} 而无 u_{k2}，故 u_{k1} 的下跳脉冲可通过 T_2 导通而输出，达到计数目的。

3. 计数器

　　计数器用于记录在规定的测量时间间隔内甄别器输出的标准脉冲数，要求计数器的计数速率达到 100 MHz，并有较高的计数容量。由于光子计数器常用于弱光测量，其信号计数率极低，选用计数速率低于 10 MHz 的计数器（定标器）也可以满足要求。

　　计数时间越长，则信噪比改善越大。为此，计数器应设置计数时间 t，并在时间 t 内进行计数。设时间 t 内总计数为 N_A，则光子速率及光强分别为

$$R_A = \frac{N_A}{t}$$

$$P_A = R_A E_p$$

计数方式有两种，即正常计数法计数和倒数计数法计数。

1）正常计数法计数

正常计数法计数原理框图如图 9.13（a）所示。计数器 A 用于计数来自甄别器的光子速率

R_A，计数器 C 用于计石英时钟脉冲数，其脉冲速率为 R_C。预置设定数可自由选择。电路启动计数后，计数器 A 和 C 同时开始计数。当计数器 C 累加数达到 N 时将产生一个脉冲，使 C 和 A 同时停止计数。由此，可算出计数器 C 达到计数 N 所需时间 $t = N / R_C$，即为光子计数器的计数时间，从而可根据计数器 A 的计数值 N_A 求出光子速率为

$$R_A = \frac{N_A}{t} = \frac{N_A}{N} R_C$$

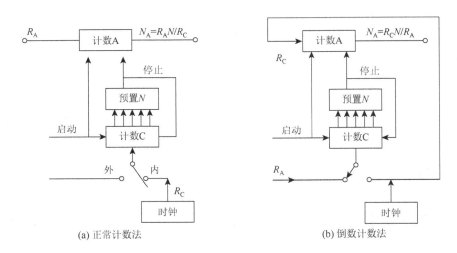

(a) 正常计数法　　　　　　　　　(b) 倒数计数法

图 9.13　计数原理框图

2）倒数计数法计数

这种计数器的输入信号起外部时钟作用，内时钟 R_C 作为计数器 A 的输入，如图 9.13（b）所示。预置 N 后，启动计数器，则测量时间 $t = N / R_A$，故计数器 A 的计数值为

$$N_A = R_C t = \frac{R_C N}{R_A}$$

从而可求出 R_A。该方法的优点是，在每一测量过程中利用了预置设定数 N，因此对微弱信号计数时间 t 可以增加，使得即使信号强弱不同时也能获得相同的测量精度。

第 10 章

电磁干扰与抑制

10.1　电磁干扰概述

在微弱信号检测中，电磁干扰主要指电场、磁场、电磁波对被测信号及检测仪器的干扰。电磁干扰会使仪器产生更大的测量误差，甚至使仪器无法正常工作。电磁干扰与电噪声是两类不同的信号扰动，均对信号检测产生不利影响。前者是由于某种外在原因引起的，如输电线的工频电磁干扰等，可以通过适当的措施加以消除，如滤波，对测量装置加以电磁防护，或者屏蔽干扰源等；而噪声是元器件内在原因所引起的，如电阻热噪声、二极管散弹噪声等。无论是干扰还是噪声都会对测量产生不利影响，都是不希望出现的"信号"，需要加以抑制。前面章节已论述了噪声及抑制噪声的措施，本章将论述电磁干扰、电磁屏蔽及接地等。

电磁干扰的来源很广，凡有电流的地方一定有磁场，凡有电压的地方一定有电场，凡有电流交变或突变一定向外发射电磁波，凡有无线通信，一定向空中发射电磁波，这些对测量仪器来说都是电磁干扰源。

电力输电线用于电能的输送，线上存在高电压、大电流，它们产生的电磁场会对周围的电气设备、电子仪器、测量装置产生电磁干扰（即工频干扰）。线路电流产生的磁场会通过磁通交变方式或切割磁力线方式产生感应干扰电势，电场会通过电容耦合方式形成干扰电压。

电力负荷的投切、开关操作等往往伴随有电火花或电流的突变，会产生强电磁干扰。直流电机电刷的交替通断会产生电火花，形成电磁干扰。汽车在点火启动瞬间会产生 $20\sim100$ MHz 的电磁干扰，作用距离可达 $50\sim100$ m。电焊机依靠弧光放电产生的高温熔化金属，放电时产生高频电磁辐射，所产生的电磁干扰甚至可能造成局部电网电压波动和尖峰脉冲。日光灯、荧光灯、霓虹灯在启动时会产生辉光放电，放电过程会产生超高频电磁波。逆变器依靠脉宽调制信号使功率器件（如 IGBT）高速通断，形成强电磁干扰。高压输电线由于导线周围电场强度高，伴随有空气击穿，形成电晕放电，产生电磁干扰。

很多测量仪器都是由工频电源供电的，电网电压的波动、谐波等会通过电源进入测量设备，产生电磁信号的传导干扰。

雷电是一种自然现象，当电场强度达到一定数值时，正、负电荷发生中和，产生强大的放电电流。云间电荷中和称为云闪，放电电流向空间发射强电磁波；云地间电荷中和称为地闪，地闪时伴随有强大的对地电流，电流增大速度快（微秒量级），持续时间短，峰值达数万安培，产生强电磁干扰。打雷时空间电场强度往往很高，可达 $1\sim10$ kV/m。雷电产生几十千赫到几十兆赫的高强度电磁辐射干扰，作用距离可达几十到数百千米。此外，强大的地闪雷电流会使地电位抬升，地电位变化剧烈，变化范围可达数千伏，形成地电位差干扰。

大地并非理想的零电位，由于各种原因可能导致不同点地电位不一致，形成地电位差干扰。有些干扰还会耦合到地线上。

宇宙射线和太阳黑子产生电磁辐射，频率一般高达吉赫兹量级以上。不过，该频率超出一般电路系统的频率响应范围，对普通检测仪器影响不大。

机械运动或机械力也可能产生电磁干扰，如电路板的振动可能因为切割磁力线形成感应干扰电势。有些材料在外力的作用下会产生压电效应，形成电压。两个金属板中间夹杂介质形成电容，金属或介质的相对运动会引起电容值的变化，在电路中会引起电压的变化，从而形成干扰，这种效应称为颤噪效应。电路板中靠得很近的导体，以及线缆的芯与屏蔽层之间也存在由颤噪效应引起的干扰。

电路板上的污秽，如助焊剂、松香、洗板液残留，与金属可能形成原电池，形成附加电压。

不同金属之间的接触形成结点电势，同一金属两端因温度不同形成温差电势，这也会形成微小干扰电压。

不同物质之间的摩擦会产生电荷，形成干扰电压，如线缆绑扎不紧，可能因摩擦生电。

接触不良的开关触点、插头插座，焊接不良的焊点会形成接触电压。

无线广播电视产生射频辐射干扰，频率范围为 300 kHz～300 MHz。雷达及手机发射电磁干扰信号，频率范围为 300 kHz～30 GHz。

总之，电磁干扰充满了我们的生活空间，为了使检测仪器能正常工作，并满足足够的测量精度，必须搞清电磁干扰的途径，并采取相应的措施加以抑制。

10.2　电磁干扰的途径

电磁干扰源所产生的电磁波通过空间发射进入检测电路系统，实现电磁干扰。根据干扰源与被干扰物之间的距离，分为耦合干扰和辐射干扰两种类型。

若干扰电磁波的波长为 λ，则在距离干扰源小于 $\dfrac{\lambda}{2\pi}$ 范围内（称为近场），干扰耦合主要为电场耦合和磁场耦合。电场耦合通过导体之间的电容来耦合，磁场耦合通过导体之间的互感来耦合，需要对此两种耦合分别考虑抑制措施。若电路板上存在频率为 30 MHz 的辐射源，其波长为 $\lambda = \dfrac{v}{f} = \dfrac{30 \times 10^7}{30 \times 10^6}\,\mathrm{m} = 10\,\mathrm{m}$，$\dfrac{\lambda}{2\pi} = \dfrac{10}{2\pi}\,\mathrm{m} = 1.59\,\mathrm{m}$，此尺寸（1.59 m）远大于常规电路板尺寸，电路板上的导线和器件距离干扰发射源均在近场范围，因此应分别考虑电场耦合和磁场耦合产生的电磁干扰。

在距离干扰源大于 $\dfrac{\lambda}{2\pi}$ 的地方（称为远场），干扰主要通过辐射电磁场耦合到检测电路。

此外，还有传导耦合和公共阻抗耦合等。下面分别论述。

10.2.1　传导耦合

传导耦合是指电磁干扰在电路中以电压或电流的形式通过金属导线或电容、电感、变压器等耦合至被干扰设备或电路，是电路中最常见的一种干扰耦合途径。

一个仪器或设备可能存在电源线、地线、信号线、控制线、通信线等多种导线，电磁干扰可通过这些导线进入设备，引起电磁干扰。

在近场范围内，电磁干扰主要是通过传导耦合的途径发生作用的。传导耦合主要有三种类型，即电容耦合（亦称静电耦合）、互感耦合（亦称电磁感应耦合）、公共阻抗耦合（亦称阻性耦合）。

传导耦合可以分为直接传导耦合和公共阻抗传导耦合。

直接传导耦合是指干扰信号直接通过导线或器件等耦合至被干扰设备而对电路产生的干扰。公共阻抗传导耦合是干扰通过公共阻抗耦合至电路的一种传导方式。

1. 公共阻抗传导耦合

当电路具有公共的电流通道时会发生公共阻抗传导耦合。现以图 10.1 所示电路为例加以说明。图中两电路并联，它们经公共阻抗 Z_P、Z_G 分别与电源和地相连，设流经两电路的电流分别为 i_1 和 i_2，则任何一个电路的电流波动都会在公共阻抗上引起电压的波动，从而引起电路 A、B 两端电压的变化，对另一电路形成干扰。这种耦合称为公共阻抗传导耦合。

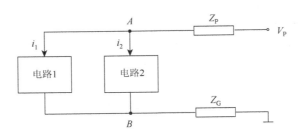

图 10.1　公共阻抗传导耦合

现实中存在大量这样的电路连接，如多个电路共用一段公共电源线或公共地线，由于导线具有一定的阻抗，任一电路的电流变化都会引起公共通道上阻抗两端电压的变化，从而对其他电路形成干扰电压。

电路板中若连接各电路的公共电源线和接地线太细，导致公共阻抗太大，会形成较大的公共阻抗耦合干扰。设备的公共安全接地线以及接地网络中的公共阻抗也会产生公共阻抗传导耦合。

若线路中存在多个接触件的串联，因为一般金属触点具有 2～20 mΩ 的接触电阻，所以存在较大的公共支路阻抗，会形成较大的公共阻抗耦合干扰。

合适的接地措施可以有效克服由公共阻抗传导耦合引起的干扰。

2. 电源耦合

很多仪器的工作电源都是由 220 V 交流经整流、滤波得到。由于电网电压可能存在电压波动及谐波等，若滤波、稳压等措施不完善，可能导致直流电压不稳定，或存在较大的波纹，这样的电源给运放等提供工作电压，可能对电路形成干扰。

为了提高交流供电质量，减少由电网窜入的干扰，好的仪器一般需要在交流侧对电压进行滤波处理，图 10.2 所示为一种典型的滤波电路。电路中电感和电容取值很小，对于 50 Hz 工频，容抗很大，感抗很小，工频电流能正常通过。但对于高频干扰，电容容抗很小，有旁路作用，电感感抗很大，有衰减作用，因此电路能抑制高频干扰。

此外，电路中的电感 L 能抑制共模干扰，因为两线圈共模电流在磁芯中产生的磁通方向相同，如图 10.3 所示，对共模高频干扰电流呈现很大的阻抗，衰减很大，故称其为共模扼流圈。但这种扼流圈对差模电流没有抑制作用，因为两线圈的差模电流在磁芯中产生的磁通方向相反，互相抵消，对差模电流阻抗很小。

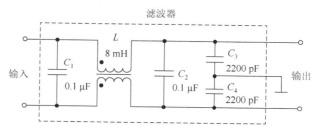

图 10.2　交流电源滤波器

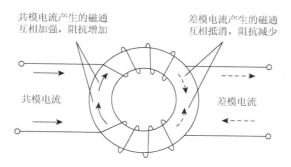

图 10.3　共模扼流圈抑制共模干扰原理

这种电源滤波器对抑制交流电网的尖峰干扰十分有效，但电感 L 对于串模交流干扰不起作用。

上述滤波器具有双向滤波作用，可以防止电源装置内部的干扰窜入交流电网。若将两个这样的滤波器串联使用，则可起到更好的滤波效果。

此外，可以分别在交流电源的火线对地与零线对地之间接入小容值的电容，用来消除两线对地共模高频干扰。

高频干扰可能通过电源变压器原副方绕组之间的分布电容耦合至变压器的输出端，可以在变压器原副方绕组之间装设接地的金属屏蔽层抑制这种干扰。若在变压器原副方绕组之间加装两个相互绝缘的屏蔽层，靠近变压器原方的屏蔽层接交流电源地，靠近变压器副方的屏蔽层接仪器地，则能起到更好的屏蔽作用，连接如图 10.4 所示。

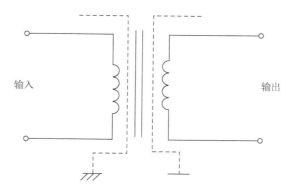

图 10.4　电源变压器绕组屏蔽

为了克服电网上可能存在的浪涌，抑制尖峰电压，可在交流侧并联压敏电阻。因为正常电压情况下压敏电阻表现出高阻抗，流过电阻内部的电流极小，但对于幅值很高的尖峰电压、雷电过电压等能快速变成低阻抗，可以经过压敏电阻泄流。当电压恢复正常时压敏电阻又表现出高阻抗。

对于大功率与弱信号混合的电路，为了克服由功率电路电源引起的干扰，可将微弱信号检测电路电源与功率电路电源分开，采用单独电源供电。

10.2.2　电场耦合

不同导体之间均存在电容，干扰信号可以通过电容耦合进入电路系统。

两平行导线之间的电容可按如下公式计算：

$$C = \frac{\pi \varepsilon l}{\text{arccosh}(D/d)} \text{ (pF)} \tag{10.1}$$

其中：D 为导体间的中心距离（mm）；d 为导体直径（mm）；l 为较短的一根导体的长度（mm）；ε 为周围介质的介电常数，对于空气，$\varepsilon_0 = 8.85 \times 10^{-3} \text{ pF/mm}$。

当 $D/d > 3$ 时

$$C \approx \frac{\pi \varepsilon l}{\ln(2D/d)} \text{ (pF)} \tag{10.2}$$

对于空气中的直导体与平面，它们之间的电容为

$$C = \frac{l}{18\ln(4h/d)} \text{ (pF)} \tag{10.3}$$

式（10.3）中尺寸如图 10.5 所示，单位 mm。

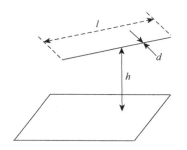

图 10.5　直导线与平面之间的分布电容

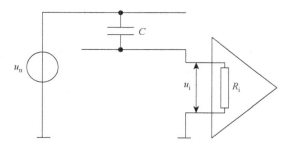

图 10.6　电场耦合原理图

实际中，由于导体并非理想直线或平面，且存在多种介质，准确计算电容有较大困难。下面以如图 10.6 所示的简单电路分析电场耦合原理。

假设干扰线对地电压为 u_n，该电压通过电容耦合至放大器输入端，放大器的输入阻抗为 R_i，则有

$$H(\omega) = \frac{U_i(\omega)}{U_n(\omega)} = \frac{R_i}{R_i + \dfrac{1}{j\omega C}} = \frac{j\omega C R_i}{1 + j\omega C R_i}$$

设干扰电压为某一频率的正弦电压 $u_n(t) = U_m \sin(\omega t)$，则耦合至放大器输入端的电压为

$$u_i(t) = U_m |H(\omega)| \sin[\omega t + \angle H(\omega)]$$

若为工频干扰，$f = 50\,\text{Hz}$，$\omega_0 = 2\pi f = 100\pi\,\text{rad/s}$，耦合电容 $C = 1\,\text{pF}$，放大器的输入电阻 $R_i = 1\,\text{M}\Omega$，则有

$$H(\omega_0) = \frac{j\omega_0 C R_i}{1 + j\omega_0 C R_i} = \frac{j2\pi \times 50 \times 1 \times 10^{-9} \times 10 \times 10^6}{1 + j2\pi \times 50 \times 1 \times 10^{-9} \times 10 \times 10^6} = \frac{j\pi}{1 + j\pi}$$

$$|H(\omega_0)| = \frac{\pi}{\sqrt{1^2 + \pi^2}} = 0.953, \qquad \angle H(\omega_0) = \frac{\pi}{2} - \arctan \pi = 17.66°$$

故耦合至放大器输入端的干扰电压为

$$u_i(t) = U_m |H(\omega_0)| \sin[\omega_0 t + \angle H(\omega_0)] = U_m \frac{\pi}{\sqrt{1^2 + \pi^2}} \sin[\omega_0 t + \angle H(\omega_0)] = 0.953 U_m \sin(\omega_0 t + 17.66°)$$

若干扰电压幅值为 0.01 V，则耦合至放大器输入端的干扰电压幅值为 9.53 mV。此干扰电压将对测量系统产生不可忽视的测量误差。

导体间的分布电容不仅可以将模拟正弦电压信号耦合至电路，也可将脉冲电压信号耦合至电路，对信号的测量造成影响。

抑制电场耦合的方法主要如下。

（1）将信号线远离干扰线；减小线间电容；尽量使用垂直线，避免或减少平行线；尽量缩短平行线的长度。

（2）利用地平面减小线间电容。理论分析表明，两条导线间的其他导体会对线间电容的大小产生影响。减小两导体与地平面的距离，可以减小线间分布电容。此技术常在多层电路板布线中采用。

（3）在信号线与干扰线之间敷设地线，这样既可以实现部分屏蔽，又可以减小线间电容。

（4）利用双绞传输线，将干扰信号变成共模信号。因为双绞线扭曲均匀，干扰线与此两线之间的分布电容大致相等，若将信号送入差动放大器，则干扰信号为共模信号，放大器的共模抑制比足够高，就能有效抑制干扰。

（5）限制干扰信号的变化率。对于高频信号，电容的容抗小，耦合得到的信号幅度较大，从而干扰较强，因此要设法降低脉冲上升和下降的斜率。为适应电磁兼容的要求，厂家已推出限制脉冲斜率的接口芯片，如 RS232、RS422、RS485，串口通信均使用此类芯片。

此外，将信号线使用屏蔽线，并将屏蔽接地，也能有效抑制电场耦合干扰。

10.2.3　磁场耦合

通有电流的导体周围产生磁场，对于无穷长圆形截面导体，导体周围的磁通密度为

$$B = \frac{\mu_0 i}{2\pi r}\,(\text{Wb/m}^2) \tag{10.4}$$

其中：i 为流经导体的电流（A）；r 为距离导体中心的半径（m）；μ_0 为空气的磁导率，$\mu_0 = 4\pi \times 10^{-7}\,\text{H/m}$。

若导体中的电流为交变电流，则该电流产生交变磁场，当交变磁场与其他线圈或回路存在磁通交链时会产生感应电势，称为变压器电势，形成干扰电压。

　　若导体中的电流为直流电流，则该电流产生直流磁场，直流磁场不产生变压器电势，但当通电导体与其他导体发生相对运动时，由于切割磁力线，也会产生感应电势，形成干扰电压。

　　通过磁通交链产生的感应电势大小为

$$v = -\frac{\mathrm{d}\varPhi}{\mathrm{d}t} = -M\frac{\mathrm{d}i}{\mathrm{d}t} \tag{10.5}$$

其中：$\varPhi$ 为由干扰电流 i 产生的交链于被干扰导体回路的磁通；M 为通电导体（或回路）与被干扰导体（或回路）之间的互感。

　　上式表明，感应电势的大小与通电导体的电流变化率成正比，与线圈之间的互感成正比。若干扰磁场的频率一定，则感应电压的大小主要取决于互感。

　　互感大小取决于线圈结构、尺寸，以及线圈之间的距离和方向等，复杂情况下的互感计算较为困难。

　　一般来说，回路面积越大，感应电势越大；匝数越多，感应电势越大；两线圈越平行，磁通耦合越好，感应电势越大；正交的线圈磁通交链越少，感应电势越小。

　　两个电路之间的互感会受到附近第三电路导体（或回路）的影响，因为第三电路中感应电势产生的电流会阻碍磁通的变化，对原磁场有部分抵消作用。因此，减小磁场干扰可以采用下列方法。

　　（1）尽量减小信号线与干扰导体（或回路）之间的互感，减少它们之间的磁通交链。调整导体或线圈的方向，减小线圈之间可能发生磁通交链的面积，让信号线尽量贴近地线，或将信号线与地线绞合在一起均为有效方法。将微弱信号导线贴近大面积地线可以减少导体与其他导体之间的互感。

　　（2）用双绞线传输信号。若双绞线上有干扰电流流动，由于导线的均匀扭曲，电流产生的干扰磁场具有一定的相互抵消，对外产生较小的干扰磁场。此外，使用双绞线传输信号能够一定程度抑制干扰磁场，因为双绞线能有效减小感应面积，且双绞线相邻结由干扰磁场产生的感应电势符号相反，所以具有一定的抵消作用。

　　（3）减小干扰电流的变化率。要尽量平缓干扰脉冲电流的上升沿和下降沿，如串行通信时采用限斜率的通信接口芯片，或采用合适的滤波措施。

　　（4）屏蔽磁场干扰源。在散热允许的情况下，可将磁场干扰源加以屏蔽，如将变压器用导磁材料包裹起来，让变压器的漏磁通限制在屏蔽磁体内，不对外产生干扰磁场，这种屏蔽属于主动屏蔽。采用环形铁芯较 E 型铁芯能更好地减小变压器的漏磁。也可将微弱信号检测电路置于高导磁材料容器之中，以阻止外来干扰磁场进入电路，这种屏蔽属于被动屏蔽。

　　如同电阻对电流具有阻碍一样，磁阻对磁通也具有阻碍，磁阻的大小为

$$R_{\mathrm{m}} = \frac{l}{\mu S} \tag{10.6}$$

其中：l 为磁路长度；S 为磁通截面面积；μ 为磁路材料的磁导率，$\mu = \mu_0 \mu_{\mathrm{r}}$（$\mu_0 = 4\pi \times 10^{-7}$ H/m 为真空的磁导率，$\mu_{\mathrm{r}} = \mu / \mu_0$ 为相对磁导率）。空气和非铁磁材料的磁导率接近真空的磁导率，

相对磁导率约为 1，即 $\mu \approx \mu_0$。而铁磁材料的磁导率 $\mu \gg \mu_0$，所以导磁材料的磁阻很小。常用材料的相对磁导率如表 10.1 所示。

表 10.1　常用材料的相对磁导率

材料	非铁磁材料和空气	铸铁	硅钢片	镍锌铁氧体	镍铁合金	锰锌铁氧体	坡莫合金
磁导率	1	200～400	7 000～10 000	10～1 000	2 000	300～5 000	20 000～200 000

为了提高磁屏蔽效果，应尽量减小屏蔽体的磁阻，可选用硅钢片、铁、坡莫合金等高磁导率材料，增大屏蔽体的厚度。尽量不要在磁路上开气隙，因为微小的气隙会增加很大的磁阻，影响屏蔽效果。

由于高磁导率材料易于饱和，如镍铁合金等，其在强磁场下屏蔽作用失效，为此可以采用双层磁屏蔽，即外层采用磁导率不高的材料，屏蔽强干扰磁场，内层采用高磁导率材料，屏蔽已衰减了的弱干扰磁场。

铁磁材料的磁导率随着磁场频率的增高而降低，因此对于射频干扰磁场，铁磁材料的屏蔽效果不佳，可以采用高电导率的非铁磁导体进行屏蔽，屏蔽体产生涡流阻碍磁通的变化，可以部分抵消外磁场。

铁镍合金对低频磁场具有很好的磁屏蔽效果，但对于高于 1 kHz 的磁场，其磁导率会随频率升高而迅速下降。当频率高于 100 kHz 时，其磁屏蔽作用还不如铜、铝、钢等其他金属。

10.2.4　电磁辐射耦合

交变的电流产生交变的磁场，交变的磁场产生交变的电场，因此，任何交变电流都会向外发射电磁波。

在远场中，电磁波辐射是一种平面波，电场与磁场振动方向相互垂直，且均垂直于传播方向。电场强度与磁场强度之比为确定值，等于传播介质的特征阻抗。电磁波在真空中的速度为光速。单一频率的电磁波为正弦波。任何频谱复杂的电磁波都可以分解成不同频率的电磁波。

电磁波具有能量，能量的大小由坡印亭矢量（Poynting vector）决定，即 $\boldsymbol{S} = \boldsymbol{E} \times \boldsymbol{H}$，其中，$\boldsymbol{S}$ 为坡印亭矢量，$\boldsymbol{E}$ 为电场强度，$\boldsymbol{H}$ 为磁场强度。$\boldsymbol{E}$、$\boldsymbol{H}$、$\boldsymbol{S}$ 彼此垂直构成右手螺旋关系。$\boldsymbol{S}$ 代表单位时间流过与之垂直的单位面积的电磁能，单位为 W/m^2。

电场与磁场的能量总是相互转换的，且二者的能量在任何时刻均相等，为总能量的一半。

同一个屏蔽体对于不同性质的电磁波，其屏蔽性能不同。因此，在考虑电磁屏蔽性能时，要对电磁波的种类有基本认识。在进行屏蔽设计时，需将电磁波按照其波阻抗分为电场波、磁场波、平面波。

1. 电磁波的波阻抗

当电磁波发射源与被干扰体距离 $r < \lambda / 2\pi$（λ 为电磁波的波长）时称为近场或感应场；当距离 $r > \lambda / 2\pi$ 时称为远场或辐射场。

要判断起主要作用的是哪种干扰，取决于干扰场的性质。场的性质是由干扰源的性质、传播介质，以及到干扰源的距离决定的。在靠近干扰源的地方（即近场），场的性质主要取决于干扰源的特性；在远离干扰源的地方（即远场），场的性质主要取决于传播介质的特性。

电磁波的波阻抗 Z_W 定义为电磁波中的电场分量 E 与磁场分量 H 的比值，即

$$Z_W = \frac{E}{H} \tag{10.7}$$

电磁波的波阻抗与电磁波的辐射源性质、观测点到辐射源的距离，以及电磁波所处的传播介质有关。图 10.7 所示为波阻抗随距离的变化曲线。

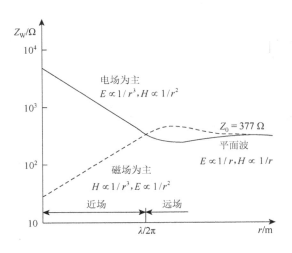

图 10.7　波阻抗与距离的关系

由图可见，距离辐射源较近时，波阻抗取决于辐射源特性。若辐射源为大电流、低电压（辐射源的波阻抗较低），则产生的电磁波的波阻抗小于 377 Ω，称为磁场波，干扰主要由互感耦合引入；若辐射源为高电压、小电流（辐射源的波阻抗较高），则产生的电磁波的波阻抗大于 377 Ω，称为电场波，干扰主要由电容耦合引入。

在近场，以电场为主的情况下，随着距离的增加，电场强度 E 按 $1/r^3$ 的速率衰减，磁场强度按 $1/r^2$ 的速率衰减，所以波阻抗 Z_W 逐渐减小，最后减小为传播介质的特征阻抗 Z_0（后述）。而在以磁场为主的情况下，随着距离的增加，电场强度 E 按 $1/r^2$ 的速率衰减，磁场强度按 $1/r^3$ 的速率衰减，所以波阻抗 Z_W 逐渐增加，最后增加为传播介质的特征阻抗 Z_0。

在远场中，电场强度 E 与磁场强度 H 以固定比率（空气中 $E/H = 377\ \Omega$）组合形成平面辐射电磁波。随着距离的增加，远场中的电场强度 E 和磁场强度 H 均以 $1/r$ 的速率衰减，这时的电场矢量与磁场矢量相互垂直，且都垂直于传播方向。

距离辐射源较远时，波阻抗仅与电磁波传播介质有关，其数值等于介质的特征阻抗。

2. 传播介质的特征阻抗

传播介质的特征阻抗定义为

$$Z_0 = \sqrt{\frac{\mathrm{j}2\pi f \mu}{\sigma + \mathrm{j}2\pi f \varepsilon}} \tag{10.8}$$

其中：ε 为传播介质的介电常数；μ 为传播介质的磁导率；σ 为传播介质的电导。

对于绝缘体传播介质，$\sigma \ll 2\pi f \varepsilon$，其特征阻抗与频率无关，上式可简化为

$$Z_0 = \sqrt{\frac{\mu}{\varepsilon}} \tag{10.9}$$

对于空气传播介质，其特征阻抗为

$$Z_0 = \sqrt{\frac{\mu_0}{\varepsilon_0}} = 377\ \Omega \tag{10.10}$$

其中：ε_0 为空气的介电常数，$\varepsilon_0 = 8.854 \times 10^{-3}\ \mathrm{pF/mm}$；$\mu_0$ 为空气的磁导率，$\mu_0 = 4\pi \times 10^{-7}\ \mathrm{H/m}$。

对于金属材料，$\sigma \gg 2\pi f \varepsilon$，其特征阻抗亦称屏蔽阻抗 Z_S，由式（10.8）可得

$$Z_0 = \sqrt{\frac{\mathrm{j}2\pi f \mu}{\sigma}} \tag{10.11}$$

或

$$|Z_\mathrm{S}| = 3.68 \times 10^{-7} \sqrt{\frac{f \mu_\mathrm{r}}{\sigma_\mathrm{r}}} \tag{10.12}$$

其中：μ_r 为空气的相对磁导率，$\mu_\mathrm{r} = \mu/\mu_0$；$\sigma_\mathrm{r}$ 为对铜的相对电导，$\sigma_\mathrm{r} = \sigma/\sigma_\mathrm{c}$，$\sigma_\mathrm{c} = 5.82 \times 10^7\ \mathrm{S/m}$。

上式表明，材料的特征阻抗与材料的电导、磁导率、电磁波的频率有关。良导体的特征阻抗要比空气小得多，如铜的特征阻抗为 $3.68 \times 10^{-4}\ \Omega$，远小于空气的特征阻抗 $377\ \Omega$。

在远场中，介质对平面波的波阻抗 Z_W 等于传播介质的特征阻抗 Z_0。

在近场中，波阻抗 Z_W 不是常数，也不等于传播介质的特征阻抗，而取决于场的性质以及到场源的距离，所以电场干扰和磁场干扰必须单独考虑。在以电场为主的近场中，空气的波阻抗为

$$|Z_\mathrm{W}|_E = \frac{1}{2\pi f \varepsilon_0 r} \tag{10.13}$$

其中：r 为到干扰源的距离。而对于以磁场为主的近场，空气的波阻抗约为

$$|Z_\mathrm{W}|_M \approx 2\pi f \mu_0 r \tag{10.14}$$

电场波的波阻抗随着传播距离的增加而降低，磁场波的波阻抗随着传播距离的增加而升高。

近场区与远场区的分界面随频率不同而不同，不是一个定数。例如，在考虑机箱屏蔽时，机箱相对于电路板上的高速时钟脉冲信号（高频、短波长）而言，可能处于远场区，而对于开关电源较低的工作频率而言，可能处于近场区。

无线电信号的发送、汽车点火、开关拉弧等均对外辐射电磁波，对其他电路产生干扰。数字电路中 0-1 电平的高速变化会产生电磁辐射，对周围的模拟电路产生干扰。因此，应尽量缩短电路中有可能形成发射源的导线长度和回路面积，必要时降低脉冲信号上升沿和下降沿的斜率。

对于微弱信号检测系统，电路中的任何导线、导体都如同天线，接收电磁信号，因此，导体要尽可能短。

由于电磁波同时具有电场和磁场，前述电场和磁场屏蔽措施对于减小干扰同样有效。

同一个屏蔽体对于不同性质的电磁波，其屏蔽性能不同，因此，在考虑电磁屏蔽性能时，要搞清电磁波的类型。

3. 屏蔽层的吸收损耗

当电磁波穿过屏蔽层时，会在屏蔽层形成涡流，该涡流产生的磁场抵消部分外磁场，从而起到屏蔽作用，金属材料的电导率越高，则产生的涡流越大，屏蔽作用越好。其实质是金属材料具有一定的电阻，涡流产生的焦耳热消耗了入射电磁场的能量，起到屏蔽作用。由于涡流有部分能量转化为热能，使电磁波能量衰减，这种损耗称为吸收损耗。电磁波能量的衰减，导致电场强度和磁场强度减弱。电磁波在屏蔽层内的电场强度和磁场强度分别表示为

$$E_x = E_0 \mathrm{e}^{-x/\delta} \tag{10.15}$$

和

$$H_x = H_0 \mathrm{e}^{-x/\delta} \tag{10.16}$$

其中：E_0 和 H_0 分别为入射电场强度和磁场强度；E_x 和 H_x 分别为屏蔽层内深度为 x 处的电场强度和磁场强度；δ 为趋肤深度，定义为场强衰减到 $1/\mathrm{e}$（37%）时的深度，其值为

$$\delta = \frac{1}{\sqrt{\pi f \mu \sigma}} \, (\mathrm{m}) \tag{10.17}$$

将 $\mu = \mu_r \mu_0$，$\sigma = \sigma_r \sigma_c$，$\mu_0 = 4\pi \times 10^{-7} \, \mathrm{H/m}$，$\sigma_c = 5.82 \times 10^7 \, \mathrm{S/m}$ 代入上式，得

$$\delta = \frac{0.066}{\sqrt{f \mu_r \sigma_r}} \, (\mathrm{m}) \tag{10.18}$$

吸收损耗用分贝表示为

$$A = -20\lg \frac{E_x}{E_0} = -20\lg \frac{H_x}{H_0} = 20\lg \mathrm{e}^{x/\delta} = 8.69\left(\frac{x}{\delta}\right)(\mathrm{dB}) \tag{10.19}$$

将式（10.18）代入上式，得

$$A = 132x\sqrt{f \mu_r \sigma_r} \, (\mathrm{dB}) \tag{10.20}$$

其中：x 的单位为 m。

上式表明，屏蔽材料的磁导率越高、电导越高，则对电磁波的吸收衰减越大。吸收衰减正比于屏蔽层的厚度，屏蔽层越厚，则吸收损耗越大。表 10.2 列出了常用金属材料的 σ_r 和 μ_r，据此可算出不同频率、不同厚度下的吸收损耗。

表 10.2　常用金属材料的 σ_r 和 μ_r

金属	σ_r	μ_r
铜	1	1
铝	0.63	1
钢	0.17	180
坡莫合金	0.108	8000

4. 屏蔽层的反射损耗

电磁波在入射屏蔽层表面时，一部分被反射，另一部分透射入屏蔽层，因此屏蔽层对电磁波的场强（包括电场强度和磁场强度）具有衰减作用。

反射损耗与反射界面两边介质的特征阻抗有关。在电磁波垂直入射的情况下，不考虑屏蔽层的吸收作用及多次反射，有

$$\frac{E_t}{E_i} = \frac{H_t}{H_i} = \frac{4Z_s Z_w}{(Z_s + Z_w)^2} \tag{10.21}$$

其中：E_i 和 E_t 分别为入射电场强度和穿过屏蔽层底层的透射电场强度；H_i 和 H_t 分别为入射磁场强度和穿过屏蔽层底层的透射磁场强度；Z_s 和 Z_w 分别为屏蔽层材料的特征阻抗和波阻抗。

对于空气中的金属屏蔽层，有 $|Z_s| \ll |Z_w|$，故有

$$\left|\frac{E_t}{E_i}\right| = \left|\frac{H_t}{H_i}\right| = \frac{4|Z_s|}{|Z_w|} \tag{10.22}$$

将反射损耗用分贝表示为

$$R = -20\lg\left|\frac{E_t}{E_i}\right| = -20\lg\left|\frac{H_t}{H_i}\right| = -20\lg\left|\frac{4Z_s}{Z_w}\right| \tag{10.23}$$

上述公式是在假设电磁波垂直入射的情况下得到的，若不是垂直入射，则反射损耗随入射角的增大而增大。上式不仅适合于平面波，也适合于其他电磁波。

下面讨论在远场和近场中的反射损耗。

1）远场中的反射损耗

对于远场中的平面波，波阻抗 Z_w 等于空气的特征阻抗 Z_0（377 Ω），则式（10.23）变为

$$R = -20\lg\left|\frac{Z_s}{94.25}\right| \tag{10.24}$$

上式表明，屏蔽层的特征阻抗越小，则反射损耗越大。将式（10.12）代入上式，得

$$R = 168 + 10\lg\frac{\sigma_r}{f\mu_r} \tag{10.25}$$

上式表明，屏蔽材料的电导越大、磁导率越低，则对远场电磁波的反射损耗越大。因为铜的电导比钢大，但磁导率比钢低，所以铜的反射损耗比钢的反射损耗大。但钢的吸收损耗较铜的大。上式还表明，随着平面波的频率升高，反射损耗减少。

2）近场中的反射损耗

在以电场为主的近场中，波阻抗 Z_w 较大，由 $R = -20\lg\left|\frac{4Z_s}{Z_w}\right|$ 可知，此时反射损耗也较大。

将空气中的波阻抗 $|Z_w|_E = \dfrac{1}{2\pi f \varepsilon_0 r}$ 代入 R，得以电场为主的反射损耗 R_E 为

$$R_E = -20\lg\left(8\pi f \varepsilon_0 r |Z_s|\right) \tag{10.26}$$

其中：r 为到干扰源的距离（m）。

将介电常数 $\varepsilon_0 = 8.854\times10^{-3}$ pF/ mm 代入式（10.26），得

$$R_E = -20\lg\left(2.225\times10^{-10}\,fr\,|Z_s|\right) \tag{10.27}$$

再将屏蔽体的波阻抗代入上式，得

$$R_E = 322 + 10\lg\frac{\sigma_r}{\mu_r f^3 r^2}\ (\text{dB}) \tag{10.28}$$

在以磁场为主的近场中，波阻抗 Z_W 较小，因此反射损耗也较小。将空气的波阻抗 $|Z_W|_M \approx 2\pi f\mu_0 r$ 代入 $R = -20\lg\left|\dfrac{4Z_s}{Z_W}\right|$，得以磁场为主的反射损耗为

$$R_M = -20\lg\frac{4|Z_s|}{2\pi f\mu_0 r} \tag{10.29}$$

将空气磁导率 $\mu_0 = 4\pi\times10^{-7}\ \text{H/m}$ 代入上式，得

$$R_M = 20\lg\frac{1.97\times10^{-6}\,fr}{|Z_s|} \tag{10.30}$$

再将屏蔽层的波阻抗 Z_s 代入上式，得

$$R_M = 14.6 + 10\lg\frac{\sigma_r fr^2}{\mu_r}\ (\text{dB}) \tag{10.31}$$

上述各种情况下的反射公式具有相似性，用统一公式表示为

$$R = C + 10\lg\frac{\sigma_r}{\mu_r f^n r^m}\ (\text{dB}) \tag{10.32}$$

其中：系数 C、m、n 如表 10.3 所示。

表 10.3　式（10.32）中各常数

场的类型	C	n	m
平面波	168	1	0
电场	322	3	2
磁场	14.6	−1	−2

屏蔽体具有一定的厚度，当电磁波进入屏蔽层后在屏蔽体的第二个界面（穿出屏蔽体的界面）发生反射后，会再次传输到第一个界面，在第一个界面再次反射，而再次到达第二个界面，如此往复。在第二个界面会有一部分能量穿透界面，进入屏蔽空间，导致屏蔽效能下降。可用修正因子 B 表示多次反射导致的屏蔽效能下降，即

$$B = 20\lg\left|1 - \left(\frac{Z_W - Z_s}{Z_W + Z_s}\right)^2 \mathrm{e}^{\frac{-2(1+\mathrm{j})x}{\delta}}\right| \tag{10.33}$$

其中：x 为屏蔽层的厚度；δ 为趋肤深度。一般情况下，$|Z_s| \ll |Z_W|$，则上式简化为

$$B = 10 \lg \left| 1 - 2 \times 10^{-0.1A} \cos(0.23A) + 10^{-0.2A} \right| \tag{10.34}$$

其中：A 为吸收损耗。若屏蔽材料的吸收损耗足够大（$A > 15\,\text{dB}$），则 B 可以忽略。

10.3　电　磁　屏　蔽

电路系统对外界的干扰，简称 EMI（electromagnetic interference）；外界电磁波对电路系统产生干扰，简称 EMS（electromagnetic susceptibility）。

电磁兼容，简称 EMC（electromagnetic compatibility），是电子产品质量最重要的指标之一，它是指电子设备既不干扰其他设备，同时也不受其他设备的干扰。

电磁屏蔽就是在空间某个区域用以减弱由某些源引起的干扰电磁场强度的措施。在解决电磁干扰问题的诸多手段中，电磁屏蔽是最基本、最有效的措施。电磁屏蔽方法不需要对电路做任何修改，也不影响电路的正常工作。

电磁屏蔽分主动屏蔽和被动屏蔽两种方式。图 10.8（a）中干扰源在屏蔽体外，用屏蔽体屏蔽外电磁场干扰，避免电磁波进入屏蔽体内的电路系统，这种方式为被动屏蔽。被动屏蔽多用于屏蔽对象与干扰源相距较远的场合。图 10.8（b）中干扰源在屏蔽体内部，用屏蔽体将电路系统产生的电磁干扰限制在屏蔽体空间之内，避免电磁波泄漏到外部空间对其他电路产生干扰，这种方式为主动屏蔽。主动屏蔽不适用于高频，而专门用于低频。

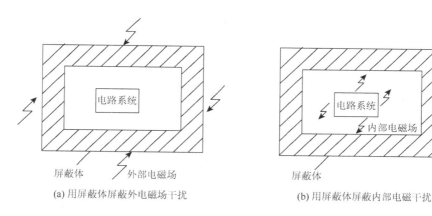

(a) 用屏蔽体屏蔽外电磁场干扰　　　　　　　　(b) 用屏蔽体屏蔽内部电磁干扰

图 10.8　电磁屏蔽

在绝大多数情况下，屏蔽体可由铜、铝、钢等金属制成，但对于恒定和极低频磁场，可采用高磁导率的磁性材料，如冷轧钢板、坡莫合金等，也可采用铁氧体等材料。

电磁屏蔽机理是基于屏蔽体对干扰电磁波具有吸收能量（涡流损耗）、反射能量（电磁波在屏蔽体表面反射），具有减弱电磁干扰强度的功能。

10.3.1　屏蔽措施及屏蔽体

1. 屏蔽措施

屏蔽措施可简单概括如下。

（1）当干扰电磁场的频率较高时，利用低电阻率的金属材料中产生的涡流，形成对外来磁场抵消作用，达到屏蔽的效果。

（2）当干扰电磁波的频率较低时，采用高导磁率的材料，使磁力线限制在屏蔽体内部，防止扩散到屏蔽的空间。

（3）如果要求对高频和低频磁场均具有良好的屏蔽效果，可采用不同的金属材料组成多层屏蔽体。

影响屏蔽体屏蔽效能的有两个重要因素：一是整个屏蔽体表面必须是导电连续的，另一是不能有直接穿透屏蔽体的导体。若屏蔽体上存在导电不连续点，或不同部分结合处有不导电的缝隙，都将产生电磁泄漏，降低屏蔽效果。频率越高，这种现象越显著。

解决泄漏的方法之一是在缝隙处填充导电弹性材料，消除不导电点。需要指出，缝隙或孔洞是否会泄漏电磁波，取决于缝隙或孔洞相对于电磁波波长的尺寸。当波长远大于开口尺寸时，并不会产生明显的泄漏。

2. 屏蔽体

根据屏蔽目的的不同，屏蔽体可分为静电屏蔽体、磁屏蔽体、电磁屏蔽体三种。

（1）静电屏蔽体由逆磁材料（如铜、铝）制成，并与地连接。静电屏蔽体的作用是使电场终止在屏蔽体的金属表面上，并把电荷转送入地。

（2）磁屏蔽体由高磁导率材料制成，把磁力线限制于屏蔽体内。

（3）电磁屏蔽体主要用来遏止高频电磁场的影响，使干扰电磁波因反射与吸收损耗，大大削弱干扰场在被保护空间的场强值，达到屏蔽效果。有时为了增强屏蔽效果，还可采用多层屏蔽体，其外层一般采用电导率高的材料，以加大反射作用，而其内层则采用磁导率高的材料，以加大涡流效应。

此外，锡箔、铜带、铜纸等都是常用的电磁屏蔽材料。

导电漆是用导电金属粉末添加于特定的树脂原料中制成的能够喷涂的油漆涂料。例如，添加银金属粉末的称为"银导电漆"，添加铜粉的称为"铜导电漆"，添加镍粉的称为"镍导电漆"，其中以"银铜导电漆"使用最为广泛。

喷涂导电漆可以解决因做金属屏蔽罩受空间限制的问题，且操作简单，成本低，做到了塑胶金属化，逐渐取代了以往贴锡箔、铜纸，做金属屏蔽罩的工艺。

10.3.2 屏蔽效能及屏蔽设计原则

1. 屏蔽效能

屏蔽体的屏蔽效能可用屏蔽系数或屏蔽衰减来表示。

在空间防护区内，有屏蔽体存在时的场强（E_0 或 H_0）与无屏蔽体存在时的场强（E 或 H）的比值，即 E_0/E 或 H_0/H，称为屏蔽系数。屏蔽系数越小，说明屏蔽效果越好。

屏蔽效果也可用屏蔽衰减来表示，代表干扰场强通过屏蔽体受到的衰减程度。屏蔽衰减可由 $20\lg\dfrac{E}{E_0}$ dB 或 $20\lg\dfrac{H}{H_0}$ dB 表示。衰减值越大，说明屏蔽效果越好。

如果屏蔽效能计算中使用的是磁场强度，那么称为磁场屏蔽效能；如果使用的是电场强度，那么称为电场屏蔽效能。

一般民用产品机箱的屏蔽效能在 40 dB 以下，军用设备机箱的屏蔽效能一般可达到 60 dB，TEMPEST 设备的屏蔽机箱屏蔽效能可达到 80 dB 以上，屏蔽室或屏蔽舱等往往要达到 100 dB。100 dB 以上的屏蔽体是很难制造的，成本也很高。

电磁波在遇到屏蔽体时总能量损耗为

$$SE = R + A + B \tag{10.35}$$

其中：R 为反射损耗；A 为吸收损耗；B 为因多次反射的修正损耗，大部分场合，B 都可以忽略。

由屏蔽效能计算公式可得一些有益的结论，对于屏蔽材料的选用等具有指导作用。

（1）材料的导电性和导磁性越好，屏蔽效能越高，但实际的金属材料不可能兼顾这两个方面。例如：铜的导电性很好，但是导磁性很差；铁的导磁性很好，但是导电性较差。应该使用什么材料，根据具体屏蔽主要依赖反射损耗还是吸收损耗来决定是侧重导电性还是导磁性。

（2）频率较低时，吸收损耗很小，反射损耗是屏蔽效能应考虑的主要因素，要尽量提高反射损耗。

（3）反射损耗与辐射源的特性有关，对于电场辐射源，反射损耗很大；对于磁场辐射源，反射损耗很小。因此，对于磁场辐射源的屏蔽主要依靠材料的吸收损耗，应该选用磁导率较高的材料做屏蔽材料。

（4）反射损耗与屏蔽体到辐射源的距离有关，对于电场辐射源，距离越近，则反射损耗越大；对于磁场辐射源，距离越近，则反射损耗越小。应正确判断辐射源的性质，决定应该靠近屏蔽体，还是远离屏蔽体。

（5）频率较高时，吸收损耗是主要考虑的屏蔽因素，这时与辐射源是电场辐射源还是磁场辐射源关系不大。

（6）电场波是最容易屏蔽的，平面波其次，磁场波是最难屏蔽的。尤其是低频磁场（1 kHz 以下），很难屏蔽。对于低频磁场，要采用高导磁性材料，甚至采用高导电性材料与高导磁性材料复合起来的材料。

2. 屏蔽设计原则

一般除低频磁场外，大部分金属材料可以实现 100 dB 以上的屏蔽效能。但在实际工作中，要达到 80 dB 以上的屏蔽效能也是十分困难的。这是因为，屏蔽体的屏蔽效能不仅取决于屏蔽体的结构，还与其他因素有关。电磁屏蔽有以下两个基本原则。

（1）屏蔽体的导电连续性。屏蔽体必须是一个完整的、连续的导电体，但这很难做到，因为仪器的机箱存在散热孔、旋钮调节孔、显示窗、电源插座等。设计时必须加以考虑，避免屏蔽效能有太大的降低。

（2）不能有直接穿过屏蔽体的导体。一个屏蔽效能再高的屏蔽机箱，一旦有导线直接穿过屏蔽机箱，其屏蔽效能会损失 99.9%（60 dB）以上，其危害比孔缝更大。但是，实际机箱上总会有电线穿出（入），至少会有一条电源电缆存在，如果没有对这些电缆进行妥善的处理（屏蔽或滤波），会极大地降低屏蔽效能。妥善处理这些电缆是屏蔽设计的重要内容之一。

电磁屏蔽体与接地无关，但对于静电场屏蔽，屏蔽体是必须接地的。

10.3.3 孔洞造成的电磁泄漏及其防护

1. 孔洞电磁泄漏

屏蔽体上的孔洞是造成屏蔽体泄漏的主要因素之一。孔洞产生的电磁泄漏并不是一个固定值，而与电磁波的频率、种类、辐射源、孔洞的距离等因素有关。

总结起来，有下列几点需要注意。

（1）近场区，孔洞的泄漏与辐射源的特性有关，当辐射源是电场源时，孔洞的泄漏远比远场小（屏蔽效能高），当辐射源是磁场源时，孔洞的泄漏远比远场大（屏蔽效能低）。

（2）对于近场，磁场辐射源的场合，屏蔽效能与电磁波的频率没有关系，因此，千万不要认为辐射源的频率较低而掉以轻心。

（3）对于磁场源，屏蔽与孔洞到辐射源的距离有关，距离越近，则泄漏越大，因此磁场辐射源一定要远离孔洞。

（4）对于多个孔洞的情况，当 N 个尺寸相同的孔洞排列在一起，并且相距很近时，造成的屏蔽效能下降为 $10\lg N$。在不同面上的孔洞不会增加泄漏，因为其辐射方向不同，利用这个特点可以在设计中避免某一个面的辐射过强。

2. 防电磁泄漏的措施

一般情况下，屏蔽机箱上的不同部分的结合处不可能完全接触，这构成了一个孔洞阵列。缝隙是造成屏蔽机箱屏蔽效能降低的主要原因之一。在实际工程中，常常用缝隙的阻抗来衡量缝隙的屏蔽效能。缝隙的阻抗越小，则电磁泄漏越小，屏蔽效能越高。

缝隙的阻抗可以用电阻与电容并联来等效，接触的点相当于一个电阻，没有接触的点相当于一个电容，整个缝隙就是许多电阻与电容的并联。低频时，电阻分量起主要作用；高频时，电容分量起主要作用。由于电容的容抗随着频率升高而降低，如果缝隙是主要泄漏源，那么屏蔽机箱的屏蔽效能优势随着频率的升高而增加。但是，如果缝隙的尺寸较大，会导致较大的高频泄漏。

影响缝隙上电阻成分的因素主要有接触面积（接触点数）、接触面材料（一般较软的材料接触电阻较小）、接触面的清洁程度、接触面的压力（压力要足以使接触点穿透金属表层氧化层）、氧化腐蚀等。

两个金属表面之间距离越近，相对的面积越大，则电容越大。

解决缝隙泄漏的措施如下。

（1）使接触面重合或加大重合面积，可以减小电阻，增加电容。

（2）使用尽量多的紧固螺钉，可以减小电阻，增加电容。

（3）保持接触面清洁，可以减小接触电阻。

（4）保持接触面较好的平整度，也可以减小电阻，增加电容。

（5）使用电磁密封衬垫，可以消除缝隙上的不接触点。

电磁密封衬垫是一种表面导电的弹性物质。将电磁密封衬垫安装在两块金属的结合处，可以将缝隙填充满，从而消除导电不连续点。如果两块金属之间的接触面是机械加工的良好接触面，且紧固螺钉的间距小于 3 cm，由于接触阻抗很低，可以不用电磁密封衬垫。

10.4　电路接地

　　接地技术最早应用于电力系统、输变电设备、电气设备等强电系统中，有些是工作接地，有些为了设备和人身的安全接地，后来延伸应用到弱电系统中。电磁兼容中的接地主要目的在于提高电子设备的电磁兼容能力。

　　对于检测仪器或电子设备，不合理的接地不但不能消除电磁干扰，反而会引入干扰，如共地线干扰、地环路干扰等，导致电子设备工作不正常。因此，接地技术是电子设备满足电磁兼容要求的重要内容。

10.4.1　电力系统与电气设备的接地

　　大地是一个电阻非常低、电容量非常大的物体，拥有吸收无限电荷的能力，而且在吸收大量电荷后仍能保持电位不变，因此作为电气系统中的参考电位体或零电位体。

　　流入地中的电流通过接地极向大地作半球形散开，球面在离接地极越近的地方越小，越远的地方越大，因此在离接地极越近的地方电阻越大，越远的地方电阻越小。在距接地极 20 m 处电位几乎为 0。

　　接地有不同的种类，目的各不相同。主要接地种类有工作接地、防雷接地、保护接地、屏蔽接地。

　　（1）工作接地是因电力系统运行需要而设置的接地，如三相四线制系统中的中性点接地，在正常情况下，若三相负荷不对称就会有电流流过接地电极，但是电流较小，一般只有几安到几十安的不平衡电流。在系统发生接地故障时，会有上千安的工作电流流过接地电极，但该电流会被继电保护装置在 0.05～0.1 s 内切除。接地电阻要求小于等于 4 Ω。

　　（2）保护接地是指将设备的金属外壳与大地相连接，这样的目的，一是防止机壳上积累电荷，产生静电放电，危及设备和人身安全，二是当设备的绝缘损坏而使机壳带电时，强迫启动保护（如漏电保护），迅速切断电源，保护操作人员的生命安全。保护接地电阻应小于等于 4 Ω。

　　（3）防雷接地是为了消除因雷击过电压和静电危害而设的接地。当建筑物和电气设备遭受雷击时将雷电引向自身，由下引线和接地装置进入大地。接地电阻应小于等于 10 Ω。

　　雷电引起静电感应，通常也要将建筑物内的金属设备、金属管道、钢筋结构等接地，防止静电造成的危害。静电接地电阻一般要求小于等于 100 Ω。

　　电流流经以上三种接地电极时都会引起接地电位的升高，影响人身和设备的安全。为此，必须对接地电极的电位升高加以限制，或者采取相应的安全措施来保证设备和人身安全。

　　（4）屏蔽接地是为了防止电磁干扰，在屏蔽体与地或干扰源的金属壳体与地之间的电气连接，属于电磁兼容接地。因为本书侧重于微弱信号检测，所以主要考虑电磁兼容中的接地。

10.4.2　电磁兼容中的接地

1. 电路板中的接地

　　电路板工作接地是为电路正常工作而提供的一个基准电位。该基准电位可以设为电路中的某一点、某一段或某一块。当该基准电位不与大地连接时，视为相对的零电位，这种相对的零电位会随着外界电磁场的变化而变化，从而导致电路系统工作的不稳定；当该基准电位与大地连接时，基准电位视为大地的零电位，不会随着外界电磁场的变化而变化。但是，不正确的工作接地反而会增加干扰。为防止不同电路在工作中产生相互干扰，使它们能相互兼容地工作，根据电路的性质，将工作接地分为直流地、交流地、数字地、模拟地、信号地、功率地、电源地等不同的种类。对于一个电路板，为了防止干扰，不同的接地应当分别设置，如模拟地、数字地等，不能混在一起。

（1）信号地是传感器或信号源零电位的公共基准地。由于信号一般都较弱，易受干扰，对信号地的要求较高。

（2）模拟地是模拟电路零电位的公共基准地。因为模拟电路可能既有小信号的功率放大，又有大信号的功率放大，既有低频信号放大，又有高频信号放大，所以模拟电路既易接受干扰，又可能产生干扰。因此，对模拟地的接地点选择和接地线的敷设要特别注意。

（3）数字地是数字电路零电位的公共基准地。因为数字电路工作在脉冲状态，特别是脉冲的前后沿较陡或频率较高时，易对模拟电路产生干扰，所以要精心考虑数字地的接地点和接地线的敷设。

（4）电源地是电源零电位的公共基准地。因为电源可能同时给系统中的多个单元供电，而各个单元要求的供电电压及参数可能各不相同，所以要考虑各电源稳定可靠地工作。

（5）功率地是负载电路或功率驱动电路的零电位的公共基准地。因为负载或功率驱动电路的电流大、电压高，所以功率地线上的干扰较大。因此，功率地必须与其他弱电地分别设置，防止电磁干扰。

2. 屏蔽接地

屏蔽有静电屏蔽和交变电场屏蔽，需要与接地配合使用才能起到屏蔽的效果。

使用完整的金属屏蔽体将带正电导体包围起来，在屏蔽体的内侧将感应出与带电导体等量的负电荷，外侧出现与带电导体等量的正电荷，因此外侧仍有电场存在。如果将金属屏蔽体接地，外侧的正电荷将流入大地，外侧将不会有电场存在，即带正电导体的电场被屏蔽在金属屏蔽体内。这就是静电屏蔽。

为降低交变电场对敏感电路的耦合干扰电压，可以在干扰源与敏感电路之间设置导电性好的金属屏蔽体，只要使金属屏蔽体良好接地，就能使交变电场对敏感电路的耦合干扰电压变得很小。这就是交变电场屏蔽。

3. 工作接地

工作接地方式与电路工作频率有关，主要采用以下几种接地方式。

1）单点接地

工作频率低于 1 MHz 的电路系统采用单点接地方式，即把整个电路系统中的一个点看成接地参考点，所有对地连接都接到这一点上。多个电路的单点接地方式又分为串联和并联两种。图 10.9 所示为串联单点接地方式，这种方式接线简单，但由于存在公共阻抗，会产生公共阻抗耦合干扰。低频电路最好采用如图 10.10 所示的并联单点接地方式，并联单点接地无公共阻抗耦合，但使用接地线较多。

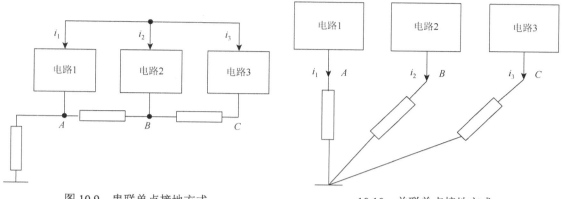

图 10.9　串联单点接地方式　　　　　　　10.10　并联单点接地方式

在大功率与小功率电路混合的系统中，因为大功率电路中的地线电流会影响小功率电路的正常工作，所以切忌使用单点接地。信号地应与功率地、机壳地相绝缘，且只在接往大地的安全接地螺栓上相连。

并联单点接地要将最敏感的电路放在距离接地点最近的地方（图中点 A），因为这点电位是最稳定的。

为了克服串联和并联单点接地的缺点，可采用串联、并联混合接地，如图 10.11 所示。

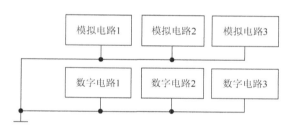

图 10.11　串联、并联混合接地

混合接地方式是将电路按照特性分组，相互之间不易发生干扰的电路放在同一组，容易发生干扰的电路放在不同的组。每个组内采用串联单点接地，以获得最简单的地线结构；不同组的接地采用并联单点接地，避免相互之间干扰。

使用该方法应注意，不要将功率相差很大的电路或噪声电平相差很大的电路共用一段地线，不同的地仅在一点连接起来。

在电路板中，模拟电路、数字电路与有较强噪声的电路分块集中在一起，分别接地，并在一点连接在一起，如图 10.12 所示。图中的三个地由接插件端子连接在一起（图中未画出）。

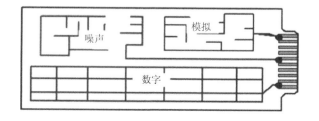

图 10.12　模拟电路、数字电路与有较强噪声的电路分块接地

2）多点接地

多点接地是将电路的多点地接在一个低阻抗的金属块、金属面或金属机壳上，如图 10.13 所示。多点接地容易产生公共阻抗耦合问题。当信号频率高、接地引线长时会增加共地阻抗，从而增大共地阻抗产生的电磁干扰。为了减小地线电感，高频电路和数字电路常使用多点接地。

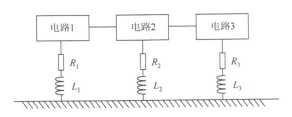

图 10.13   多点接地

在多点接地系统中，将每个电路就近接到公共地上。在频率很高的系统中，接地线要短，尽量控制在几毫米的范围内。

对于低频电路，可以通过单点接地解决公共阻抗耦合问题；但对于高频电路，只能通过减小地线阻抗（公共阻抗）来解决。由于趋肤效应（skin effect），电流在导体表面流动，增加接地金属块的厚度不一定能有效减小导体的电阻，可在导体表面镀银来降低电阻。

PCB 中的大面积敷铜接地就是多点接地。多层 PCB 大多为高速电路，地层的增加可以有效提高 PCB 的电磁兼容性，提高信号抗干扰能力。单层 PCB 也可以大面积敷铜，实现多点接地。

3）浮地

浮地，即电路的地与大地无导体连接。其优点是该电路不受大地电位的影响，但缺点是该电路易受寄生电容的影响，使电路的地电位变动，增加了对模拟电路的耦合干扰。电路的地与大地无导体连接，易产生静电积累，导致静电放电，可能造成静电击穿或强电磁干扰。因此，浮地的效果不仅取决于浮地绝缘电阻的大小，而且取决于浮地寄生电容的大小和信号的频率。

在接地与浮地之间的折中方案，是在电路与大地之间接入泄放电阻。

10.5   电缆屏蔽层接地

10.5.1   屏蔽层与芯线之间的耦合

屏蔽线缆的芯线与屏蔽层一般为同心圆结构，中间为传输信号的芯线，芯线外层为屏蔽层，芯线与屏蔽层之间为绝缘层，最外层为保护层。

假设屏蔽层两端存在干扰电压 u_s，流过的电流为 i_s，屏蔽层电阻为 R_s，自感为 L_s，芯线与屏蔽线之间的互感为 M，则有

$$\Phi = L_s i_s \tag{10.36}$$

因为屏蔽层电流产生的磁通与芯线完全交链，所以屏蔽层与芯线之间的互感为

$$M = \Phi / i_s \tag{10.37}$$

由上两式可知，互感与自感相等，即

$$M = L_s \tag{10.38}$$

假设芯线未连接其他电路，则屏蔽线与芯线之间的等效电路如图 10.14 所示，由此可得流经屏蔽层的电流。

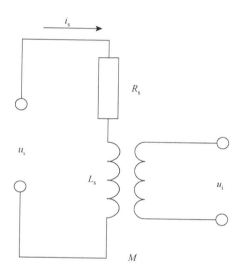

图 10.14　屏蔽线与芯线之间的等效电路

电路的频域电路方程为

$$I_s(\omega) = \frac{U_s(\omega)}{R_s + j\omega L_s} \tag{10.39}$$

该电流在芯线上的感应电势为

$$U_i(\omega) = j\omega M I_s(\omega) \tag{10.40}$$

由于 $M = L_s$，有

$$U_i(\omega) = j\omega L_s I_s(\omega) \tag{10.41}$$

可得输入与输出之间的关系为

$$\frac{U_i(\omega)}{U_s(\omega)} = \frac{j\omega L_s}{R_s + j\omega L_s} = \frac{j}{\dfrac{R_s}{\omega L_s} + j} \tag{10.42}$$

于是有

$$\left| \frac{U_i(\omega)}{U_s(\omega)} \right| = \frac{1}{\sqrt{\left(\dfrac{R_s}{\omega L_s}\right)^2 + 1}} = \frac{1}{\sqrt{1 + \left(\dfrac{f_c}{f}\right)^2}} \tag{10.43}$$

其中：

$$f_c = \frac{R_s}{2\pi L_s} \qquad (10.44)$$

为屏蔽层的截止频率，即芯线的耦合电压为最大电压的 $1/\sqrt{2}$ 时所对应的频率。同轴电缆 $\left|\dfrac{U_i(\omega)}{U_s(\omega)}\right|$ 随频率的变化曲线如图 10.15 所示。

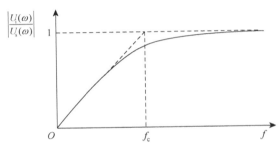

图 10.15　同轴电缆 $\left|\dfrac{U_i(\omega)}{U_s(\omega)}\right|$ 随频率的变化曲线

由图可知，耦合至芯线的电压随着信号频率的升高而增大，当屏蔽层电流的频率高于屏蔽层的截止频率 f_c 的 5 倍时，芯线上的感应电压几乎等于屏蔽层的外加电压。同轴电缆截止频率的典型值为 1 kHz 左右，铝箔屏蔽电缆的截止频率可高达 7 kHz，这是因为铝箔屏蔽层很薄，电阻很大。

若屏蔽线缆芯线是放大器的输入信号线，如图 10.16（a）所示，则电压为 v_n 的干扰信号在屏蔽层形成电流 i_s（假设有形成电流的回路）。由图 10.16（b）所示的等效电路，考虑到流入放大器的电流几乎为零（虚断），得屏蔽线引入放大器输入端的干扰电压为

$$U_n(\omega) = (R_s + j\omega L_s)I_s(\omega) - j\omega M I_s(\omega) \qquad (10.45)$$

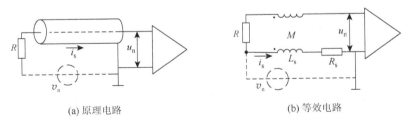

(a) 原理电路　　　　　　　　　　(b) 等效电路

图 10.16　屏蔽层干扰电压引起的放大器输入端电压

由于 $M = L_s$，可得

$$U_n(\omega) = R_s I_s(\omega) \qquad (10.46)$$

　　上式表明，由任何原因在屏蔽层中形成的电流都会在放大器的输入端形成干扰电压。因此，屏蔽层要单点接地，不能两端接地，避免形成屏蔽层电流回路。但由于电场耦合原因，即使屏蔽层单点接地，也可能形成较小的屏蔽层电流，对放大器产生一定的输入干扰信号。

10.5.2　电缆屏蔽层接地抑制电场耦合干扰

　　任何导体之间均存在电容，若一根导体上存在干扰电压，则干扰电压可通过电容分压耦合至放大器输入端，如图 10.17（a）所示。

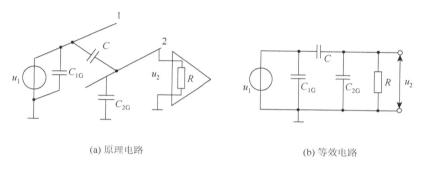

(a) 原理电路　　　　　　　　　　(b) 等效电路

图 10.17　两条导线之间的电容耦合电压

　　由图 10.17（b）所示的等效电路求得耦合至放大器输入端的电压为

$$U_2(\omega) = \frac{j\omega RC}{1 + j\omega R(C + C_{2G})} U_1(\omega) \tag{10.47}$$

若 $R \gg \dfrac{1}{\omega(C + C_{2G})}$，则上式可简化为

$$U_2(\omega) = \frac{C}{C + C_{2G}} U_1(\omega) \tag{10.48}$$

上式表明，干扰电压按电容串联分压作用于放大器输入端，电压大小与信号频率无关。若 $R \ll \dfrac{1}{\omega(C + C_{2G})}$，则式（10.47）简化为

$$U_2(\omega) = j\omega RC U_1(\omega) \tag{10.49}$$

由式（10.47），可得

$$\left| \frac{U_2(\omega)}{U_1(\omega)} \right| = \frac{\omega RC}{\sqrt{1 + [\omega R(C + C_{2G})]^2}}$$

$\left| \dfrac{U_2(\omega)}{U_1(\omega)} \right|$ 称为电容耦合系数灵敏度，它随信号频率而变化，变化曲线如图 10.18 所示，其中，$\omega_c = \dfrac{1}{\omega(C + C_{2G})}$ 为拐点频率。

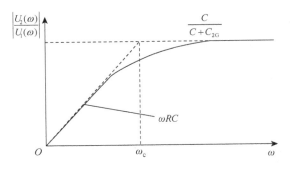

图 10.18   电容耦合系数灵敏度

由上述分析可得如下结论。

（1）电容耦合系数灵敏度与干扰信号频率和分布电容 C 有关，当频率一定时，耦合电压取决于电容 C 的大小。为减小 C，应尽量拉大信号线与干扰噪声线的距离，避免二者平行走线，尽量垂直走线，且信号线长度越短越好。

（2）由式（10.49）可见，耦合至放大器输入端的信号幅度与信号频率成正比，所以在信号线附近要尽量减少高频干扰，对于已存在的高频干扰要设法抑制。

（3）因为分布电容很小，容抗大，所以在高阻抗、低信号电压电路中电场耦合干扰更为严重。耦合至放大器输入端的干扰电压还与放大器的输入电阻有关，电阻越大，则对干扰越敏感。因此，在微弱信号检测电路中，前置放大器的输入阻抗不能太高。

若将放大器输入端的信号引线用屏蔽线加以屏蔽，会有效减小电场耦合干扰信号。分析如下。

图 10.19（a）和（b）所示分别为将放大器输入端信号引线加屏蔽的原理电路和等效电路，分析可得耦合至导线 2（放大器输入端）的干扰电压为

$$U_2(\omega) = \frac{\mathrm{j}\omega RC}{1 + \mathrm{j}\omega R(C + C_{2G} + C_{2S})} U_1(\omega) \tag{10.50}$$

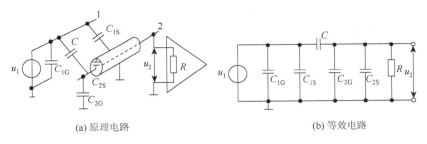

(a) 原理电路   (b) 等效电路

图 10.19   两条导线电容耦合加屏蔽

当 $R \gg \dfrac{1}{\omega(C + C_{2G} + C_{2S})}$ 时，上式可简化为

$$U_2(\omega) = \frac{C}{C + C_{2G} + C_{2S}} U_1(\omega) \tag{10.51}$$

此时，耦合至放大器的电压是串联电容的分压。

当 $R \ll \dfrac{1}{\omega(C + C_{2G} + C_{2S})}$ 时，式（10.50）可简化为

$$U_2(\omega) = \mathrm{j}\omega RC U_1(\omega) \tag{10.52}$$

由于导线 2 加以屏蔽，只有两端较短且未屏蔽的部分与导线 1 之间存在电容，此时的电容 C 相较于无屏蔽时要小，耦合的干扰信号要小得多。

10.5.3　电缆屏蔽层接地抑制磁场耦合干扰

某一频率的干扰磁场在回路中产生的感应电势有效值为

$$v_{\mathrm{rms}} = 2\pi f A B \cos\theta \tag{10.53}$$

其中：f 为交变磁场的频率；B 为磁通密度有效值；θ 为磁密方向与感应回路平面法线方向之间的夹角；A 为感应回路的面积。由上式可见，干扰磁场产生的感应电势在其他因素不变的情况下与磁通交链回路的面积 A 成正比。若能有效减小面积 A，则可减小磁场干扰。

将线缆的屏蔽层合适接地可以有效改变磁场感应面积 A。分析如下。

1. 信号线两端接地而屏蔽层不接地或单点接地

图 10.20（a）所示为电缆信号线两端接地而屏蔽层不接地电路。显然，干扰磁场产生的感应电流的流经路径不因屏蔽层的存在而改变，因此有效感应面积 A 没有变化。

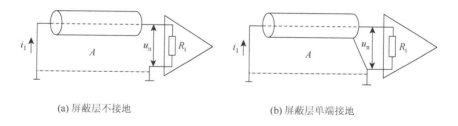

(a) 屏蔽层不接地　　　　　　　　　　　(b) 屏蔽层单端接地

图 10.20　信号线两端接地而屏蔽层不接地电路或单端接地

图 10.20（b）所示为电缆信号线两端接地而屏蔽层一端接地电路，感应电流的流经路径也不因屏蔽层的存在而改变，有效感应面积 A 也没有变化。

上述两种情况，屏蔽层都对干扰磁场无抑制作用。但是，屏蔽层对电磁波有吸收与反射作用，所以干扰磁场会有少量衰减。

2. 信号线和屏蔽层两端均接地

图 10.21 所示为信号线和屏蔽层两端均接地原理电路及其等效电路，其中，L_{s} 和 R_{s} 分别为屏蔽层的电感和电阻，M 为芯线与屏蔽层之间的互感。

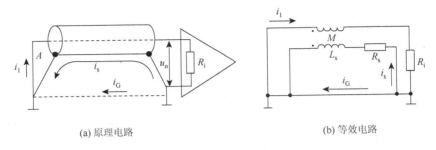

(a) 原理电路　　　　　　　　(b) 等效电路

图 10.21　信号线和屏蔽层两端均接地

由图可见，感应电流 i_1 分流成两部分，一部分流经地线 i_G，另一部分流经屏蔽层 i_s。

考虑到运放输入端电压极小（虚短），可得电路方程：

$$I_s(\omega)(R_s + \mathrm{j}\omega L_s) - I_1(\omega)(\mathrm{j}\omega M) = 0 \tag{10.54}$$

结合 $L_s = M$，得

$$\frac{I_s(\omega)}{I_1(\omega)} = \frac{\mathrm{j}\omega}{\mathrm{j}\omega + \dfrac{R_s}{L_s}} \tag{10.55}$$

上式表明，信号线和屏蔽层两端均接地使感应电流在屏蔽层分流。

由式（10.55），有

$$\left| \frac{I_s(\omega)}{I_1(\omega)} \right| = \frac{1}{\sqrt{1 + \left(\dfrac{R_s}{\omega L_s} \right)^2}} = \frac{1}{\sqrt{1 + \left(\dfrac{\omega_c}{\omega} \right)^2}} \tag{10.56}$$

其中：$\omega_c = R_s / L_s$ 为拐点频率。由式（10.56）可得屏蔽层电流随频率的变化曲线，如图 10.22 所示。

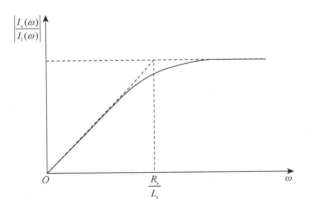

图 10.22　屏蔽层电流随频率的变化曲线

当 $\omega \gg R_s / L_s$ 时，流经屏蔽层的电流 i_s 接近感应电流 i_1，流经地线的电流 i_G 接近 0。因此，在高频情况下，芯线上感应磁场的有效面积只有电缆两端两个小三角形的面积区域，显著减小了感应电压，有效抑制了磁场干扰。

当干扰磁场的频率降至 $\omega < 5R_s / L_s$ 时，频率越低，则流经地线回流的电流越大，等效感应面积 A 越大，屏蔽效果越差。

但上述屏蔽存在一个缺点：当两个接地点之间存在电位差时，会在屏蔽层流过由于地电位差引起的干扰电流。分析如下。

这种情况的等效电路如图 10.23 所示。

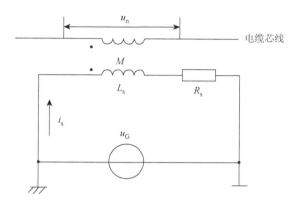

图 10.23　屏蔽层两个接地点之间存在电位差的影响

由地电位差引起的流过屏蔽层的干扰电流为

$$I_s(\omega) = \frac{U_G(\omega)}{R_s + \mathrm{j}\omega L_s} \tag{10.57}$$

由 i_s 在电缆芯线的感应电压为

$$U_n(\omega) = \mathrm{j}\omega M I_s(\omega) \tag{10.58}$$

结合 $L_s = M$，得

$$U_n(\omega) = \frac{\mathrm{j}\omega U_G(\omega)}{\mathrm{j}\omega + \dfrac{R_s}{L_s}} \tag{10.59}$$

有

$$\left| \frac{U_n(\omega)}{U_G(\omega)} \right| = \frac{\omega}{\sqrt{\omega^2 + \left(\dfrac{R}{L_s} \right)^2}} \tag{10.60}$$

当 $\omega \gg 5R_s / L_s$ 时，$|U_n(\omega)| \approx |U_G(\omega)|$，说明当地电位差电压频率较高时，电缆芯线的感应电压接近地电位差电压幅度。该结论对于任何引起屏蔽层电流的其他干扰均适用。

3. 信号线和屏蔽层均单端接地

信号线和屏蔽层均单端接地的电路如图 10.24 所示。此时无论干扰磁场频率高低，感应干扰电流 i_1 完全流经屏蔽层，从而有效减小了感应回路面积 A，抑制了干扰磁场。此外，由于该接线方式采用单端接地，不会将地电位干扰引入信号回路。

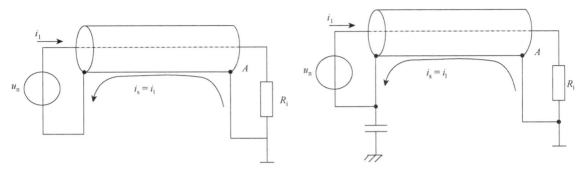

图 10.24　信号线和屏蔽层均单端接地　　　　图 10.25　屏蔽层混合接地

当信号线上存在干扰电流时，可用屏蔽层接地方法抑制芯线上干扰电流对外产生干扰磁场。分析电路仍如图 10.24 所示。设线缆芯线上存在干扰电压 u_n，由其产生的电流 i_1 产生干扰磁场。当把存在干扰电流的导线加以屏蔽，并在一点接地后，由于屏蔽层电流与芯线电流大小相等，方向相反，磁场相互抵消，电路产生的干扰磁场被大大削弱。

4. 屏蔽层混合接地

当干扰信号频率低于 1 MHz 时，通常使用图 10.24 所示的屏蔽层单点接地电路抑制干扰磁场，该接线方式同时能克服地电位差的不利影响。但当频率高于 1 MHz，或电缆长度超过波长的 1/12 时，趋肤效应使得屏蔽层的电阻增加，为了保证屏蔽层各点保持地电位，可以将屏蔽层多点接地。

但高频情况下，浮地端的分布电容可能与接地点形成电流回路，无法实现真正的单点接地。因此，在高频情况下要把屏蔽层两端接地。对于长电缆，每隔波长的 1/10 距离设置一个接地点，或将电缆线贴近地线铺设，利用屏蔽层与地线之间的分布电容形成高频通路。

为了克服电缆芯线由于地电位差引起的干扰，对于 50 Hz 的工频干扰磁场，可以采用如图 10.25 所示的混合接地方式。

该电路中，电容在低频时，容抗大，电路相当于单点接地；高频时，容抗小，电路相当于双端接地。这就满足了不同情况下的接地要求。典型接地电容约 3 nF，对于 100 MHz 频率，容抗约为 5 Ω，而对于 1 kHz 频率，容抗约为 50 kΩ。混合接线方式要注意接地电容引线须尽量短，以减少寄生电感，防止高频时阻抗增加太多。

5. 屏蔽层接地点的选择

设屏蔽层为单点接地，但接地点在何处合适呢？分析如下。

假设屏蔽线为双绞线，中间的两根线为信号线，一端接信号源，另一端连放大器的输入端。分以下两种情况加以讨论。

1）放大器接地而信号源浮空

图 10.26 所示为信号源浮空而放大器接地情况，其中，u_{G1} 为放大器公共端的对地电压，也可视其为外界干扰在输入信号线上产生的共模干扰电压，u_{G2} 为两个接地点之间的地电位差。由于屏蔽层只有一点接地，干扰信号主要通过信号线与屏蔽层之间以及两条信号线之间的分布电容耦合，这些电容分别为 C_1、C_2、C_3。

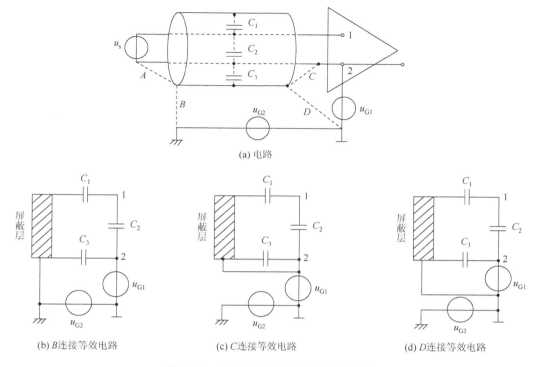

(a) 电路

(b) B连接等效电路　　　(c) C连接等效电路　　　(d) D连接等效电路

图 10.26　信号源浮空而放大器接地情况

在屏蔽线两端有四种可能的接地方式，分别如图中 A、B、C、D 虚线所示。B、C、D 接地情况下的等效电路分别如图 10.26（b）、（c）、（d）所示。

对于 A 连接，因为屏蔽层上的干扰电流会流经信号线 2，不合适。

对于 B 连接，u_{G1} 和 u_{G2} 经电容 C_1 和 C_2 分压在信号线 1、2 之间的干扰电压为

$$u_{12} = \frac{C_1}{C_1 + C_2}(u_{G1} + u_{G2}) \tag{10.61}$$

对于 C 连接，u_{G1} 和 u_{G2} 不会在信号线 1、2 之间产生干扰电压。

对于 D 连接，u_{G2} 对 u_{12} 无影响，u_{G1} 经电容 C_1 和 C_2 分压在信号线 1、2 之间的干扰电压为

$$u_{12} = \frac{C_1}{C_1 + C_2}u_{G1} \tag{10.62}$$

由比较可知，C 接线最佳，因为只有这种接线不会产生干扰电压 u_{12}。

所以，对于放大器接地而信号源浮空情况，屏蔽层应接到放大器的公共端，即使公共端不接地亦应如此。

2）放大器浮空而信号源接地

这种情况下的电路如图 10.27 所示。有四种可能的接地点，分别如图中 A、B、C、D 虚线所示。A、B、D 接地情况下的等效电路分别如图 10.27（b）、（c）、（d）所示。

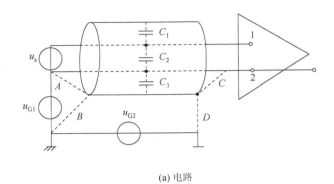

(a) 电路

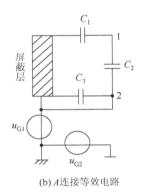

(b) A连接等效电路

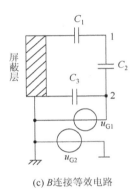

(c) B连接等效电路

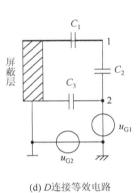

(d) D连接等效电路

图 10.27　放大器浮空而信号源接地

对于 A 接线，u_{G1} 和 u_{G2} 不会在信号线 1、2 之间产生干扰电压。

对于 B 连接和 C 连接，在两信号线之间产生的干扰电压分别为

$$u_{12} = \frac{C_1}{C_1 + C_2} u_{G1}$$ （10.63）

和

$$u_{12} = \frac{C_1}{C_1 + C_2} (u_{G1} + u_{G2})$$ （10.64）

对于 C 接线，因屏蔽层干扰电流要经信号线 2 到达地，故不合适。

所以，对于放大器浮空而信号源接地情况的输入电路，屏蔽层应该连接到信号源的公共端，即使公共端不是地电位亦应如此。

10.6　放大器输入回路接地

对于信号放大电路，若电路存在多点接地，由于接地点电位不同会引起地电位干扰。分析如下。

设原理电路如图 10.28（a）所示，电路在放大器的输入端和信号源端各有一个接地，

并用不同的接地符号表示，以示区别；信号源的电压和电阻分别为 u_s 和 R_s；R_1 和 R_2 分别为放大器的同相端和反相端连接电阻；放大器的输入电阻为 R_i；u_G 和 R_G 分别为地电位差和源电阻。

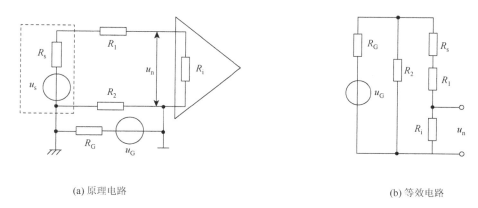

(a) 原理电路   (b) 等效电路

图 10.28 信号回路两点接地

由地电位差引起的放大器输入端电压 u_n 可由图 10.28（b）所示等效电路计算，得

$$u_n = \frac{\dfrac{R_2(R_s + R_1 + R_i)}{R_2 + R_s + R_1 + R_i}}{R_G + \dfrac{R_2(R_s + R_1 + R_i)}{R_2 + R_s + R_1 + R_i}} u_G = \frac{R_2(R_s + R_1 + R_i)}{R_G(R_2 + R_s + R_1 + R_i) + R_2(R_s + R_1 + R_i)} u_G \quad （10.65）$$

为了消除由地电位差引起的放大器输入端的干扰电压，可采用信号输入回路单点接地、差动放大、平衡差动放大等方法。

1. 单点接地

单点接地是指放大器的信号输入回路只有一个点接地，或者是放大器接地，如图 10.29（a）所示，或者是信号源接地如图 10.29（b）所示，两端不同时接地。因为地电位差干扰源仅在两个地之间形成回路，所以这种接地方式不会使地电位差耦合至放大器的输入端，因此放大器不会产生输出干扰电压。

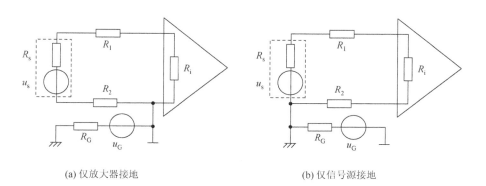

(a) 仅放大器接地   (b) 仅信号源接地

图 10.29 信号回路单点接地

2. 差动放大

若系统存在两点接地，如传感器信号接地和放大器接地，这种情况下可以采用差动放大器，以克服地电位差电压耦合至放大器输入端的问题。差动放大电路如图 10.30 所示。设放大器的两个输入端电压分别为 u_A 和 u_B，输入电阻分别为 R_{i1} 和 R_{i2}，则输出端电压为 $u_o = K(u_A - u_B)$（K 为放大器的放大倍数）。

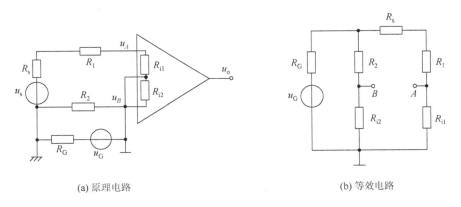

(a) 原理电路   (b) 等效电路

图 10.30   差动放大器克服地电位差干扰

当 $R_G \ll R_{i1} + R_{i2}$ 时，由信号电压 u_s 单独作用产生的放大器输出电压为

$$u_{os} = K(u_{As} - u_{Bs}) = K \frac{R_{i1} + R_{i2}}{R_{i1} + R_{i2} + R_s + R_1 + R_2} u_s \qquad (10.66)$$

当 $R_{i1} + R_{i2} \gg R_s + R_1 + R_2$ 时，有

$$u_{os} \approx K u_s \qquad (10.67)$$

当干扰电压 u_G 单独作用时，等效电路如图 10.30（b）所示。当 $R_G \ll R_{i1} + R_{i2}$ 时，由 u_G 在放大器输入端产生的干扰电压为

$$u_n = u_{An} - u_{Bn} = \left(\frac{R_{i1}}{R_{i1} + R_s + R_1} - \frac{R_{i2}}{R_{i2} + R_2} \right) u_G \qquad (10.68)$$

由上式可知，当 $R_{i1} \gg R_s + R_1$ 且 $R_{i2} \gg R_2$ 时，上式接近于 0，表明地电位差几乎不耦合至放大器输入端，因此不会在放大器的输出端产生干扰输出。

3. 平衡差动放大

差动放大器一般具有阻抗对称特点，即 $R_{i1} = R_{i2}$，$R_1 = R_2$，但是信号源电阻 R_s 的存在使式（10.68）中括号内不为 0，因此地电位差会耦合至放大器输入端，产生干扰输出。采用如图 10.31 所示的平衡差动放大电路可以有效解决这一问题。

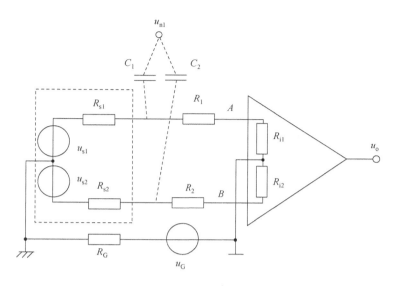

图 10.31　平衡差动放大

　　这里的平衡是指放大器的两个支路具有完全相同的阻抗，且对地阻抗也相同，这样可以保证两支路的感应干扰电压相同。对于差动放大器，干扰电压为共模干扰，利用放大器的高共模抑制比可以有效抑制干扰。

　　在图 10.31 所示的平衡差动放大电路中：$u_{s1} = u_{s2}$ 为信号源差动电压；$R_{s1} = R_{s2}$ 为信号源电阻；$R_1 = R_2$ 为信号线电阻，且具有相同的对地分布阻抗；地电位差 u_G 在放大器输入端只产生共模干扰，不产生差模干扰。下面分别讨论干扰电场和干扰磁场对平衡差动放大器的影响。

　　在图 10.31 所示的平衡差动放大电路中，假设存在一个外部电场干扰源 u_{n1}，它通过线路分布电容 C_1、C_2 耦合至放大器输入端，由于信号传输线对地阻抗大致相等，C_1、C_2 也大致相等，由 u_{n1} 引起的在差动放大器的输入端 A、B 两点的干扰电压也大致相等。因为差动放大器的输出电压为

$$u_{os} = K(u_A - u_B)$$

所以输出电压中由 u_{n1} 引起的干扰电压被抵消，从而抑制了外电场干扰。

　　电路的平衡度越好，则抑制外电场干扰的能力越强。采用双绞传输线可提高电路的平衡度，使干扰电场得到更好的抵消。

　　又假设存在一个垂直于纸面的外部干扰磁场，则感应电压为一个串联在信号回路的差模电压，该电压正比于感应面积 A。采用双绞线传输信号可以有效减小面积 A，且双绞线相邻结产生的感应电势方向相反，对感应电压具有一定的抵消作用，因而抑制了外部磁场干扰。

　　对于高频电路，分布参数对电路具有更大的影响，信号的工作频率越高，则电路的平衡越困难。

　　若对平衡差动放大器的信号传输线加以屏蔽，则可进一步提高电路的抗干扰能力。

4. 防护屏蔽

　　当差动放大器难以做到完全平衡时，会产生一定的输出干扰电压。但若采用如图 10.32（a）所示的防护屏蔽，则可在输出中消除干扰电压。将放大器的地、放大器屏蔽罩以及信号传输

线的屏蔽层接至某一防护电位 u_g，而不是接至仪表端的地，以使共模干扰 u_G（图中为地电位差干扰）只产生共模输入，而不产生差模输入，从而可在放大器的输出中抵消干扰电压，达到抑制干扰的目的。这种屏蔽称为防护屏蔽。下面分析防护屏蔽的工作原理。

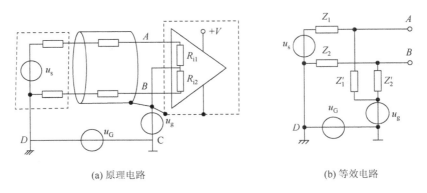

(a) 原理电路   (b) 等效电路

图 10.32 防护屏蔽电路及其等效电路

防护屏蔽连接电路的等效电路如图 10.32（b）所示。设信号源 u_s 上端到放大器输入端点 A 的等效阻抗为 Z_1（将电路的各种分布参数均考虑在内），u_s 下端到放大器输入端点 B 的等效阻抗为 Z_2，点 A 对地的等效阻抗为 Z_1'，点 B 对地的等效阻抗为 Z_2'，由等效电路可得，相对于点 C 地，点 A 的电位为

$$u_A = u_g + \frac{Z_1'}{Z_1 + Z_1'}(u_G + u_s - u_g) \tag{10.69}$$

相对于点 C 地，点 B 的电位为

$$u_B = u_g + \frac{Z_2'}{Z_2 + Z_2'}(u_G - u_g) \tag{10.70}$$

故

$$
\begin{aligned}
u_{AB} = u_A - u_B &= \left[u_g + \frac{Z_1'}{Z_1 + Z_1'}(u_G + u_s - u_g) \right] - \left[u_g + \frac{Z_2'}{Z_2 + Z_2'}(u_G - u_g) \right] \\
&= \left(\frac{Z_1'}{Z_1 + Z_1'} - \frac{Z_2'}{Z_2 + Z_2'} \right)(u_G - u_g) + \frac{Z_1'}{Z_1 + Z_1'} u_s
\end{aligned} \tag{10.71}
$$

其中：第一项为 u_G 与 u_g 共同作用在放大器输入端产生的干扰电压；第二项为信号 u_s 在放大器输入端产生的电压。为了使共模干扰 u_G 在放大器输入端不产生干扰电压，由式（10.71）可知，有下列三种解决方法。

（1）使电路完全对称，即 $Z_1 = Z_2$，$Z_1' = Z_2'$，此时第一项为 0，这样耦合至放大器输入端的电压与地电位差 u_G 无关，从而克服了地电位差的影响。这实际上是平衡差动放大电路。

（2）使电压 $u_G = u_g$，则第一项也为 0，u_{AB} 与地电位差 u_G 无关，从而克服了地电位差的影响。这种情况下的电路连接方式如图 10.33 所示，此连接的特点为信号源接地而放大器浮空。放大器没有连接到点 C 的接地，意味着放大器只能依靠电池或静电隔离变压器单独供电，这实现起来有一些麻烦。因此，实际电路常在放大器防护罩的外面再加一层接到点 C 仪表地的屏蔽罩，即双屏蔽罩屏蔽，如图 10.34 所示。

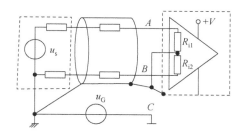

图 10.33　信号源接地而放大器浮空的防护屏蔽

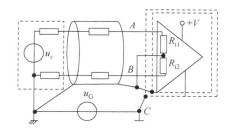

图 10.34　双屏蔽罩屏蔽

（3）使防护电压 $u_g = (u_A + u_B)/2$，结合式（10.69）和式（10.70）可得

$$u_G - u_g = \frac{\dfrac{Z_1'}{Z_1 + Z_1'}}{\dfrac{Z_1'}{Z_1 + Z_1'} + \dfrac{Z_2'}{Z_2 + Z_2'}} u_s \tag{10.72}$$

将上式代入式（10.71），得

$$u_{AB} = u_A - u_B = \frac{1}{1 + \dfrac{1}{2}\left(\dfrac{Z_1}{Z_1'} + \dfrac{Z_2}{Z_2'}\right)} u_s \tag{10.73}$$

由上式可见，耦合至放大器输入端的电压 u_{AB} 与地电位差 u_G 无关，达到了防护屏蔽目的。

在实际电路中，一般有 $R_{i1} = R_{i2}$，常利用 R_{i1} 与 R_{i2} 的连接点取得 $u_g = (u_A + u_B)/2$。在有些高精密放大器中，R_{i1} 与 R_{i2} 的连接点引出到芯片的某个管脚，便于后面连接射极跟随器，用来驱动电缆和放大器的屏蔽层，使其保持 $u_g = (u_A + u_B)/2$。

10.7　其他干扰抑制技术

1. 隔离

1）变压器隔离

变压器原、副方之间的信号（或能量）传递依靠磁芯中的磁通，原、副方之间无电气连接，因此可以将系统中接地点不同的电路相互隔离，不同地之间即使存在地电位差也不会引起地电位差干扰。

但变压器不能用于直流信号的隔离。对于高频地电位差干扰信号，由于变压器绕组之间分布电容的影响，隔离作用不理想。可在变压器源、副方绕组之间装设金属箔屏蔽层，并合理接地来克服分布电容的影响。

2）光电耦合隔离

光电耦合器件是一种将电光转换与光电转换结合于一体的器件，其工作原理是将待传输的电信号驱动 LED 发光，光被光电器件接收并产生电流，通过合适的电路形成电压。光电耦合器件具有一定的非线性，因此常用来传输需要隔离的"0""1"数字信号。但现在也有线性度良好的模拟量光电耦合器件，如 HCNR200/201，其非线性度达 0.01%，而且频带宽，适合 0～1 MHz 模拟信号的传输，隔离电压可达 5000 V。

3）隔离放大器

这种放大器的输入信号与输出信号在电路上完全隔离，隔离电压可达千伏，且能实现线性放大。

2. 长距离传输用电流信号

当信号传输距离较长时，为了减小信号受到的电磁干扰，应尽量使用电流信号而不使用电压信号。有关规则规定，在仪表室范围内可以使用 1～5 V 标准电压信号进行传输，而室外长距离传输可采用 4～20 mA 标准电流信号。所谓"长距离"是相对的，对于微弱信号检测，若电磁干扰环境恶劣，也许数厘米即是长距离，就应该考虑用电流信号传输信号。

3. 前置放大器尽量靠近信号源

信号在传输时会受到电磁干扰，将信号先放大到足够的幅度再传输，相较于将信号传输到远方再进行放大能获得更高的信噪比，因此要将前置放大器尽量靠近信号源。

参 考 文 献

陈圭圭，1987. 微弱信号检测[M]. 北京：中央广播电视大学出版社.

陈婷，2006. 新型正弦窗函数的设计及其谐波分析的应用研究[D]. 武汉：华中科技大学.

陈泽纯，石洪，赵聪，等，2022. 基于 LMS 的环型 TMR 阵列传感器滤波算法设计[J]. 电测与仪表：1-7.

戴逸松，1994. 微弱信号检测方法及仪器[M]. 北京：国防工业出版社.

范伟欣，2022. 基于磁场传感器的电流测量技术研究[D]. 武汉：华中科技大学.

范伟欣，李开成，陈浩，等，2021. 基于 TMR 传感器阵列与数值分析的电流测量技术研究[J]. 电测与仪表：1-9.

高晋占，2011. 微弱信号检测[M]. 2 版. 北京：清华大学出版社.

胡广书，1998. 数字信号处理：理论、算法与实现[M]. 北京：清华大学出版社.

皇甫堪，陈建文，楼生强，2004. 现代数字信号处理[M]. 北京：电子工业出版社.

姜建国，曹建中，高玉明，1994. 信号与系统分析基础[M]. 北京：清华大学出版社.

李开成，2020. 信号与系统[M]. 武汉：华中科技大学出版社.

林福昌，李化，2009. 电磁兼容原理及应用[M]. 北京：机械工业出版社.

刘福生，1999. 统计信号处理[M]. 长沙：国防科技大学出版社.

沈凤麟，陈和晏，1999. 生物医学随机信号处理[M]. 合肥：中国科技大学出版社.

王海元，2013. 电能质量扰动的检测和识别研究[D]. 武汉：华中科技大学.

王海元，李开成，李燕平，等，2012. 基于改进的卡尔曼滤波电压骤降检测方法[J]. 电测与仪表，49（10）:9-13.

王宏禹，1988. 随机数字信号处理[M]. 北京：科学出版社.

王宏禹，1990. 现代谱估计[M]. 南京：东南大学出版社.

姚天任，孙洪，1999. 现代数字信号处理[M]. 武汉：华中科技大学出版社.

曾庆勇，1996. 微弱信号检测[M]. 2 版. 杭州：浙江大学出版社.

张婵，2019. 基于锁定放大器原理的泄漏电流检测技术研究[D]. 武汉：华中科技大学.

张贤达，1998. 现代信号处理[M]. 北京：清华大学出版社.

赵玉玲，2018. 基于光斑位置检测系统的双通道数字锁相放大器研究[D]. 长春：中国科学院大学（中国科学院长春光学精密机械与物理研究所）.

朱凯，2020. 基于积分法的超导带材和线圈的交流损耗研究[D]. 武汉：华中科技大学.

GIRGIS A A，STEPHENS J W，MAKRAM E B，1995. Measurement and prediction of voltage flicker magnitude and frequency[J]. IEEE Transactions on Power Delivery，10（3）：1600-1605.

HASSAN U，ANWAR M S，2010. Reducing noise by repetition：Introduction to signal averaging[J]. European Journal of Physics，31（3）：453-465.